AF532959

Resilienz in Organisationen

Oliver Haas/Brigitte Huemer/Ingrid Preissegger

Resilienz in Organisationen

Erfolgskriterien erkennen
und Transformationsprozesse gestalten

1. Auflage

Schäffer-Poeschel Verlag Stuttgart

Bibliografische Information der Deutschen Nationalbibliothek

Die Deutsche Nationalbibliothek verzeichnet diese Publikation in der Deutschen Nationalbibliografie; detaillierte bibliografische Daten sind im Internet über http://dnb.dnb.de/ abrufbar.

Print: ISBN 978-3-7910-5395-0 Bestell-Nr. 10812-0001
ePub: ISBN 978-3-7910-5396-7 Bestell-Nr. 10812-0100
ePDF: ISBN 978-3-7910-5397-4 Bestell-Nr. 10812-0150

Oliver Haas/Brigitte Huemer/Ingrid Preissegger
Resilienz in Organisationen
1. Auflage, März 2022

www.schaeffer-poeschel.de
service@schaeffer-poeschel.de

Bildnachweis (Cover): © Alvov, AdobeStock

Produktmanagement: Frank Baumgaertner
Lektorat: Petra Bandl

Schäffer-Poeschel Verlag Stuttgart
Ein Unternehmen der Haufe Group SE

Für die nächste Generation.
Für Anna, Charlotte, Constantin, Louisa und Sarah.

Vorwort

Liebe Leserinnen und Leser,

es sind schon – im wahrsten Sinne des Wortes – »ver-rückte« Zeiten. Seit dem Ausbruch der COVID-19-Pandemie in Europa im März 2020 ist viel Zeit vergangen und erst langsam bemerken wir, dass es sich dabei nicht nur um eine Gesundheitskrise, eine Arbeitsmarktkrise, eine gesamtgesellschaftliche Krise handelt. Vielmehr hat der lange zuvor begonnene Transformationsprozess so richtig Fahrt aufgenommen. Die Pandemie hat uns gezeigt, wie schnell wir uns unter radikal veränderten Rahmenbedingungen neu ordnen können – im konkreten Fall nicht nur selbstgewollt und freiwillig. In Wahrheit wurden Individuen und Organisationen dazu geradezu gezwungen. Gleichzeitig wird deutlich, wie schwer das nachhaltige Lernen fällt: So schnell wie möglich wollen wir wieder in alten Mustern funktionieren.

Phasen des Umbruchs haben jedoch stets auch positive Seiten. Sie bieten die Chance, etablierte Pfade zu verlassen. Krisen wirken dabei als Brennglas und Beschleuniger für anstehende Trends. Wer hätte vor zwei Jahren geglaubt, wie schnell sich Homeoffice, Videokonferenzen und Vertrauensarbeitszeit in Organisationen etablieren können. Zum ersten Mal wird in vielen Unternehmen über Nachhaltigkeit nicht mehr nur geredet. Wir spüren: Das ehrliche Streben, Nachhaltigkeit zu leben, ist der einzige Weg, auf dem Unternehmen in Zukunft überleben und erfolgreich sein können. Der erzwungene Bruch mit alten Routinen hatte und hat eine ungeahnte Entwicklungsdynamik zur Folge.

Mit diesem Buch möchten wir den Gedanken, dass aus fordernden Situationen viel Positives entstehen kann, aus verschiedenen Perspektiven ergründen. Wir gehen sogar noch einen Schritt weiter: Wir sagen, dass fordernde und krisenhafte Situationen tendenziell das neue Normal sind. Je stabiler und zugleich dynamischer wir diesen Situationen begegnen, desto erfolgreicher werden wir in die Zukunft gehen – als Menschen, als Teams und als Organisationen.

Unsere Haltungen und unsere Mindsets werden mitentscheiden, ob uns das gelingt. »Mindset« beziehen wir dabei nicht nur auf das Individuum, sondern auf die gesamte Organisation. Es geht darum, sich auf neue Situationen mit Offenheit und insbesondere mit Mut und Zuversicht einzulassen. Doch letztlich geht es ums Tun. Zu experimentieren, auszuprobieren, miteinander in den Austausch zu gehen und gleichzeitig eigenverantwortlich und selbstbestimmt zu agieren, sind in diesem Zusammenhang zentrale Qualitäten.

Die Zeiten, in denen der unternehmerische Erfolg eindimensional durch mehr Gewinn, Wachstum und Ausschöpfung der Ressourcen definiert wurde, sind – vielleicht auch dank COVID-19 – scheinbar tatsächlich vorbei. Immer öfter geht es um die Frage, in welcher Gesellschaft wir künftig leben wollen. Wie wollen wir unsere Fähigkeiten sinngebend und wertschöpfend einsetzen und im besten Fall dabei sogar Spaß haben? Das, was sich junge Menschen heute von ihren Arbeitgebern erwarten, hat sich massiv geändert. Es ist eine Dimension, der sich Organisationen immer intensiver stellen dürfen.

Wir – Ingrid, Britt und Oliver – sind nicht nur Unternehmensberater, sondern auch Eltern. Die Frage, welche Welt – und dazu gehört die Arbeitswelt – wir uns für nachfolgende Generationen wünschen, schwingt an mehreren Stellen des Buches mit. Wir möchten dabei nicht den Anspruch auf vermeintlich richtige Antworten erheben, sondern einen Diskurs öffnen und mögliche Wege zeigen. Wichtig erscheint uns jedoch: Resiliente Organisationen sind ohne eine tiefgehende Auseinandersetzung mit den Werten, die ihrer Kultur zugrundeliegen, undenkbar. Wofür stehen wir? Was wollen wir nicht (mehr)? Was ist das gemeinsame Anliegen, das uns in der Organisation verbindet?

Wir möchten in diesem Buch keine abstrakten Theorien vorstellen, sondern konkrete Handlungs- und Denkanstöße liefern – ohne Anspruch auf die absolute Wahrheit. Vielleicht können wir nicht überall die passenden Antworten geben, wir möchten aber verschiedene Suchspuren und Lösungswege aufzeigen. Organisationale Resilienz verstehen wir dementsprechend auch nicht als isolierte Qualität einer Organisation. Für uns ist das Streben nach Resilienz in einer Organisation etwas, das in deren DNA übergehen soll. Damit meinen wir, dass diese Resilienz von den Menschen in der Organisation entwickelt und kultiviert werden sollte. Tools können dabei hilfreich sein, daher finden sich in diesem Buch viele konkrete und praxiserprobte Ansatzpunkte.

Das Buch ist so aufgebaut, dass du – abgesehen vom Einleitungsteil – beliebig in die einzelnen Kapitel einsteigen kannst. Es ist als Arbeitsbuch, nicht als Lehrbuch gedacht. Wege entstehen vielfach im Gehen. Dementsprechend möchten wir dich einladen, das Buch als Inspiration zum Ausprobieren und Experimentieren zu verstehen.

Viel Spaß beim Lesen! Und seid mutig!

Ingrid Preissegger, Britt Huemer und Oliver Haas im November 2021

Die vier Gestaltungsfelder von Resilienz in Organisationen

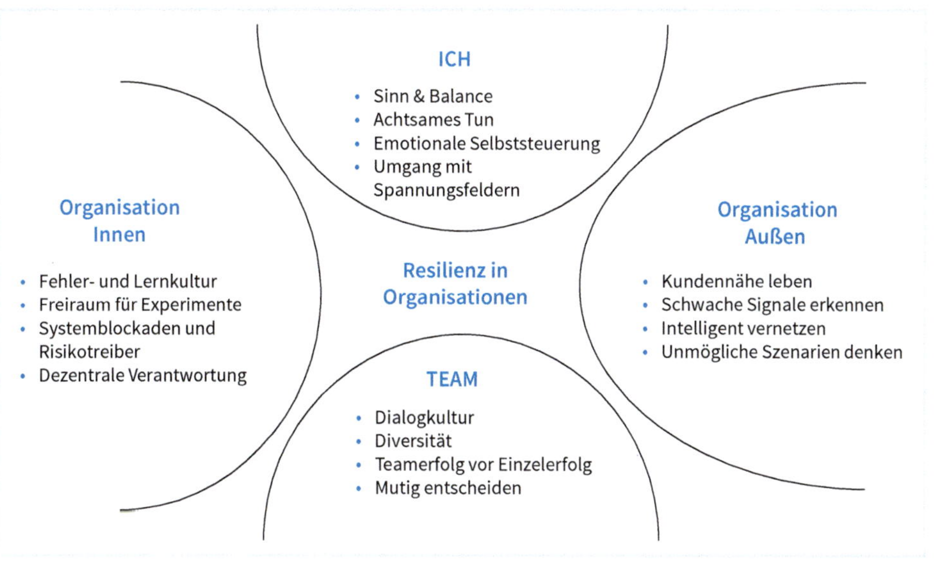

Inhaltsverzeichnis

Abbildungsverzeichnis

Tabellenverzeichnis

Verzeichnis der Übungen

1 Die neue Welt und ihre Dynamik

Ist die Welt noch VUCA oder ist sie nicht schon eher BANI? Egal, welches Akronym man für unsere Zeit verwendet: Die Beziehung zwischen Unternehmen und ihrem wirtschaftlichen, gesellschaftlichen und politischen Umfeld kann als »schwierig« bezeichnet werden. Was heute noch gilt, kann morgen schon ganz anders sein – da ist es gut, wenn eine Organisation die Fähigkeit besitzt, mit diesem ständigen Wechsel umzugehen. Im persönlichen wie im organisationalen Kontext bezeichnen wir die Fähigkeit, uns an diese Veränderungen anzupassen und sie im Idealfall sogar gestaltend zu nutzen, als Resilienz. Der Weg dorthin führt durch einen Prozess der Transformation.

In diesem Kapitel gelangen wir zu folgenden Erkenntnissen:

- Die individuelle Entwicklung der Mitarbeiterinnen und Mitarbeiter sowie der Führungskräfte verbessert nicht automatisch die Resilienz einer gesamten Organisation. Um organisationale Resilienz aufzubauen, ist ein breiterer Blick auf Kultur, Struktur und Prozesse notwendig.
- Resilienz bedeutet, agil und achtsam die stabilisierenden und dynamisierenden Faktoren in einer Organisation so auszubalancieren und zu nutzen, dass eine gesunde und nachhaltige (Über-)Lebensfähigkeit und Wachstum möglich werden.
- Organisationen tragen das Potenzial der Selbstorganisation und Selbststeuerung in sich und haben ein intrinsisches Interesse daran, zu überleben.
- Systeme müssen sich stärker auf Belastbarkeitsfaktoren als auf Effizienzfaktoren fokussieren, um langfristig überlebensfähig zu sein.

1.1 Ist die Welt noch VUCA?

Wir wollen keine Eulen nach Athen tragen. Du weißt es: Das Klima ist in Unruhe, in vielen Ecken der Welt herrscht politische Instabilität, Technologien entwickeln sich exponentiell, Verbraucherinnen und Verbraucher scheinen ihre Meinung nach Belieben zu ändern. Hinzu kommen auch noch die durch die COVID-19-Pandemie bedingten Herausforderungen.

In praktisch allen beruflichen und privaten Lebensbereichen haben sich die Spielregeln grundlegend verändert und die bekannten Erfolgsrezepte funktionieren nicht mehr. Nach Dampfmaschine, elektrischem Strom und Automatisierung stecken wir mitten in der 4. industriellen Revolution. Heute geht es um die Digitalisierung, und keine der bisherigen Revolutionen war so heftig und schnell wie diese. In der klassischen Industrie und so gut wie allen anderen Branchen bleibt kein Stein auf dem anderen: Innerhalb kürzester Zeit werden völlig neue Geschäftsmodelle möglich, ob wir nun an die Shared Economy mit Airbnb und Uber denken oder an die Macht der (sogenannten) sozialen Netzwerke. Das fordert Organisationen als Gesamtsysteme genauso wie uns alle als Individuen heraus.

In – vorsichtig formuliert – dynamischen Zeiten stellt sich die Frage, wie es gelingen kann, Organisationen möglichst unbeschadet durch die unruhige See zu navigieren. Gerade im schwierigen ökonomischen Umfeld werden Fehler kaum verziehen und deshalb wurden in den letzten Jahren Agilität, New Work, Digital Leadership etc. als Ansätze für die Bewältigung der Herausforderungen so populär. Wir werden diese Ansätze im Verlauf des Buches durchaus thematisieren, doch im Kern geht es bei diesen Konzepten um eines: um den Versuch, die Resilienz der Organisation zu stärken.

Allgemein gesprochen meint »organisationale Resilienz« die Fähigkeit einer Organisation, auf Veränderungen – und damit sind Bedrohungen genauso wie Chancen gemeint – lebendig zu reagieren und sich daran anzupassen. Ein bestimmendes Merkmal resilienter Organisationen ist außerdem, dass sie die Zukunft und ihre eigene Rolle darin aktiv gestalten. Dabei sind zwei Perspektiven mitzudenken:

- **Individuelle Resilienz:** Gelingt es, die Beschäftigten in ihrer Eigenverantwortung zu fördern und sie zugleich in ihrem Umgang mit Herausforderungen und kritischen Situationen zu unterstützen, dann ist das gut für die Menschen und für die Organisation.
- **Organisationale Resilienz:** Die Entscheidungsträgerinnen und Entscheidungsträger sind gefordert, die Rahmenbedingungen zu schaffen, damit die Organisation dem Wandel und der Veränderung begegnen kann und erfolgreich bleibt.

Doch warum das Ganze überhaupt? Bevor wir in den kommenden Kapiteln tiefer in die Frage einsteigen, wie wir sowohl die Resilienz des einzelnen Menschen als auch jene der Organisation stärken können, lohnt sich ein gemeinsamer Blick auf das Umfeld, in dem wir uns bewegen, und dessen Veränderungen der letzten Zeit. Veränderungsdynamiken sind nichts grundlegend Neues. Die Geschichte der Menschheit ist eine der permanenten Veränderung. Nie wurde das so deutlich wie im 20. Jahrhundert: Getrieben durch die technologischen Veränderungen, haben sich die Zyklen des fundamentalen Wandels stark verkürzt und gleichzeitig intensiviert.

Als Reaktion auf den Zusammenbruch der Sowjetunion wurde – zunächst im militärischen Bereich – der Begriff der »VUCA-Welt« geprägt. Als Akronym steht VUCA für die Begriffe volatility (Volatilität), uncertainty (Unsicherheit), complexity (Komplexität) und ambiguity (Ambiguität). Zu Beginn der 2000er-Jahre wurde der Begriff auf den organisationalen Kontext übertragen und meint damit eine Welt, die als zunehmend unbeständig, unsicher, komplex und mehrdeutig beschrieben werden kann. Die Liste der Megatrends, die unsere Lebenswelt beeinflussen, ist tatsächlich sehr lang. Hier die wichtigsten Themen in einem kurzen Überblick:

- **Klimawandel:** Der Klimawandel – oder besser: die Klimakrise – fordert Ökonomien, Unternehmen und Individuen zum Handeln auf. Es scheint noch unklar, wo uns diese Entwicklungen wirklich hinführen werden – sowohl was die Intensität der Krise angeht als auch die Entschlossenheit, mit der wir uns als Menschheit dagegenstellen. Für die meisten Zukunfts- und Klimaforscherinnen und -forscher scheint festzustehen, dass uns die Aufgabe, die bestehenden Schäden an Klima und Umwelt zu beheben, für Jahrzehnte, wenn nicht für Jahrhunderte begleiten wird.

- **Änderung der Weltordnung:** Der Aufstieg Chinas zur Weltmacht steht nicht vor der Tür, sondern scheint vollzogen. Im Juli 2021 wurden 100 Jahre Kommunismus gefeiert, um das chinesische Volk und die restliche Welt gleich auf die nächsten 100 Jahre einzustimmen. Aus der zurückhaltenden, verlängerten Werkbank des Westens ist ein aktiver und fordernder Gestalter geworden. Weitere geopolitische Änderungen sind zu erwarten. Firmenübernahmen durch staatsnahe chinesische Investoren, Lieferengpässe und Preissteigerungen, wenn China etwas nicht passt, sind nur einige der Auswirkungen. Genauso bergen die Themen Überwachung und Datenschutz reichlich Sprengkraft. Mit weiteren direkten Konsequenzen für unser Handeln in Unternehmen und als Individuen ist zu rechnen.
- **Demografischer Wandel:** Kann der Generationenvertrag noch aufrechterhalten werden? Die Alterspyramide stellt sich auf den Kopf und damit stellt sich die Frage, wie unser Sozialsystem künftig noch funktionieren kann. Wer wird die Pensionen und Krankenhausaufenthalte der heute 40-Jährigen bezahlen? Zusätzlich spürt man den demografischen Wandel schon heute am Arbeitsmarkt: Viele ältere Arbeitnehmerinnen und Arbeitnehmer sind nicht oder nur sehr schwer vermittelbar, anderseits ist der viel zitierte Fachkräftemangel ein Problem. Beides nagt nicht nur an der Wachstumsfähigkeit, sondern auch an der Überlebensfähigkeit von Organisationen.
- **Wertewandel:** Was uns als Individuen und Gesellschaft wichtig ist, hat sich verändert. Immer mehr Menschen drängt sich die Frage auf, ob das seit Jahrhunderten geltende Ziel des ständigen Wachstums noch richtig ist. Geht es tatsächlich nur darum oder gibt es nicht andere Werte, die wichtiger sind? Die Wertigkeit der Arbeit wird beispielsweise neu definiert und die junge Generation geht hier voran. Dadurch ergeben sich aber auch echte Interessenkonflikte zwischen den Generationen. Die Millenials wollen nicht nur über Work-Life-Balance reden, sie erheben ihren (künftigen) Arbeitgebern gegenüber auch den Anspruch nach individueller Sinnstiftung und Nachhaltigkeit. Die Möglichkeit, viel Geld zu verdienen, reicht nicht mehr.
- **Digitalisierung und künstliche Intelligenz (KI):** Die Art und Weise, wie Wertschöpfung in Organisationen passiert, wird in Zukunft ganz anders aussehen. Künstliche Intelligenz wird in vielen Anwendungsbereichen immer wichtiger werden und teilweise die Aufgaben der Menschen übernehmen – und das wird nicht nur die weniger qualifizierten Arbeitsstellen betreffen. Auch viele Kerntätigkeiten von Ärzten, Anwälten, Ingenieuren und Designern stehen auf der Liste jener Aufgaben, die – zumindest teilweise – durch KI übernommen werden können.

Diese Liste ließe sich beliebig verlängern, weil sich bis in einzelne Regionen und Branchen hinein sehr spezifische Fragen stellen. Wir alle sind gefordert – jede und jeder auf ihre und seine Art und im jeweiligen Kontext.

Krisen wirken in diesem Zusammenhang als Beschleuniger. Wann die COVID-19-Pandemie wirklich ausgestanden sein wird, weiß niemand. Es handelt sich sicher um ein einzigartiges Szenario. Gleichzeitig sind die Muster in vielen Krisen ähnlich: Der Arbeitsmarkt fährt herunter, danach folgt eine Diskussion darüber, was wie viel kostet oder wert ist. Letztlich gehen aus den

Krisen Gewinner und Verlierer hervor. Jede Krise ist aber auch ein Katalysator für Neues, sie kann zum Beispiel Technologien zu einem breiten Durchbruch verhelfen. Nicht zuletzt durch staatliche Förderungen bekommen grüne Technologien nun wesentlich mehr Aufmerksamkeit und können sich beweisen. Wir haben die große Chance, unseren Wirtschaftskreislauf auf nachhaltigere Beine zu stellen. Auch digitale Geschäftsmodelle und Vertriebskanäle scheinen Krisengewinner zu sein. Die Art, wie wir arbeiten, hat sich seit 2020 ebenfalls dramatisch verändert: Im Homeoffice zu arbeiten und per Videokonferenz miteinander zu kommunizieren, ist jetzt wirklich möglich. Manches davon wird wohl bleiben, ohne Pandemie wäre es jedoch undenkbar gewesen. Wir halten das Beschreibungsmodell der VUCA-Welt durchaus für hilfreich – vielen modernen Managementansätzen und Weiterentwicklungsempfehlungen für Organisationen diente es ja auch als Begründung und Beschleuniger von sich ankündigenden Entwicklungen. Trotzdem fragen wir uns, ob es unserer heutigen Welt und insbesondere der (möglichen) Zukunft ausreichend Rechnung trägt. Ist unsere Welt tatsächlich »nur« unbeständig, unsicher, komplex und mehrdeutig, oder gibt es nicht schon neuere Entwicklungen?

Brittle, anxious, non-linear, incomprehensible – BANI

Kurz nach Ausbruch der COVID-19-Pandemie stellte der Zukunftsforscher Jamais Cascio in seinem Artikel »Facing the Age of Chaos« (Cascio, 2020) ein neues Modell vor. Er beschreibt die VUCA-Welt als Auslaufmodell und begründet dies damit, dass VUCA eher eine Gegenwartsbeschreibung sei und dadurch beharrend wirke. Wir finden Cascios Gedanken sehr inspirierend und möchten sie zum Auftakt des Buches mit dir teilen. Cascios Modell erklärt nicht nur die Herausforderungen und Probleme in der aktuellen Situation, sondern auch die anhaltenden Konsequenzen daraus. So wie VUCA beleuchtet BANI vier Ausprägungen der Veränderungen und ist daher ein Akronym aus den folgenden Wörtern:

- Brittle: brüchig, porös
- Anxious: ängstlich
- Non-linear: nicht-linear
- Incomprehensible: unbegreiflich, unverständlich

Volatile wird zu brittle: Unsere Welt nur noch als unbeständig zu beschreiben, genügt nicht mehr. Unbeständigkeit per se ist nicht das Problem. Ungemütlich wird es erst, wenn sich unsere Systeme als nicht belastbar und als zu wenig flexibel erweisen. Genau dann zeigt sich ihre Brüchigkeit. Ein bis ins letzte Detail optimiertes System, zum Beispiel ein Unternehmen, scheint zunächst stabil und geradezu unzerstörbar. Dann aber zerbricht es an den neu einprasselnden Belastungen, und das führt letztlich zu einem überraschenden und umso heftigeren Systemversagen. Die Finanzkrise am Ende der Nullerjahre ist dafür ein Paradebeispiel, bei dem sich gezeigt hat: Die Brüchigkeit muss sich nicht ausschließlich auf das eigene Unternehmen beziehen, sondern ist im Kontext mit anderen zu sehen.

Was damit zur Diskussion steht, und darauf werden wir im Laufe der Kapitel mehrfach Bezug nehmen, ist unser über lange Zeit erlerntes Streben nach Effizienz und Optimierung. Wo brauchen wir mehr Beweglichkeit und Elastizität in unseren Systemen, aber auch in unserem Denken? Diese Fragen sind nicht wirklich neu – neu ist aber der Gedanke, von Systemreserven als Gegenpol zum allgegenwärtigen Effizienzstreben zu sprechen.

Uncertain wird zu anxious: Ja, es gibt in der heutigen Zeit viele Unsicherheiten. Das war und ist ein Teil unserer Lebensrealitäten. Problematisch wird es aber erst, wenn diese Unsicherheiten zu einer Ängstlichkeit führen, die uns hemmt oder gar lähmt. Aus Angst, die falsche Entscheidung zu treffen, treffen wir dann womöglich gar keine Entscheidungen mehr. Für eine kreative, innovative, erfüllende und sinnstiftende Zukunftsgestaltung ist diese Form der Risikovermeidung allerdings eher hinderlich. Die Frage ist also, wie wir diese Angstlähmung hinter uns lassen können, um uns mit Mut, Vertrauen und Zuversicht den Herausforderungen zu stellen. Auch darauf werden wir mehrmals zurückkommen.

Complex wird zu non-linear: Die Nicht-Linearität ist eher als Ergänzung der Komplexität zu verstehen. Die Zukunft ist unvorhersehbar. Sie entwickelt sich nicht linear und logisch, sondern vielmehr im Zickzack. Wir können Ursache und Wirkung nicht mehr klar zuordnen und nachvollziehen, was auch daran liegt, dass zu viele Faktoren einander beeinflussen. Das bewirkt nicht nur Komplexität und Undurchsichtigkeit, sondern weckt den Eindruck, dass Entwicklungen kaum gesteuert werden können: Während große Anstrengungen möglicherweise kaum Wirkung zeigen, können umgekehrt kleine Veränderungen einen massiven Einfluss haben.

Wie damit umgehen? Eine Chance ist, den Kontext zu erweitern, womit gemeint ist: Daten, Zahlen und Fakten sammeln und interpretieren. Es geht darum, ein Denken in »sowohl als auch« zu entwickeln, unterschiedliche Zugänge parallel auszuprobieren und mehr zu experimentieren – auch im unternehmerischen Kontext. Das bedeutet, an der Anpassungsfähigkeit der Organisation zu arbeiten.

Ambiguity wird zu incomprehensible: Wir sind laufend mit einer Flut an Informationen konfrontiert. Als Ergebnis stehen Zahlen, Daten, unsere Erfahrungen und Emotionen wenig greifbar und zuordenbar nebeneinander. Daher verstehen wir die Welt immer weniger. Mit dieser Unverständlichkeit können wir aber arbeiten, wenn wir Transparenz herstellen. Diese Transparenz ist die Voraussetzung, um konstruktiv nach Lösungen zu suchen und die Herausforderungen zu bewältigen. Was dafür nötig ist, sind sinnvolle Filter für die Informationsflut. Das kann etwa der individuelle und/oder organisationale Purpose mit einem passenden Werterahmen sein, aber auch Klarheit über die Ziele der Organisation. Was uns dabei hilft, sind der Dialog und das Zulassen unterschiedlicher Sichtweisen. Auch dazu möchten wir Handlungs- und Denkanstöße geben.

Winston Churchill wird das Zitat zugeschrieben: »Never let a good crisis go to waste.« Was er damit meinte, ist einfach wie tiefgreifend: Dramatische Veränderungen bringen neue Erkenntnisse und decken Chancen auf. Churchills Philosophie hat nach wie vor Gültigkeit: Waren es damals die Wirren des Weltkriegs, sind es heute eine Pandemie und der Klimawandel, die uns vor große Herausforderungen stellen. Viele fühlen sich in ihren Möglichkeiten massiv eingeschränkt und ihrer Perspektive beraubt. Dass die Krise jedoch eine großartige Chance zur Veränderung und Neuausrichtung in sich birgt, wird zu oft übersehen. Ein Patentrezept gibt es leider nicht. Was hilft, ist eine ehrliche und selbstkritische Auseinandersetzung mit der Vergangenheit und der Zukunft, um in der Gegenwart sinnvolle Schritte zu setzen. Unerlässlich dafür sind das passende Mindset sowie die Klarheit, in welche Richtung man sich (nicht) entwickeln möchte. Mit welchen Mitteln du das angehen könntest, möchten wir dir in den nächsten Kapiteln zeigen.

1.2 Resilienz – die gestalterische Kraft für die Zukunft

Kauai ist die »Garten-Insel« der hawaiianischen Inselgruppe. In dieses Idyll wanderten im Laufe der Jahrhunderte Menschen aus Südostasien ein, um hier auf den Ananas- und Zuckerrohrplantagen zu arbeiten. Großteils waren es ungelernte Arbeiterinnen und Arbeiter ohne höheren Schulabschluss, die sich auf Kauai niederließen und dort Familien gründeten.

In einer 40 Jahre dauernden Langzeitstudie, die 1955 begann, versuchte ein interdisziplinäres Team unter der Leitung der Entwicklungspsychologin Emmy Werner herauszufinden, wie sich Komplikationen rund um Schwangerschaft und Geburt sowie herausfordernde Lebensumstände auf die Entwicklung der Kinder dieser Arbeiterinnen und Arbeiter bis zum Erwachsenenalter auswirken würden (Werner/Smith, 1992). Was passiert, wenn Kinder der Armut, psychologischen Erkrankungen der Eltern und zerrissenen Familienstrukturen ausgesetzt sind? Welche Kinder scheitern daran? Und woraus ziehen jene Kinder ihre Kraft, die aus solchen Verhältnissen ohne schwerwiegende psychische und soziale Probleme hervorgehen? Kurz: Was macht diese Kinder resilient?

Die Ergebnisberichte »The Children of Kauai« und »Kauai's Children Coming of Age« zeigten, dass sich die Entwicklungsverläufe der Kinder stark unterschieden: Jene Kinder, die ihre Herkunft in ein Potenzial verwandelten, sie akzeptierten und dem Leben mit Optimismus begegneten, zeigten äußerst positive Lebensverläufe. Andere wiederum setzten die schwierigen Lebensumstände der Eltern im eigenen Erwachsenenalter fort und zerbrachen daran. Werners Studie wurde zu einem wesentlichen Eckpfeiler der modernen Entwicklungspsychologie, denn sie machte deutlich: Die Entwicklungsverläufe von Menschen sind nicht ausschließlich das Ergebnis von Herkunft und Rahmenbedingungen. Vielmehr werden sie von der Kompetenz bestimmt, mit den Umständen umzugehen.

Definition

Was ist individuelle Resilienz?

Das Wort »Resilienz« leitet sich vom lateinischen Verb »resilire« ab, das so viel wie zurückspringen, sich wiederaufrichten oder abprallen bedeutet. Das Gegenteil von Resilienz würde man als Verletzlichkeit oder auch »Fragilität« bezeichnen.

Individuelle Resilienz ist die Fähigkeit, in schwierigen Situationen auf die vorhandenen Kräfte und Ressourcen zurückzugreifen, sich rasch an die Umstände anzupassen und zuversichtlich nach vorne zu blicken.

Neben dieser Widerstandskraft ist für echte Resilienz aber noch ein zweiter Faktor charakteristisch: die gestalterische und innovative Erneuerungs- und Gestaltungskraft. Damit ist die Fähigkeit gemeint, in schwierigen Zeiten Chancen zu erkennen und sich von alten Mustern sowie nicht mehr passenden Einstellungen und Verhaltensweisen zu verabschieden.

Parallel zu Werners entwicklungspsychologischen Ansatz in der Kauai-Studie wurde das Thema »Resilienz« ab den 1970er-Jahren aus unterschiedlichen Perspektiven betrachtet:

- **Viktor Frankl** beschrieb in seinem Buch »... trotzdem Ja zum Leben sagen«, wie ihn das Erkennen seines Lebenssinns so sehr gestärkt hatte, dass er die Jahre im KZ überleben konnte, ohne daran zu zerbrechen (Frankl, 1977). Die Sinnfindung betrachtet Frankl als wesentliche Quelle und Kraft für einen positiven Blick in die Welt und die Zukunft.
- **Aaron Antonovsky** führte in den 1970er-Jahren eine Studie durch, in der er sich die Frage stellte, wie Gesundheit entsteht. Das Ergebnis war sein Konzept der Salutogenese, in dem er zeigt, dass Gesundheit kein absoluter Zustand ist, sondern ein fließender Prozess von Entwicklungs- und Erhaltungsprozessen (Antonovsky, 1997). Kernaussage dieses Konzeptes: Je sinnvoller ich das Leben finde und je mehr ich den Eindruck habe, das Leben gestalten zu können, desto stärker ist mein persönliches Kohärenzgefühl – desto gesünder fühle ich mich also.
- **Karen Reivich und Andrew Shatté** entwickelten die bisherigen Erkenntnisse in ihrem Buch »The Resilience Factor« weiter zu den »7 Schlüsseln zur Resilienz« (Reivich/Shatté, 2003). Vor allem unter Praktikerinnen und Praktikern erregte dieses Buch hohe Aufmerksamkeit und wurde zur Grundlage vieler Coachings und Seminare zur Resilienzentwicklung. Die Kernhypothese von Reivich und Shatté lautet, dass Resilienz durch die Entwicklung bestimmter Kompetenzen entsteht, nämlich: Optimismus, Akzeptanz, Zukunftsorientierung, Selbstregulation, Achtsamkeit, Netzwerkorientierung, Selbstwirksamkeitserwartung.
- Durch die immer deutlicher spürbaren Veränderungen in der Umwelt wurde zu Beginn der 2000er-Jahre die Frage der Resilienz auch für ökologische und soziale Systeme interessant. Der Ökologe **Stanley Holling** erforschte, wie widerstandsfähig ökologische Systeme auf äußere Störungen reagieren. Er entwickelte das Modell des adaptiven Erneuerungszyklus ökologischer Systeme – einem Zyklus von Wachstum, Konsolidierung, Erneuerung und Reorganisation (Gunderson/Holling, 2001). Kerngedanke des Konzepts ist es, auch bei Störungen wie Umweltkatastrophen die Anpassungs- und Funktionsfähigkeit des Ökosystems zu gewährleisten. Seine Definition ökologischer Resilienz zielte auf Fortbestand, Veränderung, Unvorhersehbarkeit und gefahrlosen Ausfall ab und setzte sich in der Ökologie weitgehend durch (Holling, 1996).
- Schließlich wurde Resilienz auch in der Organisationsforschung zum Thema. Eine völlig neue Perspektive nahmen dabei **Karl. E. Weick und Kathleen M. Sutcliffe** ein: Sie untersuchten die Frage, was Organisationen brauchen, um unerwartete, schwierige Situationen gut meistern zu können (Weick/Sutcliffe, 2007). Anhand von Hochverfügbarkeitssystemen wie Feuerwehren oder Notaufnahmen in Spitälern zeigten sie anschaulich, wie der proaktive Umgang mit Fehlern, die Integration von Expertise und eine hohe Sensibilität für betriebliche Abläufe echte Krisen vermeiden oder zumindest abschwächen können.

- **Nassim Nicholas Taleb,** Autor des Bestsellers »Der Schwarze Schwan« (Taleb, 2012), einer sarkastischen Abrechnung mit den Fähigkeiten von Börsenanalysten nach der Finanzkrise im Jahr 2009, prägte 2012 den Begriff der »Antifragilität«. Taleb betrachtet Trendanalysen, die Zukunftsforschung sowie die Entwicklung von Szenarien und Plänen als die Wurzel allen Übels. Er postuliert, dass wir nur überlebensfähig und zukunftsfit sein können, wenn wir uns mit dem Chaos und der Nichtvorhersehbarkeit anfreunden und gar nicht erst versuchen, Pläne zu erstellen, die auf Erkenntnissen aus der Vergangenheit aufbauen. Nur wenn eine Organisation die Fähigkeit entwickelt, mit dem Zufall und dem Chaos flexibel und positiv umzugehen, wird sie »antifragil«. »Das Resiliente, das Widerstandsfähige widersteht Schocks und bleibt sich gleich; das Antifragile wird besser.« (Taleb, 2012) Seit Taleb seine radikalen Thesen zur Antifragilität aufgestellt hat, hat sich auch der Begriff der transformativen Resilienz entwickelt – ein Ansatz, bei dem das Innovationspotenzial als integraler Bestandteil der Resilienz gilt. Dies ist auch der Ansatz, dem wir in diesem Buch folgen.

Schon dieser kurze Abriss zeigt, dass Resilienz ein breites, interdisziplinäres Forschungs- und Arbeitsfeld ist. Den **einen** richtigen Zugang gibt es nicht und das wird umso deutlicher, je intensiver man sich mit dem Thema auseinandersetzt. Wir beschäftigen uns als Organisationsentwicklerinnen und -entwickler seit mehreren Jahren intensiv mit der Stärkung von Resilienz in Organisationen und im Wesentlichen stoßen wir dabei auf vier Fragen:

1. Wie wirken individuelle Resilienz und organisationale Resilienz zusammen?

Blicken wir auf Organisationen und deren Teams, so wird bald klar: Es ist zwar gut, wenn einzelne Menschen resilient agieren – aber das bedeutet noch nicht, dass die Organisation insgesamt resilient ist. Wir gehen sogar noch einen Schritt weiter: Resilienztrainings auf individueller Ebene gefährden in manchen Situationen sogar die Resilienz der Organisation. Klingt nach einem Paradoxon, aber stellen wir uns Folgendes vor: Ein Unternehmen ist falsch aufgestellt und fördert dadurch das Silodenken, die Kommunikation funktioniert nicht, es gibt viele Konflikte an den Schnittstellen, die Führung agiert top-down, die Anliegen und Ideen der Mitarbeitenden und Kundinnen und Kunden werden wenig gehört, es rumort in der Belegschaft. Was würde in dieser Lage ein rein individuelles Resilienztraining bewirken? Die Durchhaltekraft der Menschen wird gestärkt, sie vernetzen sich miteinander, um mit der Situation besser zurechtzukommen, der Blick wird auf die positiven Seiten der aktuellen Situation gelenkt. Im besten Fall verlassen resiliente Menschen die Organisation, weil sie merken, dass Potenziale ungenützt bleiben, Chancen nicht erkannt werden und Altes nicht losgelassen wird. Vielleicht rüttelt das dann das Management wach – ansonsten werden die eigentlichen Probleme der Organisation noch weiter in die Zukunft verschoben.

Unsere These: Die Entwicklung der individuellen Resilienz von Mitarbeiterinnen und Mitarbeitern sowie von Führungskräften erhöht nicht automatisch die Resilienz der gesamten Organisation. Vielmehr braucht die Entwicklung organisationaler Resilienz einen mutigen und ehrlichen Blick auf Kultur, Struktur und Prozesse einer Organisation im Zusammenspiel mit den Anforderungen der Zeit.

2. Was macht Organisationen in dynamischen, komplexen und unsicheren Zeiten resilienter?

Chancen erkennen und Risiken eingehen, loslassen und bewahren, Ja und Nein sagen. Resiliente Organisationen, ihre Menschen und Teams sind in der Lage, sich beweglich und achtsam zwischen diesen Polen zu bewegen und mit dem Blick auf eine bessere Überlebensfähigkeit Entscheidungen zu treffen. Beweglich zu sein bedeutet dabei, eine innere Dynamik und Agilität auf allen Ebenen zu entwickeln: vom Öffnen für Neues bis hin zum Verlernen und Loslassen von nicht mehr wertschöpfenden Prozessen, Verhaltensweisen und Einheiten. Achtsam zu sein umfasst die ganzheitliche Wahrnehmung von dem, was innen, im System, passiert – integriert mit Signalen, die von außen, vom Umfeld, kommen. Entscheidend ist dabei, Antennen für schwache Signale zu haben und ein Gespür dafür zu entwickeln, wo Risiken liegen und wo auch Speckpolster aufgebaut werden müssen, um in Krisenzeiten belastbar zu sein.

Unsere These: Resilienz bedeutet, agil und achtsam stabilisierende und dynamisierende Faktoren so auszubalancieren und zu nutzen, dass eine gesunde, nachhaltige (Über-)Lebensfähigkeit und Wachstum möglich sind.

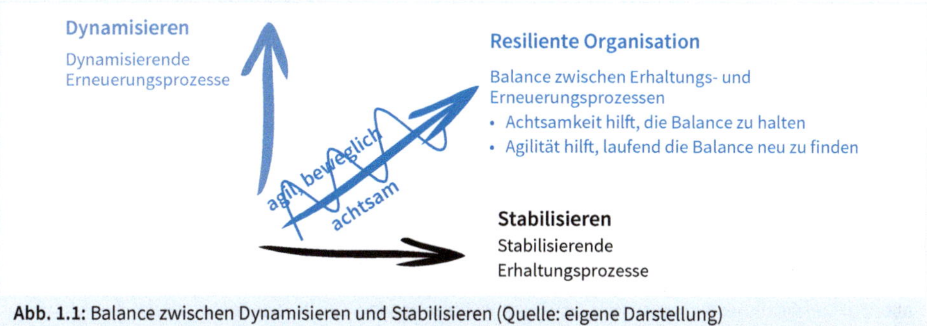

Abb. 1.1: Balance zwischen Dynamisieren und Stabilisieren (Quelle: eigene Darstellung)

3. Resiliente Anpassung und Selbsterneuerung in Organisationen – wie wird das möglich?

Organisationen sind mehr als die Summe ihrer Teile. Ein mechanistisches Organisationsverständnis geht davon aus, dass Organisationen von außen gemanagt werden können und dass sie aus auswechselbaren Teilen bestehen, die beliebig verschoben werden können. So wie es im »Trigon Systemkonzept der 7 Wesenselemente einer Organisation« (Glasl et al. 2005) dargestellt wird, verstehen wir eine Organisation hingegen als eine Einheit, als Ganzes, bei dem sich die Eigenschaften des Systems vor allem durch die Beziehungen und Wechselwirkungen zwischen den Systemelementen ergeben. Diese Elemente befinden sich permanent in Beziehung zueinander und zusätzlich in einer laufenden Wechselwirkung mit dem Umfeld. Der Mensch steht bei diesem Modell im Zentrum der Wechselwirkungen und es wird ebenfalls zwischen stabilisierenden und dynamisierenden Elementen unterschieden.

Zu den stabilisierenden Elementen zählen die Identität, die Struktur (im Sinne des Organigramms) sowie die physischen Mittel einer Organisation, während die dynamisierenden Elemente die Strategie, die Funktionen bzw. Rollen und die Prozesse umfassen. Erst wenn wir erkennen, akzeptieren und zulassen, dass die Organisation ein Wesen hat und nicht mechanistisch gemanagt werden kann, können wir die Kraft der Selbstorganisation, der Selbstregulierung und des Neuerfindens freisetzen. Dieses Organisationsverständnis ist die Voraussetzung, um die Resilienzentwicklung in Organisationen zu verstehen und zu gestalten. Ein starres hierarchisches und mechanistisches Managementverständnis behindert die Freisetzung dieser Fähigkeiten und gefährdet vor allem in dynamischen, unplanbaren Zeiten die Überlebensfähigkeit.

Unsere These: Organisationen tragen das Potenzial der Selbstorganisation und Selbststeuerung in sich und haben ein intrinsisches Interesse daran, sich so zu organisieren, dass sie gesund bleiben und langfristig überleben können – wenn wir sie nicht daran hindern.

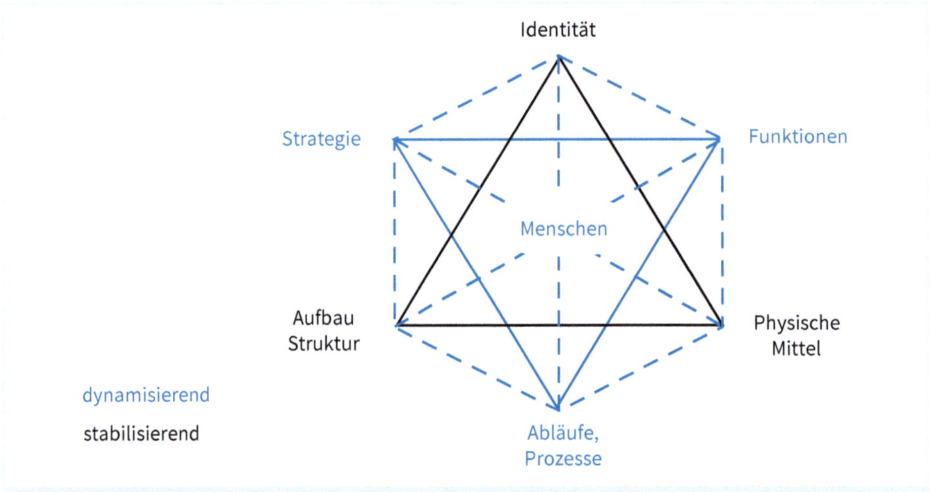

Abb. 1.2: Ganzheitliches Systemkonzept der sieben Wesenselemente (Quelle: eigene Darstellung in Anlehnung an Glasl, Kalcher, Piber 2005, S. 76)

4. Wie und wodurch kann die Überlebensfähigkeit einer Organisation gestärkt werden?

Gewinnmaximierung und Effizienzsteigerung – das war das eindimensionale Managementverständnis der letzten Jahrzehnte. Ob das die Überlebensfähigkeit langfristig sichert oder – im Gegenteil – vielleicht sogar schwächt, wurde dabei oft nicht mitbedacht. Ein Blick in den Gesundheits- oder Sozialbereich genügt: Im Sinne der Effizienz wurden Verwaltungseinheiten für die Steuerung aufgebaut, während der Kernprozess – die Pflege, die medizinische Betreuung, die Stunden bei Klientinnen und Klienten – ausgedünnt wurden.

Das führte natürlich kurzfristig zu besseren Kennzahlen und Leistungsparametern. Doch wurden die Systeme dadurch auf lange Sicht resilienter und belastbarer? In diesem Zusammenhang lohnt es sich, auf natürliche Systeme zu schauen: Wie wird hier eine überlebensfähige Balance gefunden? Angesichts der Finanzkrise im Jahr 2009 empfahl Bernard Lietaer, ehemaliger Zentralbanker und Professor in Berkeley, in einem Interview mit brandeins, sich stärker an natürlichen Systemen zu orientieren, um eine bessere Überlebensfähigkeit zu erlangen: »In natürlichen Systemen besteht eine Asymmetrie zwischen Effizienz und Belastbarkeit. Das heißt, dass ein System etwa doppelt so belastbar sein muss wie effizient, wenn es dauerhaft lebensfähig sein will. Um den Punkt der optimalen Balance herum gibt es nur einen sehr schmalen Sektor, das ›Vitalitätsfenster‹, in dem das System nachhaltig lebensfähig ist. Außerhalb dieses Vitalitätsfensters ist es entweder zu wenig effizient aufgrund zu hoher Vielfalt und Vernetzung oder zu wenig belastbar wegen zu geringer Vielfalt und Vernetzung.« (Gründler 2009)

Unsere These: Um langfristig überlebensfähig zu bleiben, sollte in einem System der Fokus stärker auf Belastbarkeitsfaktoren als auf Effizienzfaktoren liegen.

Definition

Was ist organisationale Resilienz?

Basierend auf unseren Beobachtungen und Erfahrungen in der Praxis bedeutet organisationale Resilienz für uns, agil und achtsam stabilisierende und dynamisierende Faktoren so auszubalancieren und zu nutzen, dass eine gesunde und nachhaltige (Über-)Lebensfähigkeit und Wachstum der Organisation möglich sind. Organisationen tragen das Potenzial der Selbstorganisation und Selbststeuerung in sich und haben ein intrinsisches Interesse daran, zu überleben. Um dieses Potenzial im Sinne der organisationalen Resilienz nutzen zu können, brauchen Entscheiderinnen und Entscheider sowie Führungskräfte Vertrauen in die Fähigkeiten und das Wissen aller Teile der Organisation und einen breiteren Blick auf Kultur, Struktur und Prozesse der Organisation. Für die langfristige Überlebensfähigkeit sollte der Fokus also stärker auf Belastbarkeitsfaktoren als auf Effizienzfaktoren liegen.

1.3 Transformation zur Resilienz – wie radikal muss sie sein?

Du siehst schon: Eine echte Transformation zu mehr Resilienz der Organisation ist eine komplexe Aufgabenstellung. Sie erfordert von den handelnden Personen viel Fingerspitzengefühl und das Gespür dafür, wann und wo radikale Weichenstellungen nötig oder nicht nötig sind. Halten wir uns zunächst vor Augen, was mit einer Transformation erreicht werden soll: Das Ziel ist, die Organisation vital und zukunftsfit zu gestalten, um – wie in Abb. 1.3 dargestellt – resilient vorzusorgen. So können Krisen abgeschwächt und es kann kompetent agiert und reagiert werden. Resilientes Agieren bedeutet:

- laufend achtsam und beweglich Fehler wahrzunehmen und die Ursachen zu hinterfragen, um Folgefehler zu vermeiden;
- schwache interne und externe Signale der Veränderung wahrzunehmen und zu überlegen, was die Auswirkungen sein könnten und was daraus gelernt werden kann;
- laufend neue Ideen auszuprobieren, kreative Lösungsansätze zuzulassen, Innovationen zu pilotieren, agil und beweglich zu erkennen, was losgelassen und verlernt werden soll;

  in schwierigen Situationen und echten Krisen schnell zu stabilisieren und unter Nutzung aller Ressourcen und Kompetenzen die Lebensfähigkeit zu sichern;
- zu akzeptieren, dass sich die Rahmenbedingungen geändert haben und den Blick für Neues zu öffnen, Chancen zu erkennen, nicht mehr Dienliches radikal loszulassen, zu verlernen und zu transformieren;

- mögliche Folgerisiken permanent im Blick zu haben und stabile Lösungen dafür suchen
- und dann wieder beim ersten Punkt zu beginnen.

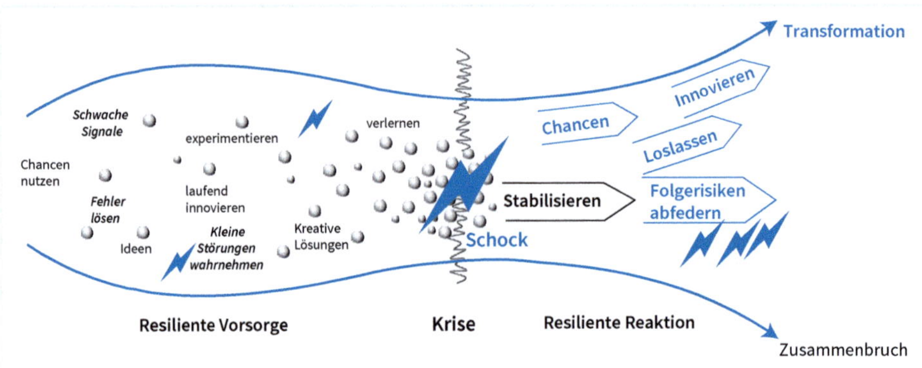

Abb. 1.3: Resiliente Vorsorge, um die Krise zu vermeiden oder abzuschwächen (Quelle: eigene Darstellung)

Die Frage lautet natürlich: Wie erreicht die Organisation diese Kompetenz? Musst du deine Organisation dafür durch einen eher inkrementellen oder einen radikalen Wandelprozess führen? Während es sich im ersten Fall um eine schrittweise, kontinuierliche Veränderung handelt, setzt der radikale Wandel wesentlich umfassender in der Organisation und bei der Änderung des gesamten Bezugsrahmens an. Ein radikaler oder gar disruptiver Wandel kann also wie eine Revolution gegen die vorherrschende Rationalität in der Organisation verstanden werden. Die Logik, wie die Organisation »tickt« wird neu verhandelt und entwickelt.

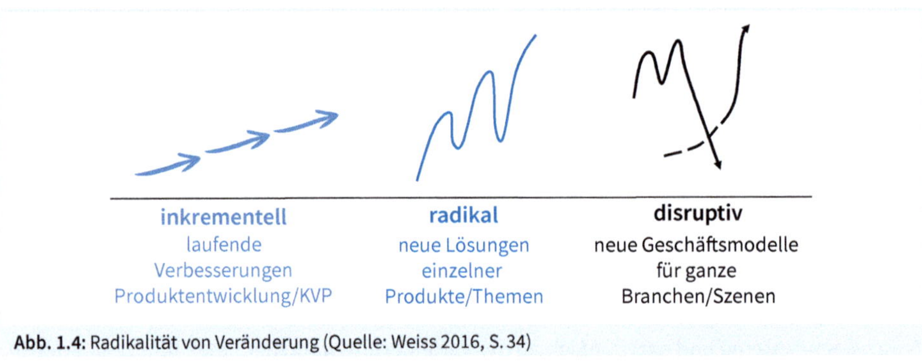

Abb. 1.4: Radikalität von Veränderung (Quelle: Weiss 2016, S. 34)

Bevor du deine Organisation geradewegs in einen radikalen Wandel führst, möchten wir dir vier Suchspuren ans Herz legen, über die du unserer Erfahrung nach zuerst nachdenken solltest.

Suchspur 1: In welcher Entwicklungsphase befindet sich die Organisation und wie viel radikale Veränderung braucht sie?

Die Dynamik des (Wirtschafts-)Lebens, Digitalisierung, Pandemie und branchenspezifische Entwicklungen erzeugen einen enormen Veränderungsdruck – vor allem für große, etablierte

Unternehmen. Die Anpassung an diese neuen Rahmenbedingungen im Außen erfordert vielfach auch radikale Veränderungen im Innen.

Bitte nicht falsch verstehen: Wir sind keineswegs gegen Wandel und Weiterentwicklung. In vielen Fällen gilt es, mutig und mit Entschiedenheit das Alte hinter sich zu lassen und die Organisation strukturell, kulturell und strategisch neu zu erfinden. Aber dennoch gilt: Denke kritisch mit und hinterfrage, wie »groß« der Wandel wirklich sein muss. Wo ist radikale Veränderung unabdingbar, wo genügt eine inkrementell-evolutionäre Veränderung? Oder ist im Moment schlicht das Abwarten die richtige Strategie? Stets gilt: Das Neue sollte nicht um der Neuigkeit willen umgesetzt werden. Management-Moden – und davon gibt es heute viele – können auch zu Verschlechterungen und Rückschritten führen. Beispiel Agilität: Agile Konzepte sind in vielen Bereichen eine großartige Sache – vor allem, wenn es um die Entwicklung neuer Produkte und Services geht. Die laufende Einbindung von Kundinnen und Kunden sowie das iterative Herantasten an die passende Lösung sind in diesem Bereich eine sinnvolle Vorgehensweise. Für repetitive Prozesse aber, bei denen es in erster Linie um Effizienz und Fehlervermeidung geht, sind sie schlichtweg Schwachsinn.

Neben mutigen und radikalen Veränderungsschritten ist es an anderen Punkten also zielführend, das Bestehende wertzuschätzen und vielleicht sogar weiter zu kultivieren und zu perfektionieren. Dahinter steht die Frage: Wofür wollen wir als Individuen und als Organisation stehen? Was ist uns wichtig und stiftet Sinn? Was ist für uns ein attraktives Zukunftsbild? Was darf bzw. kann bleiben, was soll sich verändern? Diese Fragen haben sehr viel damit zu tun, wie sich Organisationen im Lauf der Zeit entwickeln, denn das passiert nicht beliebig und ohne Gesetzmäßigkeiten. Die Entwicklungsphasen der Organisation (Glasl et al. 2005) sind für uns ein Basismodell in unserer Arbeit mit Unternehmen.

Entwicklungsphase der Organisation	Ausprägung
1. Pionierphase Das Unternehmen als große Familie	• »Alles für unsere Kunden!« • Kundentreue, persönliche Kenntnis der Kundensituation • Person der Pioniere prägt Struktur, Arbeitsstil • Charismatische und autoritäre Führung • Formelle Organisation rund um die Fähigkeiten der Gründerpersonen • Improvisieren und Flexibilität als zentrales Element **Gefahren: Chaos, Willkür, Unselbstständigkeit der Mitarbeitenden**
2. Differenzierungsphase Das Unternehmen als Apparat	• »Wir verkaufen das, was für uns gut ist!« • Systematik, Ordnung, Logik, Steuerbarkeit, Machbarkeit • Formalisierte Strukturen, Regeln, Standardvorschriften • Funktionalitätsstruktur Stab-Linie • Führungsebenen differenziert, sachlich, rational, kalt • Mitarbeitende passen sich den Sachnotwendigkeiten an • Arbeitsteilung! Trennung: Planung – Ausführung – Kontrolle **Gefahren: Überorganisieren, Überformalisieren, Trennwände, Erstarrung, Bürokratie**

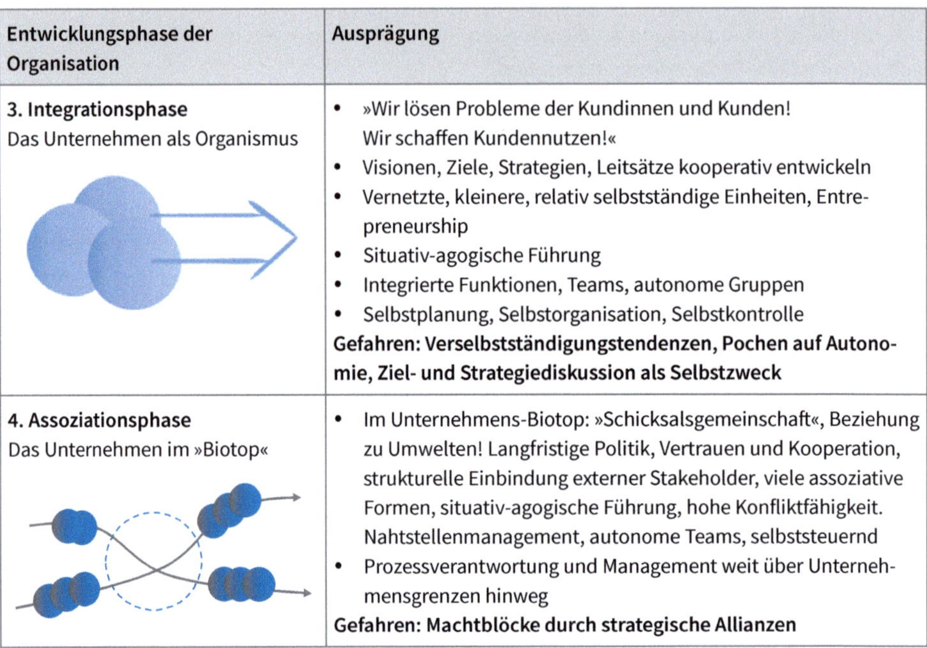

Entwicklungsphase der Organisation	Ausprägung
3. Integrationsphase Das Unternehmen als Organismus	• »Wir lösen Probleme der Kundinnen und Kunden! Wir schaffen Kundennutzen!« • Visionen, Ziele, Strategien, Leitsätze kooperativ entwickeln • Vernetzte, kleinere, relativ selbstständige Einheiten, Entrepreneurship • Situativ-agogische Führung • Integrierte Funktionen, Teams, autonome Gruppen • Selbstplanung, Selbstorganisation, Selbstkontrolle **Gefahren: Verselbstständigungstendenzen, Pochen auf Autonomie, Ziel- und Strategiediskussion als Selbstzweck**
4. Assoziationsphase Das Unternehmen im »Biotop«	• Im Unternehmens-Biotop: »Schicksalsgemeinschaft«, Beziehung zu Umwelten! Langfristige Politik, Vertrauen und Kooperation, strukturelle Einbindung externer Stakeholder, viele assoziative Formen, situativ-agogische Führung, hohe Konfliktfähigkeit. Nahtstellenmanagement, autonome Teams, selbststeuernd • Prozessverantwortung und Management weit über Unternehmensgrenzen hinweg **Gefahren: Machtblöcke durch strategische Allianzen**

Tab. 1: Entwicklungsphasen von Organisationen (Quelle: in Anlehnung an Glasl et al. 2005)

Auf eine eher familiäre, von der Persönlichkeit der Gründerin oder des Gründers geprägte Pionierphase folgt eine Phase der Differenzierung, in der sich die Organisation strukturell ordnet. An den Übergängen zwischen den Phasen zeigen sich meist Krisen: Wächst die Organisation, so reicht der familiäre Spirit nicht mehr aus. Hat sich die Organisation geordnet, so führt die Neuordnung in vielen Fällen wiederum zu einem Zuviel an Bürokratie und die Organisation beschäftigt sich zu sehr mit sich selbst. So kann es auch passieren, dass der eigentliche Unternehmenssinn und die Wirksamkeit verloren gehen. In der Integrationsphase wachsen die Teilstrukturen zu einem Organismus aus kleineren, relativ selbstständigen Einheiten zusammen, die sich am echten Kundenbedürfnis und an einer gemeinsamen Vision orientieren. Die Assoziationsphase zeichnet sich schließlich durch die Verbindung mit dem Umfeld und der Gesellschaft aus.

Wenn wir die Integrations- und Assoziationsphase genauer betrachten, wird deutlich, welche Fragen am Weg von der starken Differenzierung zum stärker integrativen Agieren zu beantworten sind. Klar wird auch, dass viele strategische Fragen nicht mehr an der Organisationsgrenze enden, sondern beispielsweise zunehmend eine Dimension der gesellschaftlichen Verantwortung bekommen.

PRAXISBEISPIEL

Radikale Transformation: Vom stinkenden Stahlproduzenten zum Recycler

Ein stahlproduzierendes Unternehmen in einer Kleinstadt stellt sich nicht nur die Frage, wie es innovative Produkte an die Kundinnen und Kunden liefern kann, sich gegenüber China behaupten oder wie es seine Prozesse möglichst effizient halten kann. Um im Zentrum der Kleinstadt nachhaltig überlebensfähig zu sein, ist auch integriertes – also gesellschaftlich verantwortungsvolles – Denken und Handeln gefordert. So wird die Abwärme der Produktion für die neu entstehenden Wohnungen in einem benachbarten Stadtentwicklungsprojekt genutzt. Der Stahl, der bereits zu 95 Prozent aus Schrott entsteht, soll in den nächsten Jahren zum enkelgerechten, CO_2-neutralen Stahl weiterentwickelt werden. Der Produktionsbetrieb, der bisher eher versucht hat, sich »zu verstecken«, um den Standort in der Innenstadt nicht zu verlieren, öffnet die Türen: Es gibt Betriebsführungen und das Unternehmen positioniert sich völlig neu – es wird vom lauten, stinkenden Stahlproduzenten zum Recycler. Die Mitarbeiterinnen und Mitarbeiter sind stolz darauf, ein Teil dieser Entwicklung zu sein. Das Unternehmen wird dadurch auch für junge, innovative, dynamische Ingenieurinnen und Ingenieure zum attraktiven Arbeitgeber. Eine radikale, aber äußerst inspirierende Transformation für alle.

Suchspur 2: Gleichzeitigkeit von Stabilisierung und Dynamisierung

Wir haben bereits erwähnt, dass bei der Entwicklung von Resilienz das Spannungsfeld aus Stabilisierung und Dynamisierung eine wesentliche Herausforderung ist. Hier lassen sich Parallelen zum Konzept der Beidhändigkeit (Ambidextrie) ziehen. Ambidextrie beschreibt die Fähigkeit von Organisationen, zur selben Zeit sowohl effizient als auch flexibel und experimentierfreudig zu sein. Kerngedanke ist die Integration bzw. Kombination von Exploitation (die bestmögliche Ausnutzung bestehender Strukturen, Kernkompetenzen etc.) und Exploration (Erkundung von Neuem) in der Organisation.

In der klassischen Managementlogik ist die Exploitation meistens der zentrale Arbeitsmodus. Gerade bei großen Unternehmen standen in der Vergangenheit Hierarchie, Effizienz, Optimierung und Planbarkeit im Vordergrund. In den letzten Jahren ist in diesen Systemen die Notwendigkeit spürbar geworden, zusätzlich Inseln für das Experimentieren und den ergebnisoffenen Dialog zu schaffen. In diesem Fall sprechen wir von struktureller Ambidextrie: Das etablierte Unternehmen lagert zum Beispiel Teilbereiche aus oder kauft Start-ups. In dieser Konstellation ist es möglich, dass das »alte« Großunternehmen weiterhin der klassischen Managementlogik folgt, während einzelne, kleinere Unternehmensbereiche sich zum Beispiel agil organisieren können (Konlechner/Güttel, 2019). Das mag für eine gewisse Zeit eine erfolgreiche Strategie sein, um rasch radikal neue Lösungen zu finden.

Diese strukturelle Ambidextrie hat allerdings für etablierte Organisationen in der aktuellen Dynamik ihre Grenzen und reicht nicht aus. Aus unserer Erfahrung können wir behaupten, dass die kontextuelle Ambidextrie immer wichtiger, wenn nicht unabdingbar ist. Was bedeutet kontextuelle Ambidextrie? Es werden nicht nur isolierte Unternehmensbereiche nach unterschiedlichen Logiken organisiert, vielmehr sind sowohl die Stabilisierung als auch das Experimentieren und Innovieren permanente Bestandteile des Arbeits- und Denkmodus. Gelungene und erfolgreiche Beispiele von kontextueller Ambidextrie finden wir unter anderem in Organisationen, in denen es gelebte Praxis ist, dass Mitarbeiter und Mitarbeiterinnen einen Teil ihrer Arbeitszeit für das Experimentieren und die Suche nach Innovationspotenzialen nutzen können. Diesen Zugang zu Ambidextrie halten wir zwar für aufwendiger, gleichzeitig aber für ungleich nachhaltiger, erfolgsversprechender und auf lange Sicht resilient.

Suchspur 3: Berücksichtige Strategie, Struktur und Kultur

Woran scheitern Change-Projekte? Sehr oft liegt es daran, dass die Unternehmenskultur und die Menschen nicht ausreichend berücksichtigt werden. Marktdaten, das Zeichnen neuer Organigramme sowie Umsatz- und Gewinnziele stehen meistens im Vordergrund. Im Kern geht es in Veränderungsprojekten aber um die drei Eckpfeiler des bekannten Change-Dreiecks: Strategie, Struktur und Kultur. Umso mehr gilt das für Transformationsprozesse, durch die mehr Resilienz entstehen soll. Wie wichtig es ist, diese Aspekte immer mitzudenken, lässt sich am besten an einem Beispiel nachvollziehen.

PRAXISBEISPIEL

Struktur ohne Menschen

Ein Kunde aus dem Bereich der herstellenden Industrie stellt nach einem umfangreichen Strategieentwicklungsprozess in einem schwierigen Marktumfeld die Holding-Organisationsstruktur von einer klassischen Spartenorganisation auf ein agiles Organisationsmodell um. Die Tätigkeiten der Holding werden in eine völlig neue Struktur mit neuen Spielregeln, zum Beispiel bei den Reporting Lines und Verantwortlichkeiten, aufgesplittet. Funktionale Organisationsprinzipien werden weitgehend aufgelöst und die Arbeit in crossfunktionalen Teams organisiert. Die Mitarbeiter und Mitarbeiterinnen aus den Bereichen IT, HR, Finance, Marketing & Business Development werden diesen neuen Teams zugeordnet und ihre Rollen und Zuständigkeiten ändern sich fundamental: Aus Spezialistinnen und Spezialisten werden Generalistinnen und Generalisten, die nun für ein wesentlich breiteres Aufgabenspektrum zuständig sind.
Der Prozess wird bis zu diesem Punkt von einer Managementberatung begleitet. In der Implementierungsphase wird allerdings deutlich, dass die Menschen vergessen wurden. Auch das bisherige kulturelle Selbstverständnis als Konzernholding wurde ausgeblendet. Deshalb verhindern jetzt individuelle Ängste und Unsicherheiten die kraftvolle und mutige Auseinandersetzung mit der neuen Strategie und den dahinterliegenden Herausforderungen sowie die geplante Einführung der neuen Strukturen. Im Rahmen eines Partizipationsprozesses in Form von Interviews, Befragungen der Mitarbeiterinnen und Mitarbeitern sowie in anschließenden Workshops werden diese Themen adressiert. Aus einem Projekt des Vorstands und des Aufsichtsrates wird nach einer gemeinsamen Rüttelstrecke ein gemeinsam getragenes, neues Verständnis der Organisation.

Suchspur 4: Emergenz anerkennen und fördern

In der klassischen Projektlogik, nicht selten auch in klassisch angelegten Change-Projekten, gibt es ein abgegrenztes Projektteam, ein definiertes Ziel, klare Projektschritte und eine – meist ambitionierte – Zeitplanung. »Sehr professionell«, könnte man sagen. Nun ist es aber so, dass sich der Change nicht immer so managen und planen lässt, wie sich das Managerinnen und Manager oder Beraterinnen und Berater wünschen würden. In einem komplexen Umfeld kann Veränderung nur schwer geplant werden. Was das Ziel ist, ist zunächst genauso wenig klar, wie die Ressourcen und Menschen, die man braucht, um die Organisation weiterzuentwickeln. Das bedeutet allerdings nicht, dass man nicht in eine bestimmte Richtung der Entwicklung hinarbeiten kann (z. B. in die Richtung einer agileren Organisationsstruktur). Es geht vielmehr darum, diese Intention nicht zu früh in das Korsett eines exakt geplanten Prozesses oder gar in SMARTe Ziele gießen zu wollen.

Veränderungen zu mehr Resilienz brauchen also primär andere Qualitäten als nur »professionelles Projektmanagement«. In den Sozialwissenschaften wird von Emergenz gesprochen (Lateinisch: emergere = auftauchen, herauskommen, emporsteigen). Durch das Zusammenspiel der Elemente eines Systems können sich neue Eigenschaften oder Strukturen herausbilden. Gerade in sozialen Systemen gilt es, diese Dynamik anzuerkennen und nicht alten Planungs- und Machtfantasien hinterherzuhängen.

Es entsteht in Transformationsprozessen also potenziell etwas, das nicht vorhersagbar und damit auch nicht planbar war. Für jene Akteure, die die Veränderung begleiten – vor allem das Topmanagement, interne Change-Begleiter sowie externe Beraterinnen und Berater – bedeutet das, dass es bei der Transformation zu mehr Resilienz stark darum geht, günstige dialogische Rahmenbedingungen und Begegnungsflächen zu schaffen, in denen Emergenz möglich wird. Es geht nicht darum, alle Chancen und Risiken vorherzusehen und zu managen.

Übung 1: Einladung zur Reflexion

Wie tiefgreifend soll oder muss der Wandel sein, den du für »deine« Organisation anstrebst? Beantworte die nachstehenden Fragen recht intuitiv, denn an dieser Stelle geht es um ein erstes, grobes Bild:

- In welcher Entwicklungsphase befindet sich die Organisation? Gibt es Engpässe, die in der aktuellen Phase deutlich werden? Wo wird schon sichtbar, dass ein Übergang in die nächste Phase erfolgt?
- Bei welchen Themen geht es aktuell um Dynamisierung? Wo ist vor allem Stabilisierung nötig?
- Welche Eckpfeiler der Organisation (Strategie, Struktur, Kultur) brauchen einen Wandel, damit eine resiliente Entwicklung gut unterstützt wird?
- Gibt es Bereiche in der Organisation, in denen sich ungesteuert Resilienz entwickelt? Was wird aktuell unternommen, um diese Emergenz zu fördern?
- Wie schätzt du den notwendigen Grad des Wandels ein:
  - Eher moderat?
  - Eher radikal?
  - Eher in einem mittleren Bereich?

1.4 Der Weg durch dieses Buch

Wenn wir in Organisationen größere Resilienz aufbauen wollen, lohnt es sich, dass wir uns einige Gedanken machen: über das, was stärkt, was verletzbar macht und was Sinn gibt. Wir sind gefordert, die turbulenten Rahmenbedingungen zu betrachten und darüber nachzudenken, welche Auswirkungen diese auf das erfolgreiche Handeln der Organisation haben. Diese Fragen versuchen wir aus verschiedenen Perspektiven zu beleuchten.

Das Zusammenwirken dieser Elemente und die Frage, wie wir einen Transformationsprozess einleiten können, um die Überlebens- und Zukunftsfähigkeit – die Resilienz – zu sichern und auszubauen, werden wir in den kommenden Kapiteln genauer betrachten. In jedem Kapitel wirst du Beispiele dazu finden, wie in anderen Organisationen mit den Herausforderungen umgegangen wird und welchen Weg sie gewählt haben, um sich für die Zukunft zu stärken. In allen Beispielen spiegelt sich das wichtigste Werkzeug auf diesem Weg wider: das Tun. Nur wenn wir aus dem Philosophieren über Stürme unserer Zeit herauskommen und uns dem Sturm aktiv stellen, werden wir als einzelne Menschen und in unserem Zusammenwirken als Menschen in Organisationen weiterkommen und dabei immer stärker im Umgang mit dem werden, was noch kommt. Deshalb findest du in jedem Kapitel einige Übungen, die dabei unterstützen sollen, persönlich, im Team und als gesamte Organisation Schritt für Schritt mehr Resilienz aufzubauen.

In **Kapitel 2** beschäftigen wir uns zunächst mit der wichtigsten Grundlage für die Entwicklung von persönlicher und organisationaler Resilienz. Es geht hier um die Frage: Was ist der Purpose, also der Daseinszweck unserer Organisation? Dieser Daseinszweck spielt eine immer größere Rolle dabei, wie eine Organisation von außen – am Markt und in der Gesellschaft – wahrgenommen wird und welche emotionale Verbindung die Mitarbeiterinnen und Mitarbeiter mit ihrer Organisation verspüren. Wie tragfähig diese Verbindung ist, beeinflusst die Standfestigkeit eines Unternehmens heute und in Zukunft ganz massiv. Hier wird klar, dass Purpose allein noch nicht genügt: Purpose wird von den Werten und den gemeinsamen Anliegen getragen, die in einer Organisation explizit und implizit gelebt und vertreten werden. Eng damit verbunden ist das vorherrschende Mindset: Glauben die Entscheidungsträgerinnen und -träger wirklich daran, dass die Menschen in der Organisation lernen können und wollen, dass sie Eigenverantwortung übernehmen können und Veränderung daher möglich ist? Erst wenn diese Fragen zu Purpose, Werten und Mindset geklärt sind, können kräftige, anziehende und erstrebenswerte Zukunftsbilder gezeichnet werden.

Das Zukunftsbild für die Organisation ist so etwas wie die Kraftquelle für die nächsten Schritte. In **Kapitel 3** stellen wir unser Modell für Resilienz in Organisationen vor. Wir sehen uns an, in welchen der vier Gestaltungsfeldern wir konkret aktiv werden können, um die Transformation zur resilienten Organisation in Gang zu bringen. Unser Modell kann einerseits als Diagnoseinstrument für den Resilienz-Ist-Zustand einer Organisation eingesetzt werden und dient andererseits als Entwicklungsmodell: In welchen Gestaltungsfeldern gibt es noch echten Aufholbedarf? Im Gestaltungsfeld ICH wird deutlich, dass jeder einzelne Mensch in der Organisation die Möglichkeit zur Veränderung hat – wenn er oder sie das will und sich als gestaltendes Wesen wahrnimmt. Natürlich genügt es in einer Organisation aber nicht, nur das Individuum allein zu stärken, sondern auch das Zusammenwirken und die Verbindung zwischen Menschen – das ist die Aufgabe im Gestaltungsfeld Team, um vom Einzelerfolg zum Teamerfolg zu gelangen, der essenziell für eine resiliente Organisation ist.

Wenn wir diese Verbindungen noch einen Schritt weiterdenken, können wir uns die Frage stellen, was der Resilienz im gesamten Inneren einer Organisation Kraft verleiht: zum Beispiel der konstruktive Umgang mit Fehlern, der auch den Weg für Experimente freimacht, mit denen Neues zunächst im Kleinen ausprobiert werden kann. Durch das Experimentieren werden so manche Systemblockaden und Risikotreiber sichtbar, die eine Organisation am erfolgreichen Wandel hindern können, weil sie zum Beispiel die Mitarbeiterinnen und Mitarbeiter davon abhalten, Verantwortung zu übernehmen. Haben wir die internen Gestaltungsfelder erkundet, können wir auch den Zusammenhang mit der Außenwirkung einer Organisation herstellen. Hier ist es wichtig, die Fähigkeit zur Wahrnehmung schwacher Signale zu entwickeln und sich zu erlauben, auch das Undenkbare zu denken – in verschiedenen Szenarien.

»Gut«, denkst du dir vielleicht, »und wie gehe ich das an?« Nun, das hängt zu einem großen Teil von den Voraussetzungen und der Situation deiner Organisation ab. Es gibt aber einige Prinzipien, die für jeden Transformationsprozess wichtig sind und die wir in **Kapitel 4** vorstellen. Wir sehen uns an, welche Rolle die Führung in diesem Prozess spielt und welche Formate es gibt, mit denen Resilienz im Transformationsprozess gezielt weiterentwickelt werden kann.

Bis hierher war alles eine Vorbereitung auf den Krisenfall. Doch die nächste Krise kommt bestimmt, ob von einem Unternehmen selbst verursacht oder durch äußere Umstände wie eine weltumspannende Pandemie. Wir alle können also nur lernen, mit Krisen zu leben, ganz vermeiden lassen sie sich nicht. Mit Anregungen zum Umgang mit Krisen schließt dieses Buch in **Kapitel 5.**

2 Sinn, Purpose und ein attraktives Zukunftsbild

Die Transformation zur resilienten Organisation braucht eine solide Grundlage. Einfach lospreschen? Das ist nicht immer die beste Vorgehensweise. Je dynamischer die Welt wird, desto wichtiger wird es, sich seiner selbst bewusst zu sein. Warum tun wir, was wir tun – als Individuen und als Organisationen? Wenn wir diesen Daseinszweck erkennen, gibt uns das Kraft für das aktive Gestalten der Zukunft, vor allem, wenn wir den »Purpose« mit dem verknüpfen, was uns ihm wahrsten Sinne des Wortes etwas »wert« ist. Darin zeigt sich auch schon, mit welcher Haltung – mit welchem Mindset – wir der Veränderung begegnen. Auf diesem Fundament können wir das Zukunftsbild für eine Organisation und die Menschen darin entwickeln.

In diesem Kapitel gelangen wir zu folgenden Erkenntnissen:

- Das Bedürfnis nach Sinn im beruflichen Umfeld steigt weiter.
- Purpose ermöglicht es Menschen und Organisationen, leichter an vorhandene Potenziale zu gelangen und gegebenenfalls über sich hinauszuwachsen.
- Purpose in Organisationen erleichtert die Fokussierung.
- Gewinnorientierung und Purpose müssen nicht im Widerspruch stehen, wenn über die Wertebasis eine stimmige Verbindung gegeben ist.

2.1 Purpose – den Daseinszweck erkennen

Hat der Shareholder-Value endgültig ausgedient? Vermutlich (noch) nicht. Doch in den aktuellen Diskussionen zur gesellschaftlichen Verantwortung von Unternehmen ist die Argumentation unübersehbar: Purpose-getriebene Organisationen haben das Potenzial, die Welt zu verändern (vgl. z. B. Barton et al. 2016; Fink/Moeller 2018). Ihnen gehört die Zukunft. Dieser Gedanke ist nicht neu. Schon 1994 titelte die Harvard Business Review »Changing The Role of Top Management: Beyond Stategy to Purpose« (Bartlett/Ghoshal, 1994).

Definition

Was ist der »Purpose« einer Organisation?

Wir betrachten Purpose als die Ursprungsquelle der Organisation. Dieser »Lebenszweck« der Organisation beeinflusst sowohl deren Struktur als auch deren Steuerung. Gleichzeitig ist Purpose die Kraft, aus der sich die Zukunftsgestaltung nährt, zum Wohle der Menschen in der Organisation und nutzbringend für die Gesellschaft.

Insofern möchten wir den Begriff »Purpose« vom »Sinn« abgrenzen: Sinn betrachten wir als etwas stark Individuelles, während Purpose in erster Linie bei der Organisation ansetzt und insbesondere Bezüge zu Stakeholdern, Umfeld und Gesellschaft einschließt. Gleichzeitig steckt in diesem Wort eine moralische Komponente. Reine Gewinnmaximierung würden wir dementsprechend nicht als Purpose einer Organisation gelten lassen.

Durch die Gespräche mit vielen Menschen in Organisationen wurde für uns deutlich, dass es hilfreich ist, sich dem großen Thema Purpose bzw. Sinn aus zwei Perspektiven zu nähern: aus der individuellen Perspektive (mit der wir uns in Abschnitt 3.1 beschäftigen werden) und aus der Perspektive der Organisation.

Die Schnittmengen zwischen den beiden Perspektiven sind naturgemäß groß. Menschen fühlen sich in Organisationen gut aufgehoben, deren Purpose in stimmiger Resonanz mit einer individuell sinngebenden Betätigung ist. In dieser Hinsicht sind die Ergebnisse der jährlichen Umfrage des Deutschen Gewerkschaftsbundes erfreulich: Seit 2007 wird einem repräsentativen Querschnitt der deutschen unselbstständig Beschäftigten die Frage gestellt, was aus ihrer Sicht »gute Arbeit« im Sinne der Arbeitsbedingungen am Arbeitsplatz ist. Dabei wird auch erhoben, wie sinnvoll die ausgeübten Tätigkeiten empfunden werden. Im Jahresbericht 2020 (Institut DGB 2020) ist zu lesen, dass sich 86 Prozent der befragten Beschäftigten mit ihrer Arbeit identifizieren. 91 Prozent sind der Meinung, dass sie mit ihrer Tätigkeit einen wichtigen Beitrag für das Unternehmen leisten. Etwas anders sieht es beim gesellschaftlichen Beitrag aus: Hier nehmen »nur« 71 Prozent ihre Arbeit in hohem oder sehr hohem Maße als gesellschaftlich relevant wahr.

Bei unseren Überlegungen werden wir von drei Quellen maßgeblich beeinflusst:

- **Viktor Frankl** hat nicht nur unseren Zugang zur Resilienz, sondern auch die Bedeutung des Sinns als unglaubliche Motivationsquelle nachhaltig geprägt. Er verdeutlichte uns, dass der Sinn des Lebens weniger dadurch entsteht, sich zu fragen, was man vom Leben erwartet – das wäre eine eher einfache, recht egozentrische, aber wenig motivierende Frage. Der Sinn entsteht durch die Frage: Was erwartet das Leben von mir? Was kann und will ich in die Welt bringen? (Frankl, 1977) Damit werden wir uns in Abschnitt 3.1 noch näher beschäftigen.
- Die zweite Quelle stammt aus einem gänzlich anderen Kulturkreis: In Japan gibt es die jahrhundertealte Tradition, sich mit dem auseinanderzusetzen, was das Leben lebenswert macht – **IKIGAI.** Aus welchen Quellen schöpfen wir Kraft und Wert für unser Leben und welche Gefühle sind mit diesen Quellen verbunden (ikigai-kan – das Bewusstsein für das Ikigai)? Zu dieser Lebensphilosophie gehören tägliche Rituale, das Leben der persönlichen Werte, das Aufbauen inniger Beziehungen, das Ausfüllen der Rollen, die wir im Leben übernehmen müssen, und das Verfolgen von Zielen (Ikigaitribe, 2019). »IKIGAI« ist ein Begriff, der die Freude am und den Sinn im Leben beschreibt, wobei sich das vor allem in einem gesunden Selbstwertgefühl widerspiegelt. Es ist nicht gemeint, ausschließlich den einen großen Sinn zu finden, der das gesamte Leben eines Menschen überspannt, sondern jedem Tag des Lebens Sinn zu geben und im täglichen Tun sein Glück zu finden. IKIGAI ist also das, wofür es sich jeden Morgen aufzustehen lohnt. Wir spüren unser IKIGAI am intensivsten, wenn das, was wir in unserem Leben am liebsten tun, zugleich unsere Verpflichtungen sind. IKIGAI ist daher etwas, das sich im Laufe der Zeit entwickelt. Die Deutung ist immer individuell und hängt von der Generation und vom jeweiligen Lebensabschnitt ab. Die japanische Psychiaterin Mieko Kamiya hat IKIGAI intensiv erforscht und in ihrer Arbeit einen Bezug zum Sinnbegriff von Viktor Frankl hergestellt (Kamiya, 1966; Ota, 2006). Kamiya kam

zu der Erkenntnis, dass das IKIGAI verstärkt wird, wenn es im Sinne von Frankl neben dem bewussten Dasein im Jetzt auch auf eine Zukunftsperspektive gerichtet ist. Diese Zukunftsaussichten sind wichtiger als die Zufriedenheit mit der aktuellen Lebenssituation. Das IKIGAI ist mit Selbstwahrnehmung und Selbstwirksamkeit verbunden und wird verstärkt, wenn Menschen etwas aus eigener Kraft schaffen wollen.
- **Andrés Zuzunaga** ist ein spanischer Astrologe, der das Purpose Venn Diagram entwickelt hat, das fälschlicherweise als IKIGAI-Modell im Internet bekannt wurde. Die Idee zu seinem »Propósito«-Rahmenwerk hatte er, als er Geburtshoroskope studierte (Ikigaitribe, 2019). Sein Modell ist eine wertvolle Hilfe, sowohl für die Suche nach dem persönlichen Purpose als auch des Purpose einer Organisation, daher werden wir es in Abwandlungen für unsere Ausführungen verwenden.

Mit Blick auf den Purpose von Organisationen bekommt die Kombination dieser Ansätze besondere Bedeutung: Es geht nicht nur darum, den eigenen Sinn zu finden, sondern den Purpose der Organisation zu entwickeln, für den es sich tagtäglich lohnt, alle Potenziale zu nutzen, um die Zukunft aktiv zu gestalten.

2.1.1 Den Purpose kultivieren

Purpose-Diskussionen sind, wie gesagt, nicht neu. Nicht ganz zu Unrecht wurde und wird dabei oft kritisiert, dass viele diesbezügliche Initiativen ihren Ursprung eher im Marketing haben als in einer aufrichtigen Beschäftigung mit dem Lebenszweck der Organisation. Durch unsere eigene Arbeit mit den verschiedensten Organisationen haben wir jedoch den Eindruck gewonnen, dass die Auseinandersetzung mit dem ureigensten Zweck, der Kernidentität, zunehmend an Tiefe und Authentizität gewinnt. Dabei geht es nicht darum, sich lediglich vordergründig als »attraktiv« zu präsentieren, sondern darum, echten Nutzen zu generieren und einen positiven Beitrag zu leisten: für Kundinnen und Kunden, Mitarbeiterinnen und Mitarbeiter, für die Gesellschaft, für die Welt.

»Purpose is everything« titelt auch Deloitte in seinem Global Marketing Report 2020. Doch durch ein prominent herausgehobenes Studienergebnis wird deutlich, dass es um deutlich mehr geht als um Marketing: »Our customer pulsing survey revealed that more than 80 percent of customers would be willing to pay more if a brand raised its prices to be more environmentally and socially responsible or to pay higher wages to its employees.« (Deloitte, 2020, S. 9)

Damit wird auch unser Zugang zum Purpose des Unternehmens angesprochen: Der Unternehmenszweck – der verinnerlichte Daseinszweck – wird zur thematisierten, gelebten, weiterentwickelten Kernidentität, die eine starke Identifikationsmöglichkeit für die Menschen in der Organisation bietet. Diese Identität wird in der Leistung zum Kunden transparent transportiert. Es entstehen Versprechen für Mitarbeiterinnen und Mitarbeiter sowie für die Kundinnen und Kunden, die eine Perspektive geben und auch eingelöst werden. Vor allem der Beitrag der Organisation im gesellschaftlichen Kontext wird zunehmend wichtiger.

Wir sind davon überzeugt, dass sich die Investition in den Purpose einer Organisation lohnt. Damit meinen wir nicht eine eindimensionale Betrachtung, die lediglich auf den wirtschaftlichen Erfolg, die Leistungsfähigkeit oder das potenzielle Wachstum abzielt. Wir meinen damit genauso die leuchtenden Augen, wenn Menschen davon erzählen, wie es in »ihrem« Unternehmen ist. Wir meinen damit auch das nicht unerhebliche Potenzial, das ein spürbarer Purpose bei der Bewältigung von Krisen freisetzt. Gerade die aktuelle Zeit nehmen viele zum Anlass, um für sich die Antwort auf die Frage »Wozu sind wir da und was wollen wir in die Welt bringen?« neu zu schärfen. Da kann es hilfreich sein, ein von Zuzunagas Venn-Diagramm inspiriertes Modell zu betrachten. Der Purpose kristallisiert sich dabei durch die Antworten auf vier Leitfragen heraus.

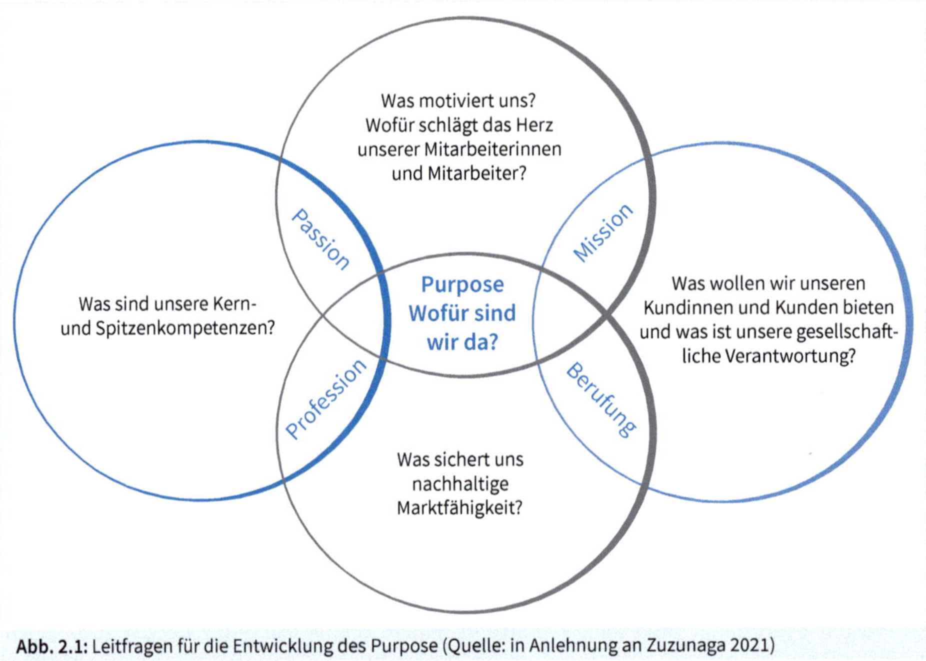

Abb. 2.1: Leitfragen für die Entwicklung des Purpose (Quelle: in Anlehnung an Zuzunaga 2021)

1. **Was sind unsere Kern- und Spitzenkompetenzen?**
   Bei dieser Frage geht es um das, was die Organisation wirklich gut kann. So gut, dass niemand an dieser Organisation vorbeikommt, der sich als potenzieller Kunde oder potenzielle Kundin, potenzielle Mitarbeiterin oder potenzieller Mitarbeiter für dieses Thema interessiert. Angesprochen werden hier sowohl breite Basiskompetenzen als auch echte Spitzenkompetenzen: Worin ist diese Organisation eindeutig besser als der Mitbewerber? Wodurch hebt sie sich deutlich von den anderen ab?
2. **Was motiviert uns? Wofür schlagen die Herzen unserer Mitarbeiterinnen und Mitarbeiter?**
   In der Antwort auf diese Frage sollte sich das kräftige Zukunftsbild zeigen, das die Menschen in einer Organisation vor Augen haben und von dem sie »gezogen« werden. Dieses

Zukunftsbild gibt wieder, was die Organisation erreichen will und was den Mitarbeiterinnen und Mitarbeitern die Kraft und Energie gibt, eine Extrameile zu gehen – auch dann, wenn es nicht so leicht ist, wenn es Rückschläge gibt. Wenn über dieses Zielbild gesprochen wird, lässt es die Augen der Mitarbeiterinnen und Mitarbeiter leuchten, weil sie einen deutlichen Beitrag dazu leisten können.

3. **Was sichert uns nachhaltige Marktfähigkeit?**
   Dahinter liegt nicht nur die Frage, wie eine Organisation Geld verdient, sondern vielmehr die Frage: »Für welche Leistungen möchten wir uns mit gutem Gefühl bezahlen lassen, sodass wir uns langfristig als Organisation positiv entwickeln können?« Es geht also weniger um das schnelle Geschäft – es geht um eine nachhaltige Entwicklung.
4. **Was wollen wir unseren Kundinnen und Kunden bieten und was ist unsere gesellschaftliche Verantwortung?**
   Im besten Fall bereichern oder vereinfachen die Produkte oder Dienstleistungen eines Unternehmens das Leben der Kundinnen und Kunden. Diese Frage sucht also nach dem echten Kundennutzen und verbindet ihn mit dem Bestreben, bei der (H-)Erstellung gesellschaftlich verantwortungsvoll und ressourcenschonend zu agieren. Idealerweise generiert das unternehmerische Agieren einen spürbaren gesellschaftlichen Wertbeitrag.

Wie spielt das nun alles zusammen?

- Dort, wo sich die Kern- und Spitzenkompetenten mit dem überschneiden, was uns motiviert, entsteht unsere Passion. Das, wofür wir Leidenschaft entwickeln.
- Dort, wo sich die Kern- und Spitzenkompetenzen mit dem überschneiden, was uns nachhaltige Ertragssicherheit gibt, liegt unsere Profession.
- Dort, wo sich unsere Verantwortung mit dem überschneidet, was uns die nachhaltige Marktfähigkeit sichert, liegt unsere Berufung.
- Dort, wo sich unsere Motivation mit dem überschneidet, was wir unseren Kundinnen und Kunden bieten wollen, manifestiert sich unsere Mission.

Getragen und angetrieben von diesen Dimensionen bildet der Purpose den innersten Kern. Dort liegt der Unternehmenszweck, der verinnerlichte Daseinszweck einer Organisation. Es ist die thematisierte, gelebte Kernidentität, die eine starke Identifikationsmöglichkeit für die Menschen in einer Organisation bietet – eine Identität, die auch in der Leistung für die Kundinnen und Kunden sowie in der gesellschaftlichen Verantwortung transparent transportiert wird.

Übung 2: Dem Purpose deiner Organisation auf der Spur

Vielleicht ist der Purpose deiner Organisation ganz klar und dient in vielen Fragen zur Zukunftsgestaltung als deutlicher Orientierungspunkt. Vielleicht aber auch nicht. In diesem Fall laden wir dich ein, den genannten vier Leitfragen zu folgen und eine erste Annäherung zu versuchen. Natürlich können diese Leitfragen auch als Orientierungsrahmen für einen Workshop dienen, in dem sich Schlüsselpersonen aus deiner Organisation mit dem Purpose der Organisation auseinandersetzen.

2.1.2 Dem Purpose durch Werte Dynamik verleihen

Der verinnerlichte Daseinszweck einer Organisation, die Kernidentität, ist die Grundlage für das unternehmerische Agieren, doch sie steht nicht allein. Der Purpose wird durch Werte zugleich umhüllt und konturiert, nimmt somit Leben und Gestalt an. Purpose und Werte beeinflussen und verstärken sich wechselseitig.

Für die Werte, die wir gleich anführen werden, erheben wir keinen Anspruch auf Vollständigkeit – gleichzeitig sind sie nicht beliebig gesetzt. Wie unter anderem von Franziska Fink und Michael Moeller (Fink/Moeller, 2018) beschrieben, finden sich diese Werte und Prinzipien in »Purpose Driven Organizations«. Man kann sie in Organisationen deutlich wahrnehmen, die sich intensiv und authentisch mit Corporate Social Responsibility (CSR) beschäftigen. Aus unserer Erfahrung können wir außerdem festhalten: Diese Werte begegnen uns immer dann in ihrer gelebten Form, wenn wir das Vergnügen haben, mit Organisationen zu arbeiten, in denen der Purpose deutlich zu spüren ist.

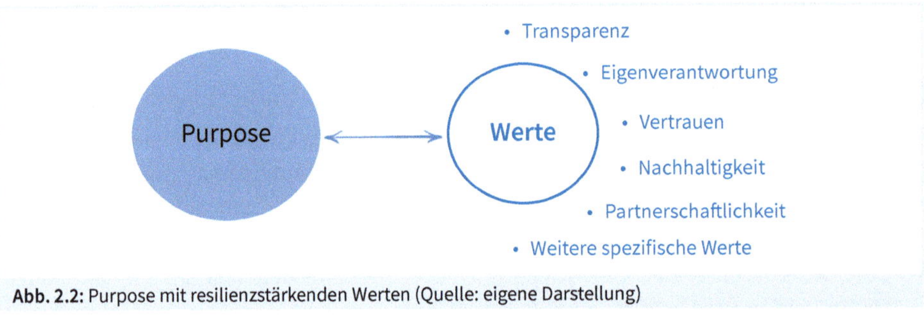

Abb. 2.2: Purpose mit resilienzstärkenden Werten (Quelle: eigene Darstellung)

Eigenverantwortung fordern und fördern

Menschen, die Eigenverantwortung leben, stehen für das eigene Handeln und ihre selbst getroffenen Entscheidungen ein. Eigenverantwortung zu leben, bedeutet auch, sich den möglichen Konsequenzen zu stellen. Es bedeutet, Gestalterin oder Gestalter zu sein, die Verantwortung für die eigene Entwicklung zu übernehmen und sich mit seinem Potenzial und seinen Ideen aktiv in die Organisation einzubringen. Doch die Eigenverantwortung richtet sich nicht nur nach außen: Genauso gehört es dazu, mit sich selbst achtsam zu sein, für sich selbst zu sorgen – also auch mögliche Engpässe, Überforderungen, Fehler wahrzunehmen und nach Lösungen zu suchen, um damit umzugehen. Organisationsformen, die weniger über Hierarchie als über Selbstorganisation und Expertentum gesteuert werden, fördern und fordern dieses Verständnis von Eigenverantwortung.

Vertrauen in sich und andere entwickeln, Zutrauen haben

Wenn alles sicher und vorhersehbar ist, ist kein Vertrauen nötig. Doch die Welt, in der sich Organisationen und wir als Individuen uns (heute) bewegen, ist definitiv nicht immer sicher und vorhersehbar. Vertrauen hat dabei zwei Dimensionen: das Vertrauen in sich selbst und das Vertrauen gegenüber anderen. Letzteres macht in gewisser Weise verletzlich. Doch wenn es gelingt, gute Erfahrungen zu sammeln, in denen Erwartungen ausgesprochen und erfüllt, Vereinbarungen getroffen und eingehalten werden, dann wird Vertrauen wachsen.

Dass Menschen in Organisationen selbstbewusst Eigenverantwortung übernehmen, gelingt nur in einer Kultur des Vertrauens und Zutrauens. Individuelle psychologische Sicherheit ist die Voraussetzung und der Nährboden für vertrauensvolles Handeln – Menschen suchen und brauchen diese Sicherheit auch in Organisationen. Sicherheit, Vertrauen und Zutrauen entwickeln sich in kleinen Schritten, in einem permanenten Prozess, der nie völlig abgeschlossen ist. Vertrauen baut Bindungen auf und stärkt das Gefühl der Zusammengehörigkeit. Wenn Menschen in Organisationen vertrauensvoll zusammenarbeiten können, werden sie auch große Herausforderungen meistern.

Nachhaltigkeit leben

Alle Aktivitäten, die in einer Organisation gesetzt werden und alle Entscheidungen, die auf die Zukunft ausgerichtet sind, sollten die Nachhaltigkeit und Ressourcenschonung im Blick haben. Das bedeutet, das Handeln der Organisation heute ökonomisch, ökologisch und sozial so auszulegen, dass die Chancen für nachfolgende Generationen nicht eingeschränkt werden. Die oft bemühte »Enkelgerechtigkeit« bleibt dann kein Marketingbegriff, sondern ist die gestaltungsleitende Maxime.

Partnerschaftlichkeit als Grundlage aller Interaktionen pflegen

Partnerschaftlichkeit in einer Organisation zu leben, bedeutet gleichberechtigte Zusammenarbeit auf Augenhöhe, um die Herausforderungen zu meistern und gewünschte Zukunftslösungen zu gestalten. Partnerschaftlichkeit bedeutet auch, respektvoll die Unterschiedlichkeit zu suchen und komplementäre Kompetenzen zu verbinden, denn der Mehrwert liegt in der Kooperation, im interdisziplinären Suchen nach Lösungen. Partnerschaftlichkeit geht aber über die Organisationsgrenzen hinaus, zum Beispiel in Form von Entwicklungskooperationen, guten Beziehungen mit Lieferanten oder Forschungs- und Lernpartnerschaften.

Transparenz leben und zeigen

In einer purpose-getriebenen Organisation bedeutet Transparenz, nicht nur formale Informationen wie Organisationsstruktur, Gremien und Finanzdaten allen Anspruchsgruppen zur Verfügung zu stellen. Transparenz zu leben, bedeutet hier auch, qualitative projekt- und produktrelevante Aktivitäten sichtbar zu machen. Die relevanten Inhalte sind nachvollziehbar, leicht zugänglich und werden stets aktuell sowohl intern als auch extern zur Verfügung gestellt, damit sich Mitarbeiterinnen und Mitarbeiter, Kunden und Kundinnen sowie das interessierte Umfeld daran orientieren können.

Übung 3: Die gelebten Werte in deiner Organisation

Wie schon erwähnt, erheben wir keinen Anspruch auf eine vollständige und allgemeingültige Liste von Werten, die in Organisationen mit einem starken Purpose gelebt werden und deren Resilienz prägen. Dennoch laden wir dich dazu ein, nachzuspüren, wie und ob die von uns genannten fünf Werte in deiner Organisation präsent sind. Diese Werte sind:

- Eigenverantwortung fordern und fördern
- Vertrauen in sich und andere entwickeln, Zutrauen haben
- Nachhaltigkeit leben
- Partnerschaftlichkeit pflegen
- Transparenz leben und zeigen

Stelle dir zu jedem dieser Werte die folgenden Fragen, die als Anregung zu verstehen sind:

- Wo ist dieser Wert in unserer Organisation sichtbar?
- Wo wird deutlich, dass der Wert unterrepräsentiert ist?
- Wie beurteile ich die Ausprägung auf einer Skala von 1 – 10?
- Gibt es Handlungsbedarf?
- Ideen/Ansätze zur Weiterentwicklung?

Auf jeden Fall lohnt es sich, zu überlegen, ob es in deiner Organisation – abgesehen von den genannten fünf – noch andere Werte gibt, die dir in puncto Purpose und Resilienz wichtig erscheinen. Am Ende liegt also deine Einschätzung vor und es wird etwas klarer, ob Handlungsbedarf besteht. Natürlich sind erste Ideen zu der Frage willkommen, wie es gelingen kann, bestimmte Werte stärker zu fördern.

2.2 Mit dem richtigen Mindset zu mehr Resilienz

Mindset – noch so ein Buzzword, das wir genauer unter die Lupe nehmen möchten. Umgangssprachlich wird dieser Begriff primär auf das Individuum bezogen, er hilft uns aber auch dabei, die teils unbewussten Muster in Organisationen zu verstehen. Gerade in Zeiten, in denen wir Herausforderungen wie Klimawandel, Wirtschaftskrisen, Pandemien und einer insgesamt geringeren Planbarkeit gegenüberstehen, stellt sich die Frage: Mit welcher inneren Haltung sollten wir diesen Bedingungen in der Außenwelt begegnen – sowohl auf individueller als auch auf organisationaler Ebene?

Definition

Was bedeutet Mindset?

»Mindset« kann vielfältig ins Deutsche übersetzt werden: etwa als innere Haltung, Mentalität oder Überzeugung. Kurz gesagt beschreibt das Mindset – oder besser gesagt: die Summe unserer Mindsets in Bezug auf unterschiedliche Themen – unsere innere Haltung zu uns selbst, zu unserem Umfeld und zur Zukunft. Diese Haltungen prägen, was wir wahrnehmen, denken, fühlen und letztlich, wie wir handeln und sind wechselseitig miteinander verbunden.

2.2.1 Mindset – die individuelle Ebene

Wählen wir als einfache Analogie den Umgang mit einer Niederlage im Sport. Es gibt die unterschiedlichsten Arten, damit umzugehen: Während die einen ihre ganze Aufmerksamkeit auf das – vermeintlich – eigene Unvermögen konzentrieren, schreiben andere die Niederlage ganz einfach einem schlechten Tag zu. Je nachdem, welche Emotionen die Niederlage in der betroffenen Person auslöst, sind völlig entgegengesetzte Reaktionen möglich: Die Niederlage könnte ein Ansporn für noch härteres und intensiveres Training sein – oder ich hänge frustriert den Sport an den Nagel.

Glaubenssätze – der Kern des individuellen Mindsets

Doch wie entsteht so ein Reaktionsmuster? Auf der individuellen Ebene wird die innere Haltung stark von den persönlichen Prägungen und abgespeicherten Erinnerungen bestimmt. Eltern, Lehrerinnen und Lehrer, Geschwister, Gesellschaft, Medien – das Umfeld, in dem ein Mensch aufwächst, prägt sein Mindset nachhaltig. Vor dem Hintergrund dieser Erfahrungen wirkt das Mindset wie ein Filter, der bestimmt, wie die Umgebung, vor allem aber die eigenen Möglichkeiten in dieser Umgebung wahrgenommen werden. Was daraus entsteht, sind oft schwer veränderbare Glaubenssätze. Unreflektiert funktionieren diese Glaubenssätze wie der Autopilot eines Flugzeugs: Es ist ein Gedankenmuster, das immer und immer wieder abläuft. Unbewusst wird die Wahrnehmung dann weitgehend auf Aspekte gerichtet, die den Glaubenssatz untermauern. Gegenbeweise werden ausgeblendet und noch schlimmer: Durch das Verhalten und die dadurch entstehenden Erfahrungen verfestigen sich die Glaubenssätze weiter. Anders gesagt: Glaubenssätze werden zu selbsterfüllenden Prophezeiungen.

Nun gibt es Glaubenssätze, die das Leben erweitern und solche, die das Leben einschränken. Rufen wir uns das Sportbeispiel in Erinnerung: »Ich kann gewinnen, wenn ich ausreichend trainiere« vs. »Ich bin nicht gut genug«. Einschränkende Glaubenssätze sind immer von negativen Emotionen wie Angst, Wut oder Ärger geprägt – Rückzug, Zweifel und Stagnation sind die Folge. Sie können unsere Entwicklung und damit unseren beruflichen und privaten Erfolg, unser Wohlbefinden und Glück stark beeinflussen. Umgekehrt sind positive Glaubenssätze dafür verantwortlich, dass wir Motivation, Tatendrang und Selbstvertrauen entwickeln.

Wichtig ist: Unsere Glaubenssätze sind uns meistens nicht bewusst. Das macht es umso schwieriger, sie grundlegend zu verändern.

Neuroplastizität und der Glaube an die eigene Lernfähigkeit

Doch es gibt eine gute Nachricht! Lange ging selbst die Hirnforschung von dem Grundsatz aus: »Was Hänschen nicht lernt, lernt Hans nimmermehr!« Die Annahme lautete also, dass das Gehirn irgendwann fertig entwickelt sei und man nichts mehr dazulernen könne. Heute weiß man, dass sich Synapsen, Nervenzellen und ganze Areale im Gehirn nutzungsabhängig in Aufbau und Funktion verändern können. Es gilt als neurowissenschaftlich bewiesen, dass wir unsere Fähigkeiten und Fertigkeiten bis ins hohe Alter weiterentwickeln und uns neu programmieren können. Damit sind aber nicht nur Fähigkeiten und Fertigkeiten wie Klavierspielen oder das Erlernen einer Fremdsprache gemeint.

Auch unsere Überzeugungen und damit unsere Mindsets sind veränderbar, denn unsere Gedanken und Emotionen sind nichts anderes als elektrische Signale. Sie hinterlassen in unseren Gehirnen Spuren, die sich durch Wiederholung immer tiefer graben. Solche gedanklichen Trampelpfade lassen sich sogar gehirnanatomisch nachweisen. Grübeleien und »Gedankenschleifen« wiederholen sich also nicht aus purem Zufall. Durch unser Denken und Handeln entscheiden wir selbst, wie wir uns mental ausrichten. Grundsätzlich entscheidest du daher selbst, ob du Fehler als Chance für die Weiterentwicklung oder als peinlichen Lapsus betrachtest. Das Wissen um diesen Umstand allein wird allerdings nicht reichen: Erst durch neue Denkpfade und kontinuierliches Üben werden neue Synapsen gebildet, die wiederum eine entsprechende biochemische Repräsentanz aufbauen und sich untereinander zu neuen Mindsets verknüpfen können.

2.2.2 Mindset – die organisationale Ebene

Haben denn auch Organisationen ein eigenes Mindset? Spätestens seit den Arbeiten von Edgar Schein wissen wir: Der Ursprung von Unternehmenskulturen liegt zu einem großen Teil in den Grundannahmen zu wesentlichen Themen. Diese Grundannahmen manifestieren sich an der Oberfläche in der Sprache, durch Verhaltensweisen, aber auch in Managementtools, physischen Mitteln, Symbolen etc. In der Regel werden die Grundannahmen jedoch nicht hinterfragt oder besprochen. Sie sind so tief im Denken verwurzelt, dass sie von Mitgliedern der Organisation nicht mehr bewusst wahrgenommen werden.

Ein Aspekt prägt die Organisation in diesem Zusammenhang besonders: die Frage, welches Menschenbild tatsächlich gelebt wird. Ist der Mensch von Natur aus gut oder schlecht? Fleißig oder faul? Sind Menschen grundsätzlich intrinsisch motiviert oder brauchen sie äußere Anreize? Können sie sich entwickeln oder sind sie nun mal so, wie sie sind? Und: Wie gehen wir mit Unterschieden um?

Die Gretchenfrage: Welches Menschbild leben wir wirklich?

Schon vor rund 60 Jahren stellte Douglas McGregor in seinem Buch »The Human Side of Enterprise« (McGregor, 1960) zwei idealtypische Handlungstheorien einander gegenüber: Während die Theorie X ein negatives Menschenbild zeichnet, setzt McGregor diesem mit der Theorie Y ein alternatives Menschenbild entgegen, in dem der Mensch von innen heraus aktiv ist und Verantwortung übernimmt. Selbstentfaltung und die Erreichung der Unternehmensziele müssen in keinem grundsätzlichen Widerspruch stehen. Steuerung und Kontrolle verlieren nach diesem Verständnis an Relevanz. Das Modell wurde in den letzten Jahrzehnten immer wieder an aktuelle Entwicklungen angepasst, Theorien zu Empowerment und immer neue Erkenntnisse aus der Motivations- und Führungsforschung sind dazugekommen. Das Kernproblem ist jedoch immer das gleiche: Die schönsten Managementinstrumente nutzen nichts, wenn das dahinterliegende Menschenbild nicht dazu passt.

In der Praxis sieht das dann so aus: Führungskräfte und Consultants sprechen von Eigenverantwortung, leben aber selbst das Gegenteil vor. Man spricht von Vertrauen und weitet über ausgeklügelte Managementsysteme gleichzeitig die Kontrolle und Compliance-Richtlinien aus. Man spricht von Zielvereinbarungen, in Wahrheit geht es aber um Zielvorgaben. Besonders auf der Symbolebene werden die Diskrepanzen sichtbar: Der coole Meetingraum mit Lounges statt Tischen und Kanban-Wand statt Beamer kann über das tatsächliche Führungsverständnis nicht hinwegtäuschen: »Der Output des Meetings muss um 9 Uhr am Schreibtisch des Chefs liegen – und zwar fehlerfrei.«

Und auch wenn es tatsächlich Veränderungen im Führungsverständnis gibt, ist die Gefahr groß, wieder in alte Muster zurückzufallen, sobald es wirtschaftlich schwierig wird. Dann werden die Freiräume wieder enger, Hierarchie und Kontrolle kehren zurück. Zynismus und Demotivation sind die Folge.

Fixed Mindset und Growth Mindset

Doch welches Mindset hilft uns nun, erfolgreich durch diese fordernde Welt zu navigieren? Was hilft dabei, die richtigen Entscheidungen zu treffen? Mit welchem Mindset können Organisationen belastbarer und gleichzeitig agiler werden?

Die US-amerikanische Psychologin Carol Dweck hat intensiv zum Thema Mindset geforscht (Dweck, 2017). Sie unterscheidet zwei grundlegende Ausprägungsformen von Mindsets: das starre »Fixed Mindset« und das dynamisch-veränderbare »Growth Mindset«. Menschen mit einem Fixed Mindset sind laut Dweck der Überzeugung, dass Talente und Stärken weitgehend festgeschrieben und gegeben sind und sich kaum noch ändern lassen. Im Gegensatz dazu sind Menschen mit einem Growth Mindset der Überzeugung, dass man sich in jedem Bereich weiterentwickeln und verbessern kann. Wachstum und ständiges Dazulernen sind möglich.

Menschen mit Fixed Mindset …

- … tendieren dazu, intelligent und smart wirken zu wollen.
- … vermeiden Herausforderungen, wenn Sie eine Niederlage befürchten.
- … erleben eigene Fehler eher als Niederlagen und versuchen diese zu verbergen.
- … vermeiden Dinge, die ihnen schwerfallen eher, als sie zu erlernen.
- … sind durch den Erfolg anderer eher demotiviert.

Menschen mit Growth Mindset …

- … sind offen für neue Erfahrungen, wissbegierig und möchten Neues dazulernen.
- … schätzen Herausforderungen und wissen, dass Anstrengungen nötig sind, um etwas zu erreichen.
- … erkennen eigene Schwächen und Fehler an, geben aber nicht direkt auf, wenn sie für etwas keine ausgesprochene Begabung haben.
- … sind bereit, für die eigenen Ziele und Erfolge viel zu investieren.
- … sind durch den Erfolg anderer inspiriert und motiviert.

In Kapitel 2.1 haben wir einige zentrale Werte im Sinne der »Purpose Driven Organization« (vgl. z. B. Fink/Moeller 2018) vorgestellt. In unserer Arbeit in Organisationen zeigt sich, dass sich das Growth Mindset nicht losgelöst von diesen Werten denken lässt. Entsprechende Entwicklungsrichtungen weg von alten Mustern und Mindsets hin zu den konstruktiveren Mustern lassen sich wie in Tabelle 2 skizzieren.

Weg von …	Hin zu …
Uneigenständigkeit und Befehlsdenken	**Eigenverantwortung** Initiative ergreifen und gleichzeitig die Initiativen anderer fördern Gemeinsam mutige Entscheidungen treffen Bessere Idee sticht Hierarchie
Kontrolle und Misstrauen	**Vertrauen** Vertrauen in Potenziale und Lernfähigkeit (bei sich und bei anderen) Vertrauensvolles Miteinander
kurzfristiger Gewinnmaximierung und Ressourcenverschwendung	**Nachhaltigkeit** Langfristige Orientierung (ohne die kurzfristigen Anforderungen zu vergessen) Ressourcenschonung Balance aus sozialen, ökologischen und wirtschaftlichen Aspekten
Win-Lose-Denken und Konkurrenz	**Partnerschaftlichkeit** Auf Augenhöhe zusammenarbeiten (innerhalb und außerhalb der Organisation). Denken in Kooperationen und Partnerschaften
Circle-of-Trust-Mentalität	**Transparenz** Offenheit Konstruktives Feedback geben und annehmen Fehler sind keine Schande, sondern eine Möglichkeit zu lernen

Tab. 2: Entwicklung hin zu einem Growth Mindset

Das Mindset der Organisation weiterentwickeln

Nun ist es schon schwer genug, sein persönliches Mindset weiterzuentwickeln. Eine umso größere Herausforderung ist es, eine ganze Organisation in die Richtung eines Growth Mindsets zu transformieren. Patentrezepte gibt es dafür keine, aber einige konkrete Ansatzpunkte, die wir teilen möchten.

Mindset vorleben. Keine Frage, eine Veränderung des Mindsets beginnt in den meisten Fällen bei den Chefs. Unternehmenslenkerinnen und -lenker haben einen sehr großen Einfluss auf den Erfolg von Organisationen. Sie kennen vermutlich die Mythen über CEOs, die durch ihre inspirierende und charismatische Art zu führen, durch unkonventionelle Denkansätze und ihre Art der Kommunikation das Beste aus den Mitarbeiterinnen und Mitarbeitern herausholen. Und natürlich stimmt es: Insbesondere die oberste Führungsebene bzw. starke Galionsfiguren können das Mindset und die Kultur einer Organisation prägen. In Transformationsprozessen gilt es hier, den Sinn und die strategische Relevanz des Mindsets hervorzuheben. Wahr ist aber auch, dass gerade das mittlere Management ebenfalls einen wesentlichen Beitrag leisten kann. Inspirierendes Vorleben ist keine reine Vorstandaufgabe.

Training und Coaching. In Trainingsformaten kann das Konzept des Growth Mindset explizit thematisiert werden. Zentral ist die Frage, ob und wann es solche Coaching-Angebote gibt. Werden in diesen Formaten die Grundgedanken des Growth Mindset vermittelt und ist es möglich, auszuprobieren, zu lernen und zu kooperieren?

Verknüpfung mit Managementsystemen. Das Mindset einer Organisation manifestiert sich auch in der Auswahl und dem Einsatz von Tools und Managementsystemen. Es lohnt sich daher, die bestehenden Systeme unter die Lupe zu nehmen: Wie werden zum Beispiel Mitarbeitergespräche gestaltet? Welche Rolle spielt das Performance-Management? Wie werden Kennzahlen und das Controlling genutzt?

Mitarbeiterauswahl und Onboarding. Im Hinblick auf das angestrebte Mindset der Organisation gilt: »Hire for attitude, train for skills.« Bei der Auswahl neuer Mitarbeiterinnen und Mitarbeiter ist es wesentlich wichtiger, auf deren Einstellung und Haltung zu achten, als deren Abschlusszeugnisse zu analysieren. Die Bereitschaft, Neues zu lernen und der Umgang mit Herausforderungen und Risiken sind ungleich wichtiger. Aber auch der Onboarding-Prozess selbst kann helfen, das Growth Mindset zu fördern: In der frühen Phase der Unternehmenszugehörigkeit lernen Menschen unbewusst, welche Verhaltensweisen erwünscht und welche unerwünscht sind. Hier kann eine stabile Basis für ein Growth Mindset gelegt werden.

Evidenz schaffen. Das Mindset der Organisation kann entwickelt werden. Dementsprechend kann es hilfreich sein, über Puls-Checks und andere Feedbackmöglichkeiten, wie etwa 360°-Feedbacks, regelmäßig Stimmungsbilder aus der Organisation einzuholen.

Widersprüche aushalten

Die Welt, in der wir leben und wirtschaften, ist komplexer und fordernder geworden. Die Jahrzehnte der Planbarkeit und Fortschreibung dessen, was zuvor gut geklappt hat, sind vorbei. Fünfjahrespläne sind nicht mehr zielführend.

Im Sinne eines neuen Mindset möchten wir eine entscheidende Grundhaltung und Qualität der Akteure in Organisationen nochmals hervorheben: die Ambiguitätstoleranz. Damit meinen wir die Fähigkeit und Bereitschaft, Widersprüche auszuhalten und zu thematisieren. Damit ist auch die Bereitschaft verbunden, sich über diese Widersprüche auszutauschen, also in einen aktiven Dialog zu treten. Es bedeutet, nicht permanent nach eindeutigen Lösungen zu suchen, sondern zu erkennen, dass es fast immer ein »Sowohl-als-auch« braucht, ein Miteinander von beiden Polen der Spannungsfelder in Transformationsprozessen. Je besser du die wesentlichen Spannungsfelder erkennen und benennen kannst, desto klarer kannst du Situationen einschätzen und unterschiedliche Perspektiven einnehmen.

Aus dieser Perspektive wird ein neuer Zugang zu vielen Fragen möglich, sowohl auf organisationaler als auch auf persönlicher Ebene. Im Sinne des Growth Mindset bedeutet das:

- dass die Dinge nicht schwarz oder weiß sind, sondern dass es Graustufen geben darf.
- dass persönliche und organisationale Herausforderungen und Hürden gleichzeitig Chancen sind.
- dass wir aus Fehlern – egal, wer sie gemacht hat – lernen können.
- dass es nicht darum geht, keine Schwächen und Misserfolge zu haben, sondern um die Bereitschaft, daran zu arbeiten.
- dass Motivation und Erfolg entstehen, wenn wir Neues ausprobieren und daran wachsen.

Jeder, der in der Organisation wirkt, kann durch die Art und Weise, wie er oder sie denkt und handelt, das Ganze mitgestalten. Chancen zur Weiterentwicklung gibt es viele – sie müssen nur genutzt werden.

2.3 Ein attraktives Zukunftsbild entwickeln

Inwieweit ergibt es überhaupt Sinn, in Zeiten wie diesen noch Strategien oder Zukunftsbilder zu entwickeln? Ist überhaupt jemand in der Lage, so weit in die Zukunft zu blicken und sich zu überlegen, wohin sich eine Organisation in fünf, zehn oder gar 20 Jahren entwickeln soll? Es ist doch schon schwer genug, das laufende Jahr zu planen. Sollten sich die Verantwortlichen nicht vielmehr darauf konzentrieren, gut im Fluss zu sein, neue Entwicklungen wahrzunehmen und die Fähigkeit zu entwickeln, neue Chancen zu erkennen und sie zu nutzen?

Eines ist klar: Die Zeiten der klassischen, linearen Strategiearbeit sind vorbei, in der zuerst komplexe Analysen erstellt und bis ins kleinste Detail Pläne erarbeitet werden, um komplexe Konzepte für die nächsten fünf bis zehn Jahre zu erstellen. An ihre Stelle sollten vielmehr mutige und kräftige Visionen treten, die den Menschen in einer Organisation wirkliche Orientierung geben und Lust machen, gemeinsam zu gestalten – vielleicht ist das sogar noch wichtiger als bisher. Gleichzeitig braucht es aber auch die Bereitschaft, offen darauf zu blicken, welche Entwicklungen und Chancen sich gerade ergeben. Dadurch kann es notwendig werden, das Zukunftsbild zu erweitern, zu ergänzen oder anzupassen. Für kürzere Horizonte von ein bis zwei

Jahren ist ergänzend eine bereichsübergreifende, verbindliche Planung hilfreich, um Commitment und das Übernehmen von Verantwortung zu fördern und um Umsetzungskraft zu entwickeln.

Sehen wir uns zuerst aber noch an, wodurch Veränderungen angestoßen werden und was Zukunftsbilder in diesem Zusammenhang überhaupt leisten können.

Zwei Wirkungsparameter: Druck und Sog

Wann sind Menschen tatsächlich dazu bereit, etwas zu verändern? Es gibt zwei Parameter, die am stärksten wirken:

- Da wäre zunächst der problemgetriebene Druck oder **Push-Faktor**. Druck entsteht durch verschleppte oder nicht vollständig aufgearbeitete Probleme aus der Vergangenheit, die nun immer größer werden und zum Handeln zwingen. Deutlich wird das besonders dann, wenn äußere Einflüsse oder Krisen bewältigt werden müssen. Dieser Druck kann dazu führen, dass kurzfristig radikale Einschnitte notwendig sind und Transformationen gestartet werden – es wird also auf Druck re-agiert.
- Genau entgegengesetzt funktioniert der zweite Wirkungsparameter: der zukunftsgezogene Sog oder **Pull-Faktor**. Kräftige Zukunftsbilder haben die Fähigkeit, von der Zukunft her durch ihre Sogkraft zu wirken. Sie »ziehen« die Menschen und ihr Handeln in diese Richtung. Dieser Sog kann in unsicheren und dynamischen Zeiten sehr kraftvoll und identitätsstiftend sein und Handlungsorientierung geben. Zusätzlich zum Purpose ist ein attraktives Zukunftsbild also eine wesentliche stabilisierende, identitätsstiftende und Orientierung gebende Kraft. Der Pull-Faktor inspiriert zum Handeln und Gestalten.

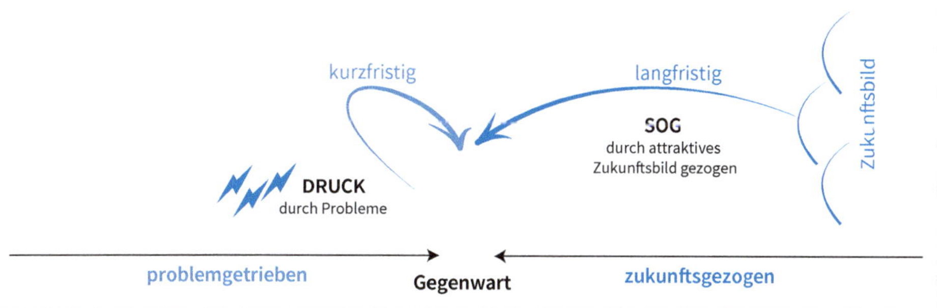

Abb. 2.3: Kräfte, die Entwicklung fördern I (Quelle: ergänzte Darstellung in Anlehnung an Weiss 2011, S. 43)

Jeder Mensch hat einen eigenen Zugang zum Thema Entwicklung. Für die einen ist Planung alles, andere fühlen sich gut damit, sich ein Stück weit durch äußere Einflüsse treiben zu lassen. Man spricht dementsprechend von Strateginnen und Strategen, Visionärinnen und Visionären, Macherinnen und Machern oder von Lebenskünstlerinnen und Lebenskünstlern. In Organisationen besteht nun die Herausforderung, Menschen einerseits in der Individualität ihrer Wahrnehmung ernst zu nehmen und anderseits die gute Verbindung der Wirkungsfaktoren zu ermöglichen.

2.3.1 Mutige Zukunftsbilder durch Intuition und Inspiration

Der Ansatz, mit attraktiven Zukunftsbildern eine positive Entwicklungsdynamik zu erzeugen, ist nichts Neues. In der einschlägigen Managementliteratur der letzten Jahrzehnte wurde viel über die Kraft und Notwendigkeit von Visionen geschrieben. Im Lean Management wird beispielsweise vom »Nordstern« gesprochen, der richtungsweisend für jegliches Handeln ist.

In der täglichen Unternehmenspraxis merken wir, überspitzt gesprochen, dass Visionen und Leitbilder als Hochglanzposter in den Besprechungszimmern hängen, von der Geschäftsführung mit Beraterinnen und Beratern erarbeitet wurden, aber in der täglichen Arbeit wenig Kraft entwickeln. Die Frage ist also nicht, ob die Menschen in einer Organisation Zukunftsbilder brauchen, sondern was den Unterschied ausmacht: Wie wirkt es, wenn ein Zukunftsbild nur am Papier formuliert ist und was muss passieren, damit es eine echte Sogwirkung bei den Führungskräften, Mitarbeiterinnen und Mitarbeitern entfacht? Die Hypothese lautet: Es hängt stark davon ab, wie das Zukunftsbild entwickelt wird und inwieweit es in Folge in den gelebten Alltag der Organisation einfließt.

Vom Management einer Organisation verlangt die Entwicklung mutiger und kräftiger Zukunftsbilder die Bereitschaft, sich von einer linearen Logik zu lösen. Statt Ziele zu definieren und alles zu planen, sollten sich die Entscheidungsträgerinnen und -träger auf einen partizipativen Prozess der Intuition und Inspiration einlassen. Gemeint ist damit eine kollektive Fähigkeit, die das bestehende Wissen nutzt und gleichzeitig so weit loslässt, dass völlig neue Bilder und Skizzen entstehen können – es kann also eine Neuordnung stattfinden. Otto Scharmer hat diese Fähigkeit in seiner »Theory U« als »Presencing« beschrieben – als einen Prozess, bei dem sich die Zukunft durch Zuhören, Hineinfühlen, Loslassen und Überwinden von gegenwärtigen Ängsten offenbaren kann (Scharmer, 2009). Er zeigt, dass es nicht sinnvoll ist, lediglich aus dem Druck und den Zwängen des Ist heraus Visionen zu entwickeln. Genau dadurch werden die bestehenden Probleme oft nur fortgeschrieben. Druck oder Krisen können aber Kräfte freisetzen, die einen Kreativprozess und die mentale Loslösung von der Gegenwart sogar unterstützen, also die Veränderungsbereitschaft verstärken.

Was ist also zu tun? Diese vorhandenen Kräfte, Potenziale und Ideen müssen in einem gestalteten Prozess so kanalisiert werden, dass sich eine mögliche Zukunft zeigen kann. Anhand der »Zukunftsreise« möchten wir dir zeigen, wie dieser Prozess konkret aussehen könnte.

Methode: Mit der Zukunftsreise kräftige Zukunftsbilder entwickeln

Bei einer Zukunftsreise geht es darum, die Möglichkeit zu nützen, aus der Zukunft zu gestalten. Es wird gezielt ein Spannungsbogen zwischen der Gegenwart, in der sich die Organisation befindet, und dem aufgebaut, was sich bereits an Zukunftspotenzial zeigt.

- **Teilnehmerinnen und Teilnehmer:** Geschäftsführung, Führungskräfte, ausgewählte Expertinnen und Experten, ein bis zwei Querdenkerinnen und Querdenker (intern oder extern)

- **Dauer:** 1–2 Tage
- **Ort:** Ein sehr großer Raum, in dem drei Stationen für die ganze Gruppe aufgebaut werden können.
- **Vorbereitung:** Ein kleines, interdisziplinäres und vom Management beauftragtes Team sammelt wesentliche Trends, Informationen zur Dynamik im Kundenverhalten, radikale und disruptive Ansätze in der Branche oder relevanten Feldern (z. B. Digitalisierung), Best Practices der Konkurrenz und/oder aus anderen Branchen, die spannend sind.
- **Durchführung:** Begleitung durch eine erfahrene Moderatorin/einen erfahrenen Moderator

Als Auftakt für die Zukunftsreise eignet sich ein kurzer Impuls zur Haltung für den Workshop: Die Teilnehmenden sollten offen für das sein, was kommt, ihre Bewertungen zurückstellen und darauf vertrauen, dass gut ist, was gesagt wird. Es kann durchaus sein, dass nicht jede und jeder mit allen Aussagen einverstanden sein wird. Alle dürfen aber darauf vertrauen, dass sich aus dem kollektiven Wissen die Zukunft zeigen kann, dass es – so wie es ist – Platz hat und wichtig ist. Der Diversität und unterschiedlichen Sichtweisen werden in diesem Rahmen Wertschätzung entgegengebracht.

Station 1: Unsere Gegenwart

Im ersten Schritt wird auf die gegenwärtige Situation der Organisation geblickt. Jede und jeder für sich schreibt die persönlichen Antworten auf die folgenden Fragen auf Kärtchen, die anschließend eingesammelt und geclustert werden:

- Welche besonderen Kernkompetenzen zeichnen uns aktuell aus?
- Was sind die besonderen Fähigkeiten unserer Organisation und der Menschen darin?
- Was sind Potenziale, die wir spüren oder die jetzt schon ersichtlich sind?
- Was sind die größten Probleme/Krisen, die uns das Leben schwer machen?

Station 2: Was wirkt auf die Organisation aus dem Umfeld? Was kommt auf uns zu?

Alle sind zu Station 2 weitergegangen. Nun werden in Station 2 die vom Team vorbereiteten Informationen zu den äußeren Einflüssen vorgestellt und um die Wahrnehmungen der Teilnehmenden ergänzt. Diese Wahrnehmungen werden aufgenommen und kurz vertieft, um sie zu verstehen, aber nicht zu bewerten.

Station 3: Von der Zukunft her gestalten

»Wir machen uns auf den Weg in die Zukunft« – meditative Anleitung

»Herzlich willkommen im Jahr 2030! Wir möchten innehalten und dankbar auf das schauen, was uns gelungen ist. Wir haben die Chancen der letzten zehn Jahre voll genutzt und haben uns – geleitet von unserem Purpose – dahin entwickelt, wo wir jetzt stehen! Wir sind heute besonders erfolgreich, unsere Konkurrenz verfolgt genau, wie wir beispielhaft vorangehen, unsere Kundinnen und Kunden sind begeistert, unser Purpose wirkt auf unser Geschäft, auf die

Kundinnen und Kunden und das Umfeld. Heute wollen wir einen Einblick in die Ereignisse der vergangenen Jahre gewähren.«

- Was ist uns auf dem Weg ins Jahr 2030 besonders gut gelungen?
- Was schätzen unsere Kundinnen und Kunden im Jahr 2030 an uns?
- Wodurch zeichnen wir uns aus und wodurch heben wir uns ab?
- Was konnten wir völlig neu etablieren?
- Wir sind radikal neue Wege gegangen. Was hat diesen Weg besonders ausgezeichnet und welche Erfolge haben sich dadurch gezeigt?

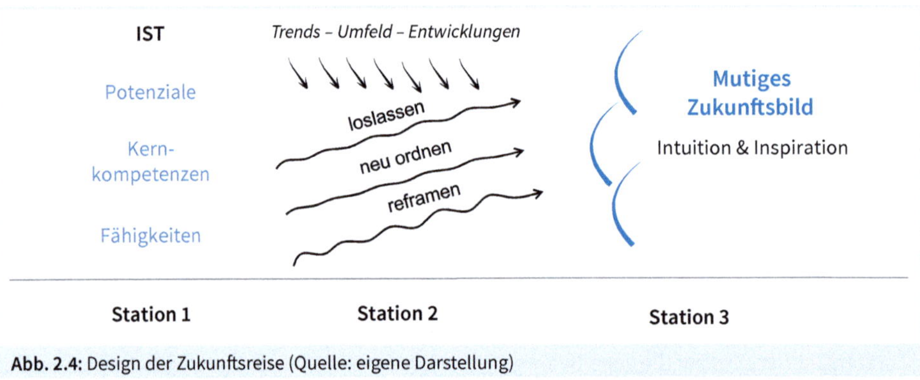

Abb. 2.4: Design der Zukunftsreise (Quelle: eigene Darstellung)

- Das Sammeln der einzelnen Zukunftsvisionen kann durch unterschiedliche Methoden erfolgen: klassisch durch Einzelarbeit auf A4-Blättern oder mit alternativen Methoden wie Lego Serious Play®, malen etc. Wichtig ist, dass ihr euch im Vorfeld für eine passende Methode entscheidet.
- Nach einer kreativen Phase werden die Ergebnisse im Plenum vorgestellt und Ähnliches wird zueinander gestellt. So ergeben sich Cluster, die in Kleingruppen vertieft und ergänzt werden.
- Sobald die Gruppen diese Zukunftsskizzen entworfen haben, wird bewertet, welche Elemente davon besonders angestrebt werden sollen. Die kräftigsten Elemente, die für die gesamte Gruppe oder auch für die Top-Führungskräfte (je nach Organisationsstruktur) richtungsweisend und besonders erstrebenswert erscheinen, werden konkretisiert und ausformuliert.

Wenn der Prozess für das Finden des Zukunftsbildes partizipativ verläuft, können sich die involvierten Personen stärker damit identifizieren und eine Leidenschaft dafür entwickeln. Damit der Funke dieser Leidenschaft auf das ganze Unternehmen überspringen kann, sollten die involvierten Personen als Multiplikatorinnen und Multiplikatoren in der Kommunikation mitwirken. Unterstützt durch emotionale Geschichten, Videos und partizipative Workshops mit Mitarbeiterinnen und Mitarbeiter kann diese Leidenschaft weitergetragen werden.

2.3.2 Zukunftsbilder durch konkrete Schritte ansteuern

Mutige und kräftige Zukunftsbilder erlangen dann besondere Wirksamkeit, wenn sie nicht nur eine starke Sogwirkung, sondern auch eine unmittelbare Verbindung zum Handeln im Hier und Jetzt haben. Die Identifikation mit dem Zukunftsbild und dessen Sog ist äußerst wichtig – nur wenn die konkrete Verknüpfung mit der Gegenwart nicht stattfindet, fällt es den Menschen in der Organisation schwer, daran zu glauben und das eigene Handeln daran zu orientieren.

Die Art und Weise, wie die gewünschte Zukunft mit der Gegenwart verbunden wird, hat sich jedoch stark geändert. Aufgrund der unglaublichen Dynamisierung in der BANI-Welt ist eine lineare Planung von der Gegenwart in die nähere Zukunft kaum mehr möglich. Das Handeln im Hier und Jetzt braucht deshalb, neben ganz konkret geplanten Schritten, eine neue Herangehensweise, die in den westlichen Kulturen und vor allem im betriebswirtschaftlichen Kontext eher fremd ist. Es ist die Fähigkeit, sich im Fluss des Lebens zu bewegen, der immer wieder neue Möglichkeiten mit sich bringt. In diesem Fluss kann nur in Bewegung bleiben, wer sich im Hier und Jetzt bewusst für alle Möglichkeiten öffnet, die sich laufend neu ergeben.

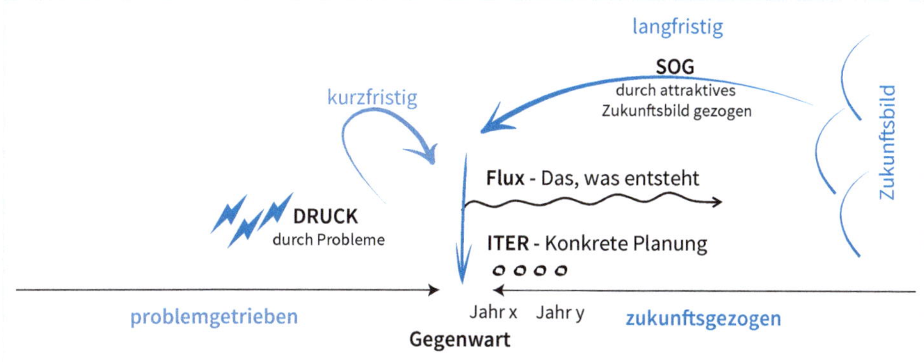

Abb. 2.5: Kräfte, die Entwicklung fördern II (Quelle: ergänzte Darstellung in Anlehnung an Weiss, 2011, S. 43)

Matthias Varga von Kibéd beschreibt diese beiden Zeitmodi im Gestalten der Gegenwart als Flux und Iter (Varga von Kibéd, 2012).

- Der Flux-Modus lässt die Menschen spüren, was gerade jetzt möglich ist, welche Chancen da sind und wo im Hier und Jetzt ein Momentum zum Handeln entsteht – immer gut in Verbindung mit dem Zukunftsbild und dem Purpose.
- Gleichzeitig wird der zweite Zeitmodus angewendet – »Iter« genannt. Dieser Modus impliziert, dass die Zeit strukturiert und eingeteilt werden kann. In der kurzfristigen Perspektive ist diese strukturierte Logik im Sinne einer konkreten Planung sehr hilfreich und sinnvoll für Unternehmen, da er Fokus und Struktur in die Möglichkeiten bringt.

Wollen wir das Zukunftsbild gut mit dem Hier und Jetzt verknüpfen, hat sich der gleichzeitige Einsatz beider Zeitmodi – Flux und Iter – bewährt. Je besser es uns gelingt, in der Gegenwart zwischen den Zeitmodi zu wechseln, beide Modi zu spüren und je nach Situation diese zu verbinden, desto mehr Handlungsoptionen zeigen sich und desto wirksamer werden wir.

Es geht es also um den einzelnen, konkreten Beitrag, der jetzt wirkungsvoll geleistet werden kann. Dahinter stehen Fragen wie:

- Was können wir in unserer Abteilung, in unserem Team dazu beitragen, um einen mutigen Schritt in die Richtung des Zukunftsbilds zu gehen?
- Welche ersten Schritte nehmen wir uns vor, um Neues auszuprobieren?
- Was wollen wir ab sofort nicht mehr tun?
- Welche Möglichkeiten ergeben sich gerade jetzt?
- Spüren wir, dass sich etwas bewegt, was wir allerdings noch nicht genau benennen können, das wir weiter beobachten wollen und zu dem wir uns austauschen werden?

Werden diese Maßnahmen mit Zeit und Budget versehen und findet ein abteilungsübergreifender Austausch zu den Maßnahmen statt, so entstehen Alignment, Commitment sowie das Gefühl, dass alle verantwortungsvoll ihren Beitrag dazu leisten, damit das Zukunftsbild umsetzbar und spürbar wird. Gleichzeitig wird spürbar, wo das Zukunftsbild angepasst werden muss, da sich die Zeiten ändern.

PRAXISBEISPIEL

Vision und systematische Planung – eine erfolgreiche Kombination

Ein eigentümergeführtes, sehr innovatives Handwerksunternehmen mit ca. 800 Mitarbeiterinnen und Mitarbeitern entwirft in einem partizipativen Prozess eine »Game Changer Strategie 2030«. Unglaublich inspiriert von den Möglichkeiten wird eine tolle Vision für das Unternehmen entworfen: Man will in vier definierten Kernsegmenten den Weltmarkt mit hochwertigen und innovativen Produkten revolutionieren. Das Unternehmen verfügt bereits über herausragendes Know-how, hat einen guten Zugang zu seinen Kundinnen und Kunden und ist bereits jetzt in einigen Punkten ein weltweit gefragter Partner.

Die Vision scheint also möglich und trotzdem wird bald deutlich, dass der mutige und höchst inspirierende Anspruch mit dem gegenwärtigen Set-up der Organisation schwer umzusetzen ist. Wenn wir Gespräche mit dem Topmanagement führen, dann spüren wir sofort das Feuer für diesen Weg. Hören wir uns allerdings bei Expertinnen und Experten oder bei den jungen Mitarbeiterinnen und Mitarbeitern um, so kommt nach dem Feuer oft sehr schnell das Aber:

- »(...), aber so wie wir organisiert sind, können wir nicht weitermachen. Wir machen vieles doppelt, denn wir reden zu wenig miteinander.«
- »Jeder versucht sein Bestes, aber wir sind alle frustriert.«

Es ist offensichtlich: Der Sog der Vision kann im täglichen gemeinsamen Tun seine Wirksamkeit nicht entfalten. Eher führt das Ganze zu noch mehr Frustration. Das Management entscheidet sich schließlich für zwei Schritte:

- »Für eine zukunfts- und marktorientierte Organisationsform müssen wir uns neu aufstellen.«
- »Wir müssen uns Schritt für Schritt auf den Weg machen. Unser großes Zukunftsbild müssen wir jedes Jahr in umsetzbare Schritte herunterbrechen. Durch eine strukturierte und abgestimmte jährliche Planung können wir das Commitment unter den Beteiligten herstellen, damit sie eigenverantwortlich die Transformation gestalten können und trotzdem alle in die gleiche Richtung arbeiten.«

Durch die Verbindung der starken Vision mit einer systematischen, agilen jährlichen Planung kann Umsetzungskraft entwickelt werden. Das Vertrauen und die Glaubwürdigkeit werden so wieder hergestellt.

3 Die vier Gestaltungsfelder am Weg zur resilienten Organisation – das Modell für Resilienz in Organisationen

Wir wissen jetzt, was Resilienz im organisationalen Zusammenhang bedeutet und dass wir gut beraten sind, dem Purpose der Organisation, dem vorherrschenden Mindset und unseren gewünschten Zukunftsbildern auf den Grund zu gehen, bevor wir eine Transformation anstoßen. An welchen Punkten kann nun aber angesetzt und gehandelt werden, um die Resilienz des gesamten Organisationssystems zu entwickeln und/oder zu stärken?

Welche Faktoren die Resilienz in Hochrisikoorganisationen sowie die individuelle Resilienz unterstützen, ist in der Literatur eingehend beschrieben. Diese Untersuchungen sind für uns eine wichtige und inspirierende Basis. Wir wollten jedoch den Blick weiten und anhand unserer Erfahrungen Überlegungen anstellen, die einen gewissen Grad an Allgemeingültigkeit für sämtliche Organisationsformen haben und erste Anhaltspunkte auf dem ansonsten sehr individuellen Weg der Resilienzentwicklung liefern. Aus qualitativen Interviews mit krisenerprobten Managerinnen und Managern sowie Beraterinnen und Beratern haben sich für uns – zusätzlich zu den bekannten – weitere Einflussfaktoren herauskristallisiert. Diese haben wir in vier Gestaltungsfeldern verdichtet, die sich um eine individuelle und eine organisationale Achse anordnen. Diese vier Felder hängen voneinander ab, sie stehen in Wechselwirkungen zueinander und beeinflussen durch ihr Zusammenspiel die Ausprägung der organisationalen Resilienz.

Dieses Modell für Resilienz in Organisationen kann von allen, die Entwicklung in der Organisation gestalten (wollen), auf zwei Arten genutzt werden: Einerseits dient es als Diagnoseinstrument, um den Ist-Zustand der Organisation in puncto Resilienz zu erfassen. Andererseits kann damit Vorsorge getroffen werden: Wo sollte die Widerstandskraft mit gezielten Maßnahmen unterstützt werden?

Abb. 3.1: Die vier Gestaltungsfelder der Resilienz in Organisationen (Quelle: eigene Darstellung)

Diese vier Gestaltungsfelder sind:

- das **Ich** – der individuelle Umgang mit Herausforderungen;
- das **Team** – der Umgang miteinander sowie die Voraussetzungen für den gemeinsamen Umgang mit Herausforderungen;
- die **Organisation im Innen** – die resiliente Ausrichtung der formellen und informellen Strukturen sowie der Kultur;
- die **Organisation im Außen** – der Umgang der Organisation mit den Veränderungen auf ihren Märkten und in ihren Umfeldern.

Diese vier Gestaltungsfelder wollen wir dir in den kommenden Abschnitten vorstellen und sie gleichzeitig mit Übungen und Fallbeispielen verbinden, die du für die Weiterentwicklungsarbeit in deiner eigenen Organisation nutzen kannst.

3.1 Gestaltungsfeld ICH

Niemand kann alles beeinflussen und steuern. Dennoch: Wenn ich als Führungskraft, als Mitarbeiterin oder als Mitarbeiter gestalten und verändern will, dann setzt die Gestaltung und Veränderung zuallererst bei mir selbst an. Ich kann nicht darauf warten, »bis von der Organisation etwas kommt« – ich bin Teil der Organisation. Resiliente Menschen machen sich diese Erkenntnis zunutze, indem sie nicht resignieren. Sie werden sich ihrer persönlichen Dynamiken und Motivationen bewusst und übernehmen dadurch selbst das Steuer ihres Lebens – innerhalb und außerhalb der Organisation.

Das gelingt besonders gut, wenn ein Mensch den **Sinn** seines Lebens nicht allein aus Macht, Geld und Ansehen bezieht und **Eigenverantwortung** für den Umgang mit dem an den Tag legt, was ihm das Leben zuspielt. Das gelingt besonders gut, wenn ein Mensch angesichts von Herausforderungen seine **emotionale Selbststeuerung** aktivieren und **im Hier und Jetzt achtsam handeln** kann. Wenn der emotionale Schritt zurück von der impulsiven Reaktion gelingt, wird selbst in der vermeintlichen Katastrophe das notwendige Maß an Orientierung möglich und es eröffnen sich neue Handlungsspielräume. **Spannungsfelder** lassen sich dann bewusst **managen.**

3.1.1 Sinn und Eigenverantwortung

In seiner berühmten Rede zur Abschlussfeier an der Universität Stanford im Jahr 2005 gab Steve Jobs den Studentinnen und Studenten Folgendes mit auf den Weg: »Your work is going to fill a large part of your life, and the only way to be truly satisfied is to do what you believe is great work. And the only way to do great work is to love what you do. If you haven't found it yet, keep looking. Don't settle. As with all matters of the heart, you'll know when you find it.« (Jobs, 2005) Die Arbeit werde einen großen Teil ihres Lebens ausmachen – und wahrscheinlich werden sie diese Arbeit so gut wie möglich erledigen wollen. Der einzige Weg, großartige Arbeit zu leisten, sei die Liebe zu dem, was man tut. So wie es bei der Liebe eben ist, würden die Studentinnen und Studenten es wissen, wenn sie das Richtige gefunden haben.

Wir werden später noch tiefgehender über Viktor Frankl sprechen, doch an dieser Stelle wollen wir dem Zitat von Steve Jobs eines von Frankl gegenüberstellen: »Das Leben selbst ist es, das dem Menschen Fragen stellt. Er hat nicht zu fragen, er ist vielmehr der vom Leben her Befragte, der dem Leben zu antworten – das Leben zu verantworten hat.« (Frankl, 1987, S. 96)

Was haben Steve Jobs und Viktor Frankl gemeinsam? Sie fordern uns auf, bei unserem Streben nach Sinn auf unser Herz und unsere Intuition zu hören und hartnäckig zu sein – bis wir gefunden haben, wonach wir gesucht haben. Die beiden sind sich darin einig, dass wir es spüren können, wenn wir dem nahekommen, was für uns wirklich Sinn hat. Frankl drückt es so aus, dass wir nicht nach dem Sinn »fragen und suchen« sollen, sondern dass wir auf die Herausforderungen und Aufgaben des Lebens zu »antworten« haben.

Warum ist es sinnvoll, sich mit dem zu beschäftigen, was uns Sinn gibt?

Die Menge der Lebenszeit, die wir mit unserem beruflichen Wirken verbringen, ist nicht zu unterschätzen. Es gibt unzählige Möglichkeiten, das (berufliche) Leben zu gestalten. Doch nicht jede dieser Möglichkeiten hat Sinn oder tut uns und anderen gut. Selbst wenn das Schaffen in dieser und für diese Welt sinngebend für einen selbst ist, ist es gut, das persönliche Wirken in den Gesamtkontext des Lebens zu stellen. Berufliches Schaffen ist eine essenzielle Quelle für Sinngebung und Zufriedenheit, doch es gibt noch andere Lebensbereiche, die wir in einer guten Balance spüren sollten, wenn wir langfristig kräftig und resilient leben möchten: Welche

Rolle spielen Freunde und Familie? Welche Hobbys sind wichtig? Wo möchte ich einen gesellschaftlichen Beitrag leisten? Welche Rolle spielt die Natur für mich? Wie wichtig sind mir Spiritualität und Glaube?

Das alles ist mindestens so relevant wie die rein berufliche Perspektive und da schließt sich der Kreis zur Eigenverantwortung: Eigenverantwortung zu übernehmen, bedeutet die Bereitschaft und Pflicht, für unser Handeln (und Nicht-Handeln) geradezustehen und die Konsequenzen unseres Verhaltens zu tragen. Das Großartige an der Eigenverantwortung ist: Wir haben immer die Wahl, wie wir einer Situation begegnen wollen. Anders ausgedrückt: Wir können unser Leben gestalten.

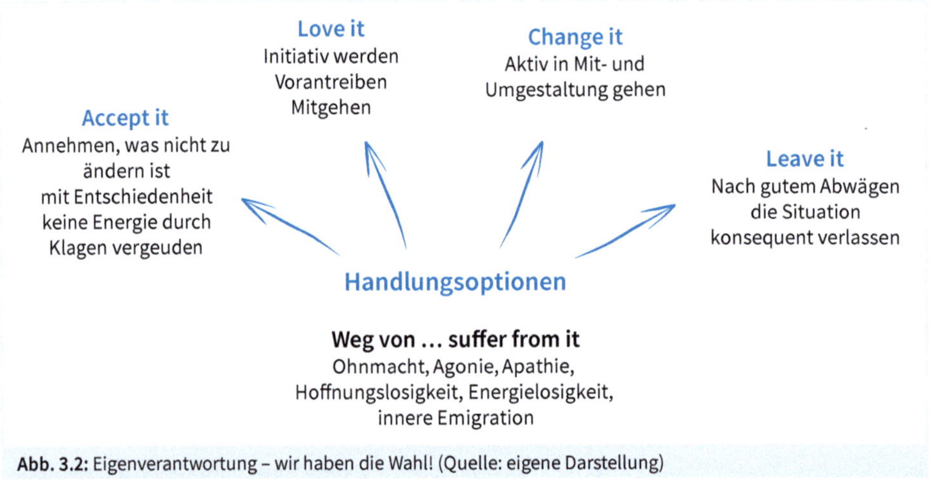

Abb. 3.2: Eigenverantwortung – wir haben die Wahl! (Quelle: eigene Darstellung)

Gestaltende sein, nicht Opfer – Sinnsuche mit Viktor Frankl

Wie schon erwähnt, hat das Schaffen von Viktor Frankl unseren Zugang zu Resilienz nachhaltig geprägt. Sein Leben ist so beeindruckend, dass wir ihm hier Raum geben möchten. Der 1905 in Wien geborene Frankl absolvierte nicht nur ein Medizinstudium mit der Fachrichtung Neurologie und Psychiatrie, sondern legte nach dem Ende des Zweiten Weltkriegs auch eine philosophische Dissertation vor. Als Leiter einer Abteilung im psychiatrischen Krankenhaus Steinhof in Wien beschäftigte ihn die Sinnfrage in Verbindung mit der Bewältigung von Depressionen und in der Suizidprävention schon sehr früh. Nach dem Anschluss Österreichs an das Deutsche Reich wurde es ihm als Juden aber untersagt, arische Patientinnen und Patienten zu behandeln. 1942 wurden er selbst, seine Frau, sein Bruder und seine Eltern in das Ghetto Theresienstadt deportiert. Mit Ausnahme von Frankls Schwester Stella starb seine ganze Familie in Konzentrationslagern. Er selbst überlebte die Lager Theresienstadt, Auschwitz und Türkheim und wurde im April 1943 befreit.

Viktor Frankl hat den Horror nicht nur überlebt. Er hat uns durch seinen Lebensweg, der sich in seinem Werk widerspiegelt, ein unendlich positives und zugleich forderndes Geschenk gemacht. Sehr eindrücklich zeigt er, wie uns die Situationen des Lebens zum Handeln oder Annehmen auffordern. Das Leben stellt uns Fragen. Doch es steht uns frei, wie wir diese Fragen beantworten. Diese Freiheit bedeutet zugleich, dass nicht nur die Verantwortung für unser eigenes Leben, sondern auch die Mitverantwortung für unsere Mitmenschen und die Gesellschaft bei uns liegt. Damit ist untrennbar die Überzeugung verbunden, dass unser Leben Sinn hat. Dieser Sinn ist für jede und jeden einzigartig. Im Gedankengut Frankls haben Menschen den Willen zum Sinn. Einen Sinn, den jede und jeder aber für sich entdecken muss – besser gesagt: entdecken darf. Denn uns ist die Willensfreiheit geschenkt – durch die Möglichkeit, uns selbst wahrzunehmen, zu akzeptieren und zu regulieren.

Schwere Kost? Vielleicht. Doch die Kernbotschaft ist unendlich kräftig, wirksam und aktuell. Auch wenn unsere Generationen keinen weltumspannenden Krieg erleben mussten, erleiden wir alle früher oder später individuelle und kollektive Schicksalsschläge. Die COVID-19-Pandemie hat gezeigt, wie verletzlich wir als Individuen, Organisationen und als Gesellschaft insgesamt sind. Doch wie begegnen wir diesen Fragen, die das Leben uns stellt? Was macht uns als Individuen resilienter? Hier sehen wir in Sinn und Eigenverantwortung in jedem Fall so etwas wie die Wurzeln der individuellen Resilienz.

Genau dann, wenn es schwierig wird, kann ein tief verwurzelter Bezug zum empfundenen Sinn der eigenen Existenz tatsächlich Berge versetzen. Mit der nachfolgenden Übung, die von Viktor Frankl inspiriert ist, möchten wir dich einladen, dich auf die Suche nach dieser Urkraft zu machen und daraus Impulse mitzunehmen, die deine individuelle Resilienz stärken.

Übung 4: 7 Tage – 7 Impulse

Ausgangspunkt für jede dieser sieben Übungen ist jeweils eine These zur Sinnfindung, die mit Fragen verknüpft ist. Bitte nimm dir ausreichend Zeit und notiere deine Antworten. Achte dabei besonders auf deine Intuition und versuche nicht, vermeintlich vernünftige Antworten zu geben. Was sagt dein Herz? Was ist der erste Impuls?

Wir empfehlen dir, nicht alle Fragen an einem Tag zu beantworten. Nimm dir jeden Tag Zeit für einen Impuls – das kann einige Minuten dauern, vielleicht auch bis zu einer halben Stunde. Noch interessanter wird es, wenn du dir die Fragen an anderen Tagen ein zweites Mal stellst. Mit der Abschlussreflexion kannst du die Erkenntnisse für dich zusammenfassen und Konsequenzen für dein Denken und Tun ableiten.

Noch ein Gedanke: Die Fragen wird man mit Mitte zwanzig anders für sich beantworten als mit 40 oder 55 Jahren. Die gleichen Ereignisse lösen in unterschiedlichen Lebensphasen unterschiedliche Reaktionen aus. Achte also darauf, was für dich in der aktuellen Lebensphase wichtig ist und dich tatsächlich »berührt«.

Impuls 1: Du hast die Wahl, ob du Opfer oder Gestalter der Umstände sein willst.

- Ist diese Aussage stimmig für dich?
- Auf einer Skala von 1 (»Ich bin 100 Prozent Opfer) bis 10 (»Ich bin 100 Prozent Gestalter«): Wie erlebst du das aktuell für dich?
- Was kann dir helfen, dein Leben stärker selbst zu gestalten?

Impuls 2: Niemand kann dir Sinn geben, doch du kannst Sinn finden.

- Was geht dir besonders leicht von der Hand? Wann bist du »im Fluss«?
- Wo erlebst du aktuell Sinn?
- Was kannst du tun, um das zu stärken bzw. öfter zu spüren?

Impuls 3: Dreh die Perspektive um! Frage nicht das Leben nach dem Sinn, sondern beantworte die Fragen, die das Leben dir stellt.

- Wo bist du aktuell besonders gefordert?
- Welche Dinge und Situationen sind dir – im Positiven wie im Fordernden – »zugefallen«?
- Welche Fragen stellt dir das Leben derzeit?

Impuls 4: Sinn zieht uns an. Es ist ein »hin zu« und kein »weg von«.

- Wer oder was hat dich zuletzt inspiriert oder berührt?
- Worauf hast du richtig Lust? Was zieht dich aktuell besonders an?
- Was sind die aktuellen Impulse, die du spürst und nützen möchtest?

Impuls 5: Wirklichen Sinn wirst du in etwas finden, das über dein Ego hinausgeht.

- Was ist das »Größere«, das du spürst? Welchem »Größeren« arbeitest du zu?
- Mit welchen kleinen Schritten kannst du diesem »Größeren« näherkommen?

Impuls 6: Überschätze Menschen im positivsten Sinn, indem du siehst, wie sie sein könnten.

- Welchen Menschen in deinem Leben täte es gut, wenn du sie überschätzen würdest?
- Bei welchen Menschen gelingt es dir gut, ihr ganzes Potenzial wahrzunehmen und zu schätzen?

Impuls 7: Durch Verbundenheit mit anderen kannst du über dich selbst hinauswachsen.

- In welchen Kontexten und mit welchen Menschen spürst du echte Verbundenheit?
- Wo gibt es Potenzial, diese Verbundenheit zu verstärken?
- Wie kann das dem »Großen« nützen, von dem du ein Teil bist?

Abschlussreflexion

- Was sagen dir deine Antworten?
- Was gibt dir Sinn?
- Welche konkreten Schritte im Denken und Tun leitest du für dich daraus ab?

Berufliche Sinnsuche mithilfe des Purpose Venn Diagram

Einen weiteren Weg der Sinnsuche, jenen des IKIGAI, haben wir bereits bei den Überlegungen zum Purpose des Unternehmens aufgezeigt (siehe Kapitel 2). Wir haben auch erwähnt, dass sich als (falsche) Darstellung des IKIGAI im Internet ein Modell verselbstständigt hat, das auf den Ideen von Andrés Zuzunaga beruht. Trotz des Irrtums hat sich Zuzunagas »Propósito«-Modell als besonders hilfreich für die persönliche berufliche Sinnsuche erwiesen. Daher möchten wir es an dieser Stelle auch einsetzen. So kann es gelingen, das Arbeitsleben so zu gestalten, dass es Teil der persönlichen Inspiration wird.

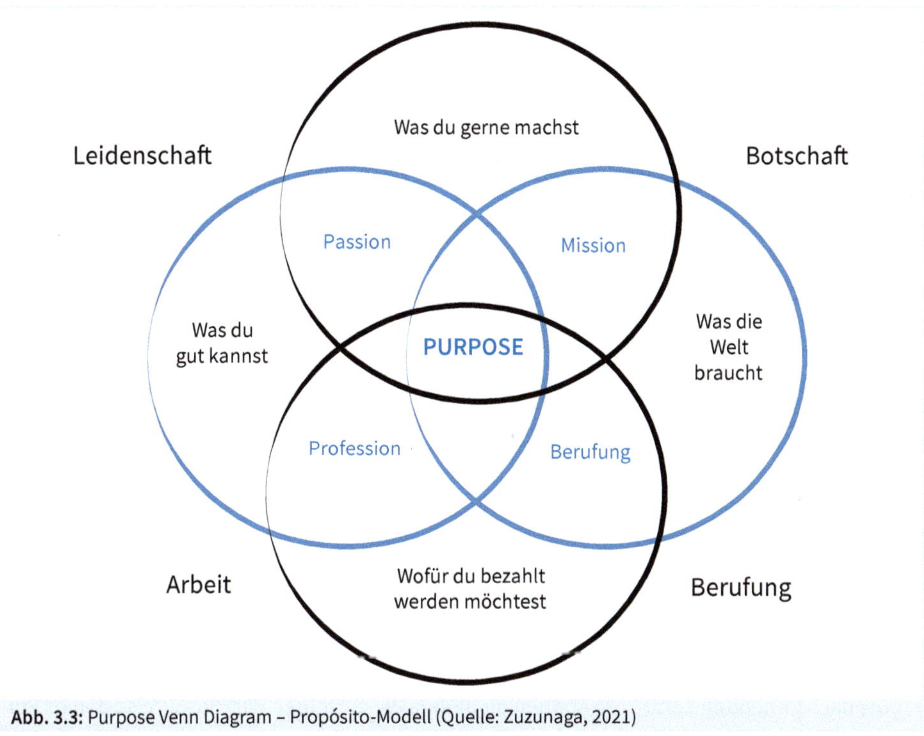

Abb. 3.3: Purpose Venn Diagram – Propósito-Modell (Quelle: Zuzunaga, 2021)

Eine Verbindung zwischen IKIGAI und dem Propósito-Modell gibt es für uns dann doch: Wir halten es als Ergänzung zu diesem Modell für wichtig, die Haltungen des IKIGAI zu verinnerlichen. Kernaspekte sind:

- Klein anfangen und demütig sein
- Loslassen lernen
- Harmonie und Nachhaltigkeit leben
- Freude an kleinen Dingen haben
- Im Hier und Jetzt sein

Übung 5: Wofür lebst du?

Unsere Erfahrung hat gezeigt, dass es hilfreich ist, wenn du mit einem leeren Flipchart oder einem größeren Blatt Papier startest. Zeichne darauf die Kreise und Dimensionen des Purpose Venn Diagram, wie in Abbildung 3.4 dargestellt, auf.

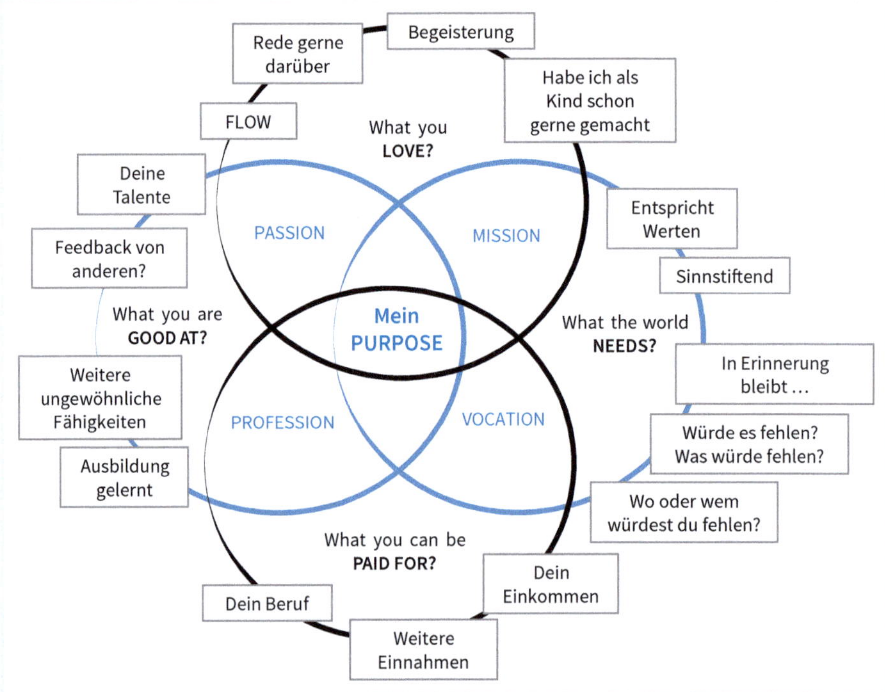

Abb. 3.4: Den persönlichen Purpose entwickeln (Quelle: in Anlehnung an Zuzunaga 2021)

Schritt 1: Beantwortung der Leitfragen

Die nachstehenden Leitfragen können dir helfen, die einzelnen Wirkungskreise deines Purpose genauer auszuloten.

- Ergänze die Fragen gerne.
- Füge deine Antworten auf Kärtchen hinzu. So kannst du sie später leicht ergänzen oder verändern.
- Starte mit den äußeren, großen Kreisen, und arbeite dich nach innen vor.
- Erwarte nicht, dass das Bild deines Purpose beim ersten Mal vollständig ist.
- Schau dir deine Antworten ein zweites oder drittes Mal an. Ergänze und konkretisiere.
- Wenn das Ergebnis für dich in einem ersten Wurf stimmig ist, kann es sehr hilfreich sein, es mit einem Menschen deines Vertrauens zu teilen.

Was du gerne machst, was du liebst

- Was hast du als Kind schon gerne getan?
- Wobei entsteht für dich Begeisterung?
- Wann erlebst du Flow?
- Worüber redest du gerne?

Was die Welt braucht

- Was entspricht deinen Werten?
- Was ist für dich sinnstiftend?
- Wofür möchtest du in Erinnerung bleiben?
- Was würde der Welt fehlen, wenn du es nicht machst?
- Wo oder wem würdest du fehlen?

Womit du Geld verdienen kannst

- Was ist dein Beruf?
- Was soll dein Beruf sein?
- Wofür bekommst du dein Einkommen?
- Wofür könntest du noch bezahlt werden?
- Welche zusätzlichen Einnahmequellen hast du?

Was du richtig gut kannst

- Was ist deine Ausbildung?
- Was hast du gelernt?
- Was sind deine Talente?
- Worin bist du besser als andere?
- Wofür bekommst du positives Feedback?
- Welche besonderen, vielleicht ungewöhnlichen Fähigkeiten hast du?

Schritt 2: Ableitung von Mission, Berufung, Profession und beruflicher Leidenschaft
Sobald du die Fragen für dich beantwortet hast, kannst du aus den Schnittmengen deine Mission, Berufung, Profession und berufliche Leidenschaft ableiten.

Deine Mission

- Was ist es, was du gerne machst und die Welt gleichzeitig braucht?

Deine Berufung

- Was ist es, was die Welt braucht und wofür du auch bezahlt werden möchtest?

Deine Profession

- Was ist es, wofür du bezahlt werden möchtest und worin du richtig gut bist?

Deine berufliche Leidenschaft

- Worin bist du richtig gut und wofür brennt dein Herz?

Schritt 3: Ableitung deines Purpose
Nun zum Herzstück: deinem ganz persönlichen Purpose.

Füge die Puzzlesteine aus den vorhergehenden Schritten zusammen. Dein Purpose bildet den Kern aus Mission, Berufung, Profession und beruflicher Leidenschaft. Es ist die Essenz dessen, wofür es sich beruflich lohnt, jeden Tag aufzustehen.

Dein Purpose

- Was steht im Zentrum deines beruflichen Schaffens?
- Was ist es, was Sinn für dich stiftet? Wozu möchtest du deinen Beitrag leisten?

Fassen wir zusammen:

- In schwierigen Situationen kommen wir in Kontakt mit der Frage nach dem Sinn. Es liegt in unserer (Eigen-)Verantwortung, wie wir damit umgehen.
- Gelingt es uns, den Herausforderungen, die das Leben stellt, aktiv zu begegnen, sind wir Gestaltende und nicht Opfer. Auf diese Weise kommen wir zugleich unserem Sinn näher.
- Wenn wir im beruflichen Kontext ein deutliches Bild davon haben, was für uns Sinn hat, und kennen wir unseren Wert, dann steigert dies nicht nur unsere Arbeitszufriedenheit, sondern auch unsere Resilienz. So fällt es uns leichter, Entscheidungen zu treffen und uns zu fokussieren.

3.1.2 Achtsames Handeln im Hier und Jetzt

Die heutige Zeit stellt extrem hohe Anforderungen an uns. Neben dem andauernden Informationsbombardement mit den aufwühlenden Ereignissen und Entwicklungen in unserer Welt wird uns im beruflichen Kontext einiges abverlangt: soziale Kompetenz, Effizienz, Tempo, laufende persönliche und fachliche Weiterentwicklung und vieles mehr. Dazu kommen die eigenen und fremden Ansprüche an uns als Menschen. Der Zwang zum lebenslangen Lernen, zu Flexibilität und Leistungsdenken bestimmt nicht nur unseren Erfolg im Job, sondern alle Lebensbereiche.

Wie können wir allen diesen Ansprüchen genügen? Sind diese Ansprüche denn überhaupt passend? Unter dieser Spannung entsteht bei vielen das Bedürfnis, an der eigenen Widerstandsfähigkeit zu arbeiten und auf diesem Weg Strategien für den Umgang mit den Anforderungen zu finden. Gelingen kann das nur, wenn wir bewusst wahrnehmen, was in uns selbst und in unserer Umwelt gerade passiert. Kurz gesagt: Resilienz ohne Achtsamkeit ist nicht möglich!

Die lähmende Macht der Routine

Viele der Dinge, die wir täglich tun, laufen vollkommen oder weitgehend automatisiert ab. Nehmen wir das Gehen her: Wann hast du das letzte Mal darüber nachgedacht, was du da eigentlich tust? Vermutlich ist das schon länger her. Tatsächlich handelt es sich beim Gehen um einen hochkomplexen Ablauf, an dem der gesamte Körper beteiligt ist. Auch andere komplexe Tätigkeiten wie das Autofahren, bei dem Regeln und die Sicherheit aller anderen mitzubeachten sind, laufen weitgehend automatisiert ab. Das ist grundsätzlich gut so: Durch die Routine bleiben Kapazitäten für andere (geistige) Handlungen übrig. Wir können Auto fahren und uns dabei gleichzeitig mit Mitfahrenden unterhalten oder über ein komplexes Thema diskutieren. Auf Autopilot geschaltet schonen wir unsere Ressourcen und erweitern unser im Moment verfügbares Handelsrepertoire.

Der Routinemodus kann jedoch problematisch werden, wenn er im Rahmen von Aktivitäten anspringt, bei denen wir eigentlich bei der Sache, also achtsam, sein sollten. Hier einige Beispiele, die dir vielleicht bekannt vorkommen:

- Du bist in einem Meeting zwar körperlich, aber nicht geistig anwesend.
  - Was wir in diesem Routinemodus nicht tun: Wir bringen unsere Erfahrungen und unsere Ideen nicht ein, wir bringen den Beiträgen der anderen keine Wertschätzung entgegen und wir ziehen nicht die Notbremse, wenn die Diskussion in eine unpassende Richtung läuft.
- Eine Aufgabe, die du schon viele Male durchgeführt hast, wiederholt sich immer wieder.
  - Was wir in diesem Routinemodus nicht tun: Wir hinterfragen nicht, was wir besser machen könnten und fragen auch andere nicht nach ihrer Meinung und ihren Ideen.
- Du merkst zwar, dass ein Kollege oder eine Kollegin ein tieferes Bedürfnis nach einem Austausch hat, aber du nimmst dir nicht die Zeit dafür, weil du schon wieder zum nächsten Termin musst.
  - Was wir in diesem Routinemodus nicht tun: Wir gehen nicht auf unser Gegenüber ein, wir fragen nicht nach und bieten keine Hilfe an.

Übrigens: Auch schöne Dinge können uns entgehen, wenn wir zu sehr in unseren Routineschleifen festhängen. Die Schönheit der Natur, das Lächeln eines anderen Menschen, ein toller Einfall einer Kollegin – das alles kann dadurch an uns vorübergehen.

Achtsamkeit – worauf eigentlich?

Achtsamkeit und Präsenz im Hier und Jetzt würden uns also schon bei alltäglichen Dingen guttun. Richtig unangenehm kann es aber werden, wenn uns die Achtsamkeit in schwierigen beruflichen oder privaten Situationen fehlt: bei einer Aufgabe, der wir uns nicht gewachsen fühlen, einem Projekt, das zu scheitern droht, einem Konflikt mit jemandem oder einer Krise in der Organisation. Wenn uns hier die Achtsamkeit fehlt, können wir einen Tunnelblick entwickeln: Unser Denken, Fühlen, Wollen und letztlich unsere Handlungen werden immer eingeschränkter, das Repertoire an möglichen Reaktionen schrumpft. Der volle Zugriff auf das persönliche Potenzial geht dadurch verloren und gleichzeitig sinkt die Fähigkeit, auf die Ideen und Lösungsvorschläge unserer Mitmenschen einzugehen. Im kommenden Abschnitt zur emotionalen Selbststeuerung werden wir noch näher darauf eingehen, doch genau in diesen Situationen kommt es darauf an, eben nicht die Routinen ablaufen zu lassen. Vor allem dann, wenn es schwierig wird, kommt es auf das aufmerksame Wahrnehmen dessen an, was gerade ist. So gewinnen wir die Rolle der Gestaltenden zurück.

Der Wert der Achtsamkeit liegt darin, zu erkennen, dass das Leben eine Folge einzelner Augenblicke ist. Jeder dieser Augenblicke birgt die Chance, zu wachsen und sich weiterzuentwickeln. Diese Chance muss aber jede und jeder aktiv ergreifen. Im Kern geht es darum, sich selbst wirklich zu spüren und zugleich zu spüren, was im Gegenüber, im »Du« und im Umfeld in diesem Augenblick passiert. Ein bewusstes Innehalten und differenziertes Nachspüren bewirkt mehr Wachheit für die Möglichkeiten, die sich durch Herausforderungen bieten.

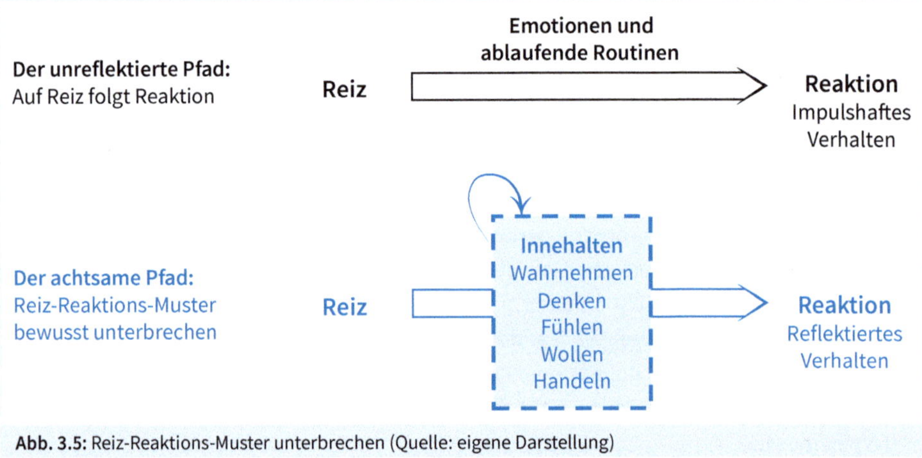

Abb. 3.5: Reiz-Reaktions-Muster unterbrechen (Quelle: eigene Darstellung)

Diese ehrliche Innenschau kann durch Achtsamkeitsübungen gefördert werden und ist auf dem Weg zur persönlichen Resilienz sehr wichtig. Die Innenschau allein reicht unserer Erfahrung nach aber noch nicht. Als soziale Wesen stehen wir mit anderen in Beziehung und sind voneinander abhängig. Dementsprechend ist es wichtig, die Außenwelt genauso zu berücksichtigen: Was tut sich in meinem Umfeld? Was bewegt die Menschen um mich herum? Wie ist es um deren Fühlen, Denken, Wollen und um ihre Handlungen bestellt? Natürlich können wir nicht in andere Menschen hineinschauen, aber wenn wir mit unserer Aufmerksamkeit im Moment sind, können wir auch das nicht direkt Beobachtbare wahrnehmen.

Wenn es darum geht, aus der Achtsamkeit entsprechende Handlungen abzuleiten, brauchen wir beide Ebenen: das Innen und das Außen. Letztlich geht es auch darum, auf die objektiven Umstände zu schauen: Was ist gerade los? Welche Fakten spielen in diesem Moment eine Rolle? Aus diesem Gesamteindruck aus

- Selbstreflexion,
- Reflexion dessen, was bei anderen Menschen vorgeht, und
- der Berücksichtigung der Umstände

können wir im Hier und Jetzt kraftvolle Handlungen setzen.

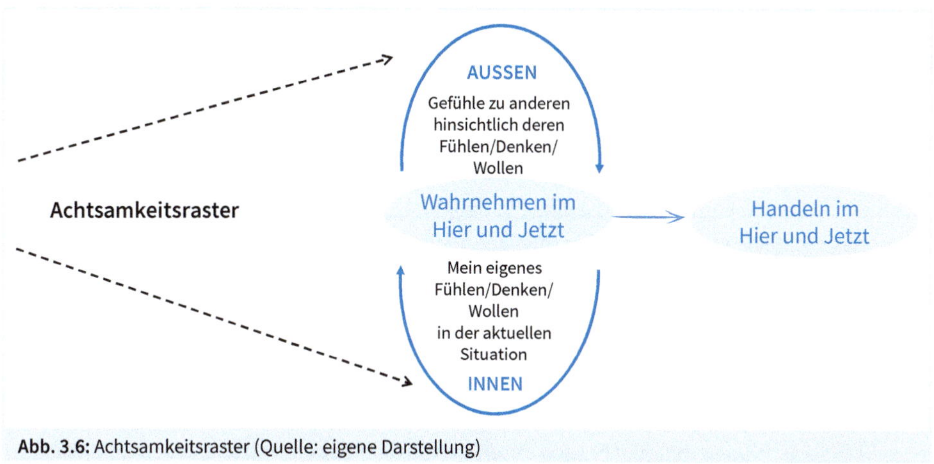

Abb. 3.6: Achtsamkeitsraster (Quelle: eigene Darstellung)

Achtsamkeit lernen

Jon Kabat-Zinn gibt uns zum Thema Achtsamkeit Folgendes mit: »Achtsamkeit bedeutet, auf eine bestimmte Art aufmerksam zu sein: bewusst, im gegenwärtigen Augenblick und ohne zu urteilen. Diese Art der Aufmerksamkeit steigert das Gewahrsein und fördert die Klarheit sowie die Fähigkeit, die Realität des gegenwärtigen Augenblicks zu akzeptieren.« (Kabat-Zinn, 2015, S. 174) Wir möchten hier aber nicht die vielen Methoden für die Entwicklung von mehr Achtsamkeit im Detail vorstellen – Bücher und Angebote gibt es dazu zur Genüge.

Im Kern geht es bei allen Übungen darum, sich mit geringem Aufwand und selbst in fordernden Situationen in einen Zustand erhöhter Achtsamkeit zu bringen. Zwei Elemente tauchen dabei immer wieder auf: Atemübungen und Meditation. Wichtig ist, für sich selbst eine geeignete Möglichkeit zu finden und diese für einige Wochen konstant zu üben. Gelingt dies, dann entsteht eine hilfreiche Routine. Zehn bis zwanzig Minuten Übung pro Tag können nach einigen Wochen eine spürbare Wirkung entfalten. Alle diese Übungen sollen schlussendlich dabei helfen, präsenter im Alltag und im Hier und Jetzt zu sein, die innere Stimme zu hören und sich nicht von täglichen Belastungen zu sehr in dysfunktionalen Stress versetzen zu lassen. Die Konsequenz:

- Du bist entspannter.
- Du kannst besser auf deine Potenziale und Stärken zugreifen.
- Du kannst bessere Entscheidungen treffen und zielführender handeln.

Neben Techniken wie Meditation oder Yoga gibt es noch einen weniger formellen Zugang zum Thema Achtsamkeit. Ein Stück weit ist Achtsamkeit die Folge einer bewussten Entscheidung: der schlichten Entscheidung, besser mit sich selbst und anderen umgehen zu wollen. Es ist die Entscheidung für mehr Gewahrsein und Aufmerksamkeit im Alltag und für ein bewusstes Innehalten. Meditation kann dabei helfen, ist aber nicht für jeden und jede von uns zwangsläufig erforderlich und passend. Das bedeutet also:

Ich treffe bewusst die Entscheidung, auf mein Gleichgewicht und meine Entspannung zu achten und auf diese Weise mit Herausforderungen und Stresssituationen angemessen und kreativ umzugehen.

Bewusstes Innehalten zu Beginn und am Ende des Tages, das Führen eines Tagebuchs oder die bewusste Auseinandersetzung mit Fragen rund um das Thema können hilfreiche Ansätze sein, um eine individuelle Form der Achtsamkeit in den Alltag zu integrieren. Auf den nächsten Seiten findest du eine kleine Auswahl an Achtsamkeitsübungen, die wir auch persönlich gerne einsetzen.

Übung 6: 5 × 5 × 5 × 5

Diese Übung ist recht einfach:

- Atme fünf Mal bewusst ein und aus.
- Die folgenden ersten fünf Fragen unterstützen dich dabei, dich selbst achtsam wahrzunehmen.
- Die nächsten fünf Fragen helfen dir, dein Gegenüber bzw. dein Umfeld achtsam wahrzunehmen.
- Als Abschluss nimmst du noch einmal fünf bewusste Atemzüge.

So kannst du innerhalb weniger Minuten deine Wahrnehmung schärfen – von dem, was aktuell dein Erleben und Empfinden ist und von den Handlungsimpulsen, die sich daraus ergeben.

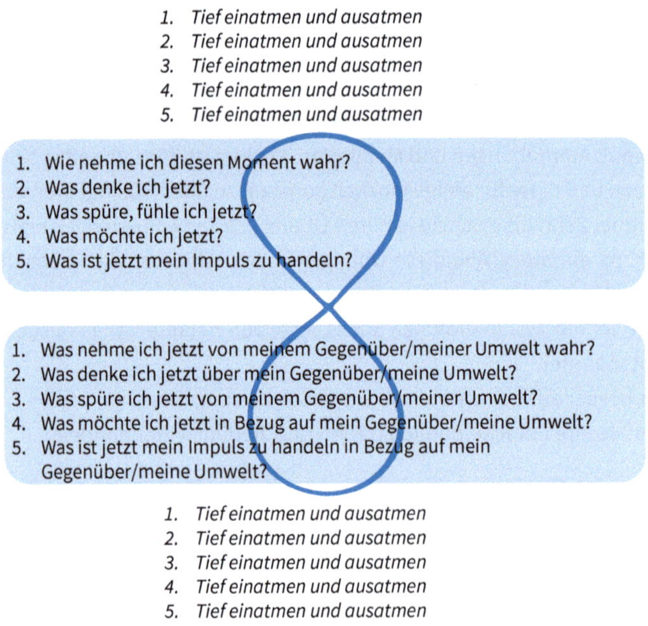

1. *Tief einatmen und ausatmen*
2. *Tief einatmen und ausatmen*
3. *Tief einatmen und ausatmen*
4. *Tief einatmen und ausatmen*
5. *Tief einatmen und ausatmen*

1. Wie nehme ich diesen Moment wahr?
2. Was denke ich jetzt?
3. Was spüre, fühle ich jetzt?
4. Was möchte ich jetzt?
5. Was ist jetzt mein Impuls zu handeln?

1. Was nehme ich jetzt von meinem Gegenüber/meiner Umwelt wahr?
2. Was denke ich jetzt über mein Gegenüber/meine Umwelt?
3. Was spüre ich jetzt von meinem Gegenüber/meiner Umwelt?
4. Was möchte ich jetzt in Bezug auf mein Gegenüber/meine Umwelt?
5. Was ist jetzt mein Impuls zu handeln in Bezug auf mein Gegenüber/meine Umwelt?

1. *Tief einatmen und ausatmen*
2. *Tief einatmen und ausatmen*
3. *Tief einatmen und ausatmen*
4. *Tief einatmen und ausatmen*
5. *Tief einatmen und ausatmen*

Abb. 3.7: Achtsamkeitsübung 5 × 5 × 5 × 5 (Quelle: eigene Darstellung)

Übung 7: Rosa Abendreflexion

Sammle und speichere am Abend bewusst nur positive Energie (daher »rosa«).

- Was hat mir heute Freude/Spaß gemacht?
- Wofür bin ich dankbar?

Übung 8: Dreimal am Tag Lächeln

Eine Metastudie (Coles et al., 2019) der University of Tennessee at Knoxville hat ergeben: Lächeln macht doch glücklich! Nach dem Durchforsten aller 138 Einzelstudien zu diesem umstrittenen Thema kamen die Forscherinnen und Forscher zu dem Schluss, dass der Gesichtsausdruck eines Menschen dessen Wohlbefinden beeinflusst. Wer sich also zumindest ein wenig besser fühlen will, sollte bewusst lächeln.

Nichts einfacher als das: Nimm dir die Zeit, dreimal am Tag für jeweils eine Minute nur zu atmen und zu lächeln.

Übung 9: »Meditation zur eigenen Resilienz« (in Anlehnung an Tan 2015)

Wenn du in Meditation geübt bist, kannst du die folgenden Schritte in deine Meditationspraxis einbauen. An alle Ungeübten: Probiert es einfach aus!

Schritt 1: Zur Ruhe kommen
Nimm dir einen Moment, atme mehrmals in Ruhe aus und ein. Richte deine Aufmerksamkeit nun nach innen, auf deinen Körper. Beginne bei den Füßen und spüre Schritt für Schritt die Empfindungen in deinem Körper. Gehe Körperregion für Körperregion langsam durch bis zu Kopf und Gesicht.

Schritt 2: Erinnere dich an einen Misserfolg der letzten Zeit
Denke an die konkrete Situation, in der du einen Fehler gemacht hast und dich selbst oder andere enttäuscht hast. Wie und wo spürst du diesen Misserfolg in deinem Körper? Welche Gefühle kommen in dir auf, wenn du diese Situation emotional noch einmal durchlebst?

Pause

Versuche nun, mit Distanz auf die Gefühlsdynamik zu blicken – wie von außen beobachtend. Betrachte das, was gerade vor sich geht. Erkenne, welche körperlichen Empfindungen die Situation bei dir auslöst. Versuche, die Dynamiken in dir wahrzunehmen, ohne zu bewerten – nimm einfach nur wahr.

Pause

Schritt 3: Lass uns auf einen Erfolg der letzten Zeit blicken
Rufe dir auch hier eine Situation der letzten Zeit ins Gedächtnis. Eine Situation, in der du dich und andere positiv überrascht hast und sogar deine eigenen Ziele übertroffen hast. Nimm die Situation und die damit verbundenen Gefühle mit allen Sinnen wahr. Nimm auch hier wahr, wie sich die Gefühle in deinem Körper bemerkbar machen. Wie und wo spürst du diesen Erfolg in deinem Körper? Welche Gefühle kommen in dir auf, wenn du diese Situation emotional erneut durchlebst? Versuche, die Dynamiken in dir aus einer gewissen Distanz zu beobachten. Was zeigt sich?

Pause

Schritt 4: Wieder zur Ruhe kommen
Nimm dir einem Moment Zeit, um wieder in die Gegenwart zurückzukommen. Spüre deinen Körper und achte nun wieder auf deine Empfindungen und Wahrnehmungen. Was kannst du erkennen? Atme tief ein und aus. Achte für einen Moment weiter auf deinen Atem. Wenn du so weit bist, öffne die Augen.

Fassen wir zusammen:

- Um die Komplexität, in der wir leben, bewältigen zu können, brauchen wir Routinen und gleichzeitig die Fähigkeit zur Achtsamkeit.
- Persönliche Resilienz zu entwickeln bedeutet, Achtsamkeit zu entwickeln für das, was hier und jetzt ist.
- Achtsamkeit im Wahrnehmen, Fühlen, Denken und Handeln lässt sich lernen.

3.1.3 Emotionale Selbststeuerung

Schwierige und fordernde Situationen können uns an unsere Grenzen bringen. Diese Grenzen spüren wir durch die Emotionen, die ausgelöst werden. Diese Emotionen sind zunächst einmal da, ob wir wollen oder nicht. Dadurch kann der Eindruck entstehen, den eigenen Emotionen ausgeliefert zu sein und das Steuer nicht in der Hand zu haben.

Im Management ist es aber gelernte Praxis, den Emotionen im Beruf keinen Platz zu lassen: Sie werden verleugnet und die betroffenen Personen distanzieren sich so weit wie möglich von ihrem Inneren. »Emotionen sind nicht professionell«, lautet die Botschaft. Blicken wir hingegen mit der Resilienzbrille auf dieses Thema, so wissen wir, dass Emotionen die Quelle von Motivation, Energie, Wohlbefinden und Freude sind, und dass belastende Emotionen nicht weggeschoben oder unterdrückt werden sollen und können. Selbst wenn man sich damit die größte Mühe gibt: Emotionen sind trotzdem da.

Eine der wichtigsten Quellen der individuellen Resilienz ist deshalb die Fähigkeit und Möglichkeit zur emotionalen Selbststeuerung, denn sie eröffnet neue Handlungs- und Gestaltungsspielräume. Die Frage lautet also: Wie können wir in fordernden Situationen mit unseren Emotionen produktiv umgehen?

Neurowissenschaftliche Erkenntnisse zur Emotionssteuerung

Emotionen entstehen in erster Linie im limbischen System unseres Gehirns, während der präfrontale Kortex, auch Großhirnrinde genannt, für die Steuerung der Emotionen zuständig ist. Im limbischen System spielt die Amygdala eine besondere Rolle: Sie ist zuständig für die Bewertung von Situationen und auch die Empfindung von Angst und Furcht entsteht hier. Wird von der Amygdala eine Situation als gefährlich eingestuft, so wird unmittelbar eine Reaktion ausgelöst, die uns vor Gefahren schützen soll – sie dient unserem Überleben. Dem Reiz von außen folgt also eine unmittelbare Reaktion, wie Angriff, Erstarrung oder Flucht.

Die meisten Situationen, in denen ein Mensch Angst empfindet, gefährden aber nicht unmittelbar sein Überleben. Die Angst ist in diesem Fall vielmehr eine Reaktion, die durch negative Vorerfahrungen ausgelöst wird. Somit wäre es hilfreich, wenn wir unsere Reaktion steuern könnten, und das ist auch jene Fähigkeit, die Menschen von anderen Lebewesen unterscheidet: Wir sind in der Lage, Reiz-Reaktions-Muster gezielt zu unterbrechen und damit einen Spielraum für reflektiertes Handeln zu schaffen. Die Voraussetzung dafür ist, sich die Auslöser der eigenen Ängste bewusst zu machen und sich tiefgehend damit auseinanderzusetzen – mit verletzten Bedürfnissen und mit »somatischen Markern«, also den Auswirkungen, die wir körperlich fühlen. Erst wenn ein Mensch in der Lage ist, seine Reiz-Reaktions-Muster aktiv zu unterbrechen, kann er sich emotional selbst steuern und sein Handlungsspektrum erweitern. Die Frage ist, wie wir das in der Hitze des Gefechts – sprich: in unserem Alltag – anstellen können. Um uns der Antwort anzunähern, ist ein einfaches Modell von Richard Lazarus und Susan Folkman sehr hilfreich.

Das transaktionale Stressmodell nach Lazarus und Folkman

Wenn eine Person in einer Situation Belastung oder negativen Stress (Disstress) empfindet, ist nicht die Situation allein daran schuld. Entscheidend ist, wie die Person die Situation bewertet und wie sie das Potenzial einschätzt, die Herausforderung zu bewältigen. Die gute Nachricht: Durch die bewusste Auseinandersetzung mit den Dynamiken, die negativen Stress auslösen, können wir unsere Bewertungsmuster adaptieren. Das transaktionale Stressmodell von Lazarus zeigt diesen Zusammenhang eindrücklich. Sehen wir uns das Modell anhand eines praktischen Beispiels an.

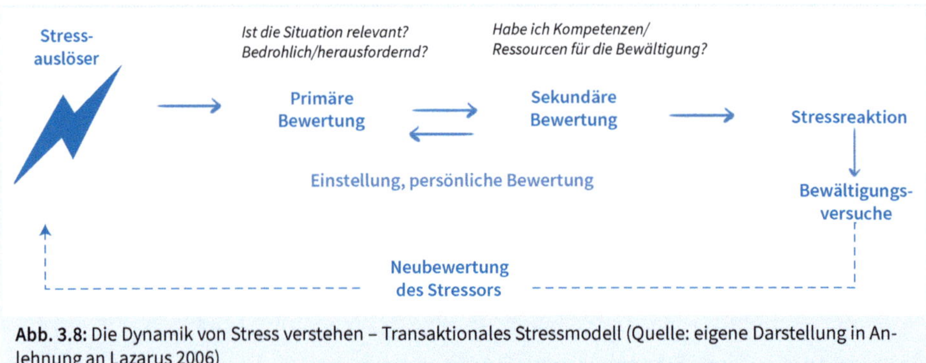

Abb. 3.8: Die Dynamik von Stress verstehen – Transaktionales Stressmodell (Quelle: eigene Darstellung in Anlehnung an Lazarus 2006)

Während des ersten Pandemie-Lockdown in Österreich war dieses Modell im Coaching einer Führungskraft sehr hilfreich, um ihren Umgang mit den eigenen Emotionen zu finden. Dringend benötigte Rohstoffe aus China konnten nicht importiert werden, gleichzeitig stiegen die Preise für diese Rohstoffe am europäischen Markt innerhalb weniger Tage um gut zwei Drittel (Stressor). In jenem Bereich, für den die Führungskraft zuständig war, wurde diese Situation unzweifelhaft als bedrohlich eingestuft (primäre Bewertung). Erschwerend kam hinzu, dass die Führungskraft die Verantwortung für den Bereich erst vor Kurzem übernommen hatte und die Ertragslage des Geschäftsbereichs insgesamt angespannt war.

So fiel auch die sekundäre Bewertung der Situation entsprechend kritisch aus. Das führte dazu, dass im Unternehmen rasch Krisenszenarien durchgerechnet wurden. Die Führungskraft realisierte für sich selbst, dass sie diese Situation persönlich als extrem schwierig erlebte: Auf der einen Seite war das Stresspotenzial sehr hoch, zugleich fühlte sich die Führungskraft ungewohnt erstarrt (Stressreaktion). Dieses hohe Stresslevel bei einer gleichzeitigen Handlungsblockade wurde zum Kern unserer Arbeit im Coaching.

Arbeit an der konkreten Situation	Arbeit an der emotionalen Bewertung der Situation
Was lässt sich trotz aller Schwierigkeiten tun, um die Situation positiv zu verändern?	Was hat mir in anderen extrem fordernden Situationen geholfen?
Wer oder was kann unterstützen?	Auf welche meiner Kompetenzen kann ich immer zugreifen?
Woran können wir graduelle Verbesserungen erkennen?	Was könnte an Positivem aus dieser schwierigen Situation entstehen?

Tab. 3: Gegenüberstellung von äußerer Situation und ihrer emotionalen Bewertung

Im Coaching wurde eines schnell deutlich: Es war hilfreich, den Vorstand proaktiv in die Problemlösung einzubeziehen. Zusätzlich zum bestehenden Jour fixe wurden zwei weitere Termine pro Woche eingerichtet, auf die sich die Führungskraft jedes Mal gut vorbereitete. Die Belastung durch die Sorge, zum Vorstand zitiert zu werden, war durch diese Regeltermine plötzlich weg. Aus dem Gefühl »Ich stehe erstarrt mit dem Rücken zur Wand und muss mich rechtfertigen.« wurde ein: »Ich gehe zum Vorstand, berichte über die aktuelle Entwicklung und stimme mit dem Vorstand meine Lösungsvorschläge ab.« Aus einer anfangs sehr belastenden Situation wurde auf diese Weise eine fordernde Situation (Neubewertung des Stressors), in deren Rahmen innerhalb weniger Wochen eine Basis für die Zusammenarbeit mit dem Topmanagement entstand.

Worauf es also ankommt, ist, die passende Perspektive zu wählen:

- **Das Erreichte wertschätzen:** In einem Team wird dieselbe Situation von unterschiedlichen Personen oft völlig anders erzählt. Während die einen davon berichten, was bereits gelungen, welche nächsten Schritte geplant sind und wer mitgearbeitet hat, erzählen die anderen davon, was misslungen ist, was fehlt und wer nicht da war. Das Schöne ist: Jede und jeder kann sich jeden Tag aufs Neue entscheiden, entweder auf die schönen Seiten und die Möglichkeiten des Lebens zu schauen, oder auf das, was nicht geht. Es liegt in der Verantwortung jedes einzelnen Menschen, welche Perspektive er wählt. Die positive Perspektive bedeutet nicht, vor Problemen oder negativen Ereignissen zu flüchten, sondern die Energie des Positiven und bereits Erreichten zu nutzen, um die vorhandenen Herausforderungen kraftvoll anzugehen. Optimismus und Realismus schließen einander nicht aus!
- **Dinge akzeptieren, die aktuell nicht zu ändern sind:** Du kannst resiliente Menschen sehr rasch von wenig resilienten Menschen unterscheiden, wenn du genau zuhörst, über welche Themen sie emotional diskutieren. Diskussionen über das Wetter, den Montagmorgen oder gesetzliche Vorschriften sind manchmal wichtig, um den eigenen Frust abzuladen. Resiliente Menschen kannst du daran erkennen, dass sie dabei aber keine Energie investieren und sich selbst schwächen. Sie haben einen klaren Blick dafür, wann es besser ist, die Situation zu akzeptieren, weil (derzeit) keine Veränderungsmöglichkeit besteht.

Die drei Zonen der Wirksamkeit

Die Fähigkeit zur emotionalen Selbststeuerung hat einen großen Einfluss auf die Wirkungskraft von Menschen. Emotionale Selbststeuerung ermöglicht es uns, die eigenen Stressdynamiken bewusst wahrzunehmen und an der persönlichen Gestaltungskraft zu arbeiten. Hilfreich ist dabei, sich strukturiert mit der Logik der Wirksamkeitszonen auseinanderzusetzen, denn diese beeinflussen stark, wie Stress empfunden wird und ob Motivation und Zutrauen entstehen können. Wir teilen die Schaffenskraft grob in drei Zonen ein: die Komfort- oder Unterforderungszone, die Wirksamkeitszone und die Überforderungszone.

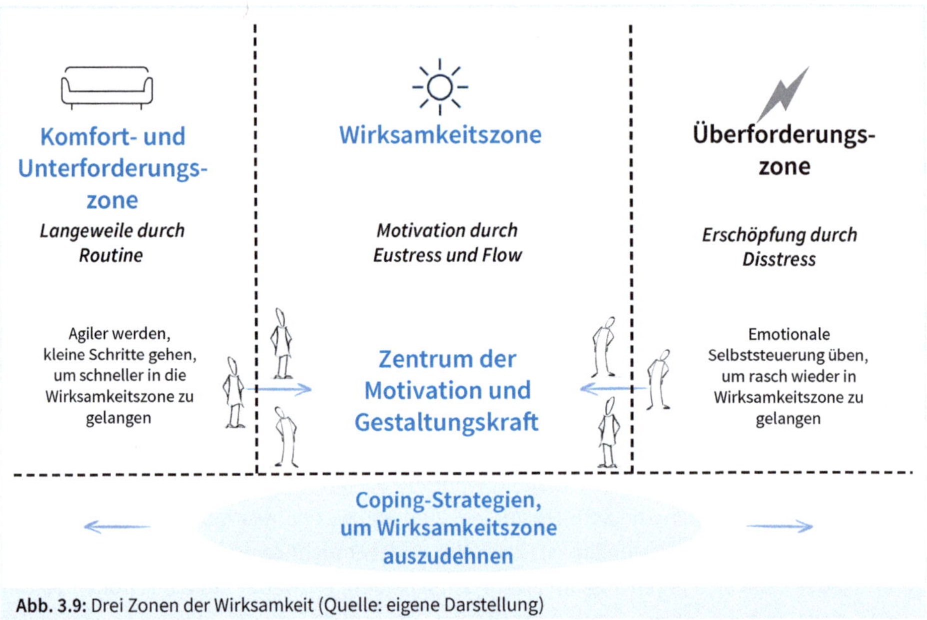

Abb. 3.9: Drei Zonen der Wirksamkeit (Quelle: eigene Darstellung)

Die Komfort- oder Unterforderungszone: In dieser Zone werden Aufgaben erledigt, die bereits Routine sind. Hier kennt man sich aus und weiß, was zu tun ist. Diese Zone wird zwar auf den ersten Blick als komfortabel erlebt, kann aber im Dauerzustand auch zu Langeweile und Frustration führen, weil das ständige Abarbeiten von Routinen nur wenig zur Selbstbestätigung beiträgt. Das persönliche kreative Potenzial wird also kaum ausgeschöpft und die Motivation sinkt.

Die Wirksamkeitszone: Wie der Name schon sagt, ist das jene Zone, in der wir unsere volle Wirkungskraft entfalten können. Hier beschäftigen wir uns mit Themen, die herausfordernd und neu sind. Wir versuchen, Probleme zu lösen, entwickeln neue Ideen und schöpfen unser kreatives Potenzial aus. Das klingt anstrengend – ist es auch. Doch diese Anstrengung führt zu positivem Stress, auch Eustress genannt, der motivierend und positiv herausfordernd wirkt. Eustress ist ein Elixier für Zufriedenheit und Sinnstiftung, daher können wir in dieser Zone sogar Energie aufbauen.

Die Überforderungszone: In dieser Zone erleben wir uns als machtlos und fühlen uns nicht mehr dazu in der Lage, die Aufgaben zu unserer Zufriedenheit zu erledigen. Die Überforderung kann vielfältig bedingt sein, zum Beispiel inhaltlich, zeitlich oder emotional. Der ungesunde Stress (Disstress) nagt an unseren Reserven und drückt sich durch ein wachsendes Ohnmachtsgefühl aus. Langfristig führt das zu einem Burn-out, denn immer mehr Energie ist notwendig, um unter diesen Bedingungen die gleiche Leistung zu erbringen. Die Wirksamkeit lässt drastisch nach.

Manche Menschen haben gelernt, sich immer wieder in die Wirksamkeitszone zu bewegen und damit sich und fordernde Themen weiterzuentwickeln. Andere schaffen das wiederum nicht aus eigener Kraft und brauchen dafür gezielte Förderung. Wird zu lange in der Unterforderungszone verharrt, birgt diese die Gefahr, zu einem endlosen Jammertal zu werden: Es fehlt an Motivation, Mut und Perspektive, um aktiv in die Wirksamkeitszone zu kommen. Je weiter sich dieses Jammertal ausdehnt, desto schmaler wird die individuelle Wirksamkeitszone und die betroffene Person stürzt bei jeder etwas größeren Herausforderung direkt in die Überforderungszone und selbst die kleinste Veränderung wird sofort als völlige Überforderung wahrgenommen.

Eine – oft unterschätzte – Möglichkeit ist es, in kleinen Schritten nach Wegen zu suchen, um den kontinuierlichen Umgang mit Veränderung zu üben. So können Kompetenzen entwickelt werden, die in der VUCA- und BANI-Welt entscheidend sind: agil auf Situationen reagieren, Handlungsspielräume erkennen und nutzen, fordernde Aufgaben annehmen und daraus Energie schöpfen. Dies ist auch eine gute Übung für den Ernstfall, nämlich für den Moment, in dem eine Krise plötzlich da ist, und wir uns sehr rasch auf neue Rahmenbedingungen einlassen müssen und dazu gezwungen werden, Neues auszuprobieren.

Dynamisierung: Was kannst du tun, um aus der Unterforderungszone zu kommen?

- **Setze dir gezielt Herausforderungen:** Führe dich selbst Schritt für Schritt in die Wirksamkeitszone, indem du gezielt Herausforderungen in einem überschaubaren Maß übernimmst. So kannst du in die Rolle des Gestaltens kommen. Erfolge bei kleinen Aufgaben fördern das Selbstbewusstsein und die Bereitschaft, Größeres anzupacken.
- **Hole wohlwollend kritisches Feedback ein:** Wohlwollend kritisches Feedback zeichnet sich dadurch aus, dass der Mensch wahrgenommen und auf seine Situation eingegangen wird – gleichzeitig wird aber ehrlich aufgezeigt, wo Potenziale liegen. So können mutige Schritte in Richtung Veränderung gegangen werden.
- **Kultiviere bewusst positive Wettbewerbssituationen und setze messbare Ziele:** Sportlerinnen und Sportler zeichnet aus, dass sie sich messbare Ziele setzen und sich mit anderen vergleichen. Wenn wir versuchen, dies auch im Unternehmen zu etablieren und vielleicht Teamziele zu vereinbaren, kann dadurch ein motivierender, positiver Wettbewerb entstehen, der anregt und kreative Kräfte freisetzt.
- **Starte mit dem, was Spaß macht:** Zutrauen finden, Selbstvertrauen entwickeln, den inneren Schweinehund überwinden, in Bewegung kommen – das alles geht wesentlich leichter bei Themen, die Spaß machen. Das Umfeld passt, man kennt die Leute, mag sie und sie bieten auch Unterstützung an. Es ist also hilfreich, sich selbst zunächst wohlwollend zu fordern.

Stabilisierung: Wie kannst du den Übergang von der Überforderungszone zur Wirksamkeitszone aktiv gestalten?

Menschen, die lustvoll in der Wirksamkeitszone agieren, wissen, dass die volle Hingabe für eine Aufgabe zu »Flow-Erlebnissen« führt – zu einem Zustand, in dem das Zeit- und Raumgefühl in den Hintergrund rückt. Mit dem vollen Fokus auf das Thema eröffnen sich neue Horizonte, kreative Räume entstehen und Grenzen werden überwunden. Das berichten zum Beispiel Sportlerinnen und Sportler, die in dieser Zone Höchstleistungen erbringen, Kunstschaffende, die völlig in ihrer kreativen Gestaltungskraft aufgehen, aber auch Gestalterinnen und Gestalter im unternehmerischen Kontext, die durch Co-Creation Neues in die Welt bringen. Auch wissenschaftlich wurde bereits vor langer Zeit nachgewiesen, dass in dieser Flow-Phase Glückshormone ausgestoßen werden, die zu Höchstleistungen führen (Csikszentmihalyi, 1975). Die Grenze zwischen Flow und Überforderung ist allerdings sehr schmal. Stabilisierende Elemente helfen dabei, achtsam die Grenze zwischen Wirksamkeitszone und Überforderung zu meistern.

- **Nimm körperliche Signale (somatische Marker) bewusst und frühzeitig wahr:** Dein Körper ist ein hilfreiches Instrument, um eine beginnende Überforderung frühzeitig zu erkennen. Je intensiver du dich darin übst, auf solche Signale zu achten, desto besser gelingt es dir, emotionale und körperliche Ausnahmesituationen durch Überforderung zu vermeiden oder durch stabilisierende Maßnahmen in einem für dich gesunden Bereich zu bleiben.
- **Innerlich Stopp sagen:** Reiz-Reaktions-Muster kannst du durch das bewusste Üben von Unterbrechungsstrategien stoppen: Zum Beispiel, indem du kurz aufstehst, durchatmest, die Entscheidung vertagst, lüftest, deine Präsenz bewusst spürst, dich durch aufrechtes Sitzen physisch größer machst etc. Versuche, für dich selbst zu erkennen, wie du automatische Angriffe, Fluchtreaktionen oder Erstarrungen auflösen kannst, um die Entscheidung bewusst zu treffen oder auch Grenzen zu ziehen.
- **Äußerlich Stopp sagen:** Neben dem innerlichen Stopp und Strategien, um den Reiz-Reaktions-Mechanismus zu unterbrechen, solltest du auch den äußerlichen Stopp üben. Hilfreich ist es dabei, Rechtfertigungen zu vermeiden und stattdessen klare Worte für die Grenzziehung zu finden: »In dieser Woche kann ich leider nichts mehr übernehmen. Wir können schauen, ob es nächste Woche passt.« Oder: »Dieses Thema möchte ich nicht übernehmen.«
- **Stabilisierende Coping-Strategien anwenden:** Meditation, Entspannungstechniken, Achtsamkeitsübungen, Yoga oder sich bewusst Zeit für sich selbst zu nehmen, sind wesentliche Elemente, um die eigene Balance zu gewährleisten. Diese Coping-Strategien führen meistens dazu, dass Situationen und Herausforderungen, die im ersten Moment als überfordernd erlebt wurden, bei einer zweiten Betrachtung als gut handhabbar und gestaltbar erlebt werden.

Niemand ist dauernd in seiner absoluten Wirksamkeitszone, auch andere kämpfen mit Unter- oder Überforderung. Daher ist es sinnvoll, den Austausch zu suchen und zum Beispiel Lernduos zu bilden. Wie geht der bzw. die jeweils andere mit den Herausforderungen um? Auf diese Weise kannst du neue Perspektiven einnehmen und alternative Ansätze kennenlernen. Durch den Austausch fällt es auch leichter, selbst mutig voranzugehen, den eigenen Wirksamkeitsbereich auszuweiten, aber auch klare Grenzen und Prioritäten zu setzen, um mit sich selbst gesund und achtsam umzugehen.

Übung 10: Dein eigenes Wirksamkeitsmodell zeichnen – den Weg vom IST zum SOLL finden

Mit dieser Übung kannst du reflektieren, welches derzeit deine persönlichen Verhaltensdynamiken sind und wie der Soll-Zustand aussieht, damit du zum Beispiel mit beruflichen Herausforderungen gut zurechtkommen kannst. Mehr als Papier, Stifte und Ruhe brauchst du dafür nicht.

Stell dir folgende Fragen:

- Wie sind meine persönlichen drei Wirksamkeitszonen derzeit ausgeprägt? (Modell zeichnen, siehe Abb. 3.9)
- Wie breit ist meine Wirksamkeitszone?
- Was hindert mich daran, von der Unterforderungs- in die Wirksamkeitszone zu gehen?
- Was führt mich in die Überforderungszone?
- Welche positiven Erfahrungen habe ich in der Wirksamkeitszone gemacht?
- Welche Schritte kann und möchte ich gezielt ausprobieren, um stärker in die Wirksamkeitszone zu kommen?

Fassen wir zusammen:

- Wir sind unseren Emotionen nicht hilflos ausgesetzt. Wir können sie – zumindest ein gutes Stück weit – steuern.
- Nicht die Situation an sich, sondern unsere Bewertung der Situation beeinflusst unser Empfinden von Möglichkeiten und Belastungen.
- Wie wir Situationen bewerten, hängt stark von unseren bisherigen Lebenserfahrungen und den erlernten Bewältigungsstrategien ab.
- Auch bei der individuellen Bewältigung herausfordernder Situationen helfen uns sowohl stabilisierende als auch dynamisierende Strategien.
- Es ist förderlich, unsere Wirksamkeitszone zu kennen.
- Die resilienten Grundhaltungen »Akzeptanz, Chancenorientierung und Stärken stärken« erleichtern den Umgang mit herausfordernden Situationen zusätzlich.

3.1.4 Spannungsfelder managen

Spannungsfelder sind ein integraler Bestandteil unseres täglichen Lebens. Sie entstehen durch sich gegenseitig bedingende Größen und bilden sich zwischen den Polen: hell – dunkel, Tag – Nacht, Mann – Frau, groß – klein. Friedrich Glasl äußerte sich dazu in einem Vortrag »Archetypen/Urbilder für die Arbeit in sozialen Systemen« beim Symposion »Syntaktischer beraten und führen« am 03.03.2020 in Luzern sinngemäß: Zwei komplementäre Qualitäten bedingen einander und erzeugen Spannung. Ohne die eine wäre die andere destruktiv. Sie schließen einander nicht aus, beide sind Teile eines organischen Ganzen. Auch im Teil ist das Ganze angelegt.

Obwohl wir den »Konflikt« zwischen den Polen nie lösen können, lassen uns die Spannungsfelder dazwischen in vielen Situationen zögern und nachdenken: Es werden eindeutige Entscheidungen von uns gefordert, aber wir spüren, dass die gewünschte Eindeutigkeit nicht so leicht zu bewältigen ist. Wir wollen das eine und das andere. Wenn man genau weiß, was man will und eine klare Haltung im Sinne eines »entweder das eine oder das andere« an den Tag legt, wird das als Kompetenz, Professionalität und Durchsetzungskraft ausgelegt. Doch die Spannungsfelder sind unvermeidbar und bleiben immer bestehen. Sie sind nicht lösbar, man kann nur einen mehr oder weniger guten Umgang mit ihnen finden. Dieser Umgang hängt immer vom Kontext und der Situation ab – er ist also nicht eindeutig und stabil.

Spannungsfelder balancieren: Lösung im Sowohl-als-auch

Jeder Pol eines Spannungsfelds besteht aus einer Licht- und Schattenseite. Die Pole bringen also immer einen Nutzen – in der Übertreibung haben sie aber auch Nachteile. Nehmen wir zum Beispiel das Spannungsfeld »Sparsamkeit vs. Großzügigkeit«: Es zeigt sich schnell, dass sich Sparsamkeit nur in Bezug zu Großzügigkeit beurteilen lässt. Die Lichtseite der Sparsamkeit ist der verantwortungsvolle Umgang mit Ressourcen, doch auf der Schattenseite steht der Geiz, wenn man sich selbst und anderen nichts mehr gönnt. Am anderen Pol wiederholt sich das Spiel: Großzügigkeit eröffnet Möglichkeiten, schafft Freiräume und ermöglicht Kreativität. Wer es allerdings übertreibt und alles hergibt, ist verschwenderisch und die Großzügigkeit wird beliebig. Die Lösung liegt darin, die positive Spannung zwischen den Schwestertugenden Sparsamkeit und Großzügigkeit zu gestalten – im Sinne eines Sowohl-als-auch.

Hinter fast allen Entscheidungssituationen, Konflikten und schwierigen Situationen liegen solche grundlegende Spannungsfelder. Je besser es gelingt, ein Bewusstsein für diese Tatsache zu entwickeln, desto leichter und lustvoller können die Spannungsfelder gestaltet werden. Man kann die Situation aus der eigenen Perspektive betrachten, aber auch zusätzliche, ergänzende Perspektiven einnehmen. Man kann die Lichtseite sehen und durch die Übertreibung auch die Schattenseite betrachten. So können wir verhindern, dass wir uns wechselseitig in bestimmte Schubladen stecken, und wir entwickeln Toleranz für die Ambiguität.

Definition

Was ist Ambiguitätstoleranz?

Ambiguitätstoleranz bedeutet, nicht permanent nach eindeutigen Lösungen zu suchen, sondern die Pole mit ihren Licht- und Schattenseiten bewusst wahrzunehmen, zu benennen und diese Situation auszuhalten. Allein dieser erste Schritt der Bewusstmachung führt zu Akzeptanz und eröffnet einen völlig neuen Gestaltungsspielraum.

Schon in der Einleitung dieses Buchs haben wir postuliert, dass Resilienz durch den gestalterischen und achtsamen Umgang mit dem Spannungsfeld »stabilisierende Faktoren vs. dynamisierende Faktoren« entsteht. Führungskräfte zum Beispiel haben dabei unterschiedliche Ebenen im Blick: sich als Person, das Zusammenspiel zwischen der Führungskraft und dem Team, Spannungsfelder im Team sowie die Spannungsfelder in der Organisation. Alle diese Kontexte begegnen uns permanent und zeigen die Komplexität des Themas. Das Gute daran ist, dass der Umgang mit dieser Komplexität auf allen Ebenen der gleiche ist: In einem ersten Schritt wird das Spannungsfeld bewusst wahrgenommen.

Wenn wir Spannungsfelder nun wieder aus der Resilienzperspektive betrachten, sind im persönlichen Kontext folgende Polaritäten entscheidend:

- **Auf mich schauen – auf andere schauen:** Sowohl auf mich selbst, meine Bedürfnisse und Ressourcen achten (Selbstfürsorge) als auch die Bedürfnisse und Ressourcen der anderen wahrnehmen (Empathie).
- **Beruf – Freizeit:** Sowohl selbstbewusst den eigenen beruflichen Weg gehen, sich selbst fordern und weiterentwickeln als auch loslassen, Auszeiten nehmen, entspannen.
- **Verantwortung übernehmen – Grenzen setzen:** Sowohl Ja sagen und Verantwortung übernehmen als auch Nein sagen und Grenzen setzen.
- **Detailblick – das Ganze wahrnehmen:** Sich sowohl in eine Sache vertiefen und den Grund erkunden als auch gleichzeitig das große Ganze wahrnehmen.
- **Verbinden – konfrontieren:** Sowohl unterschiedliche Interessen zusammenführen und für alle da sein als auch Kanten zeigen und Meinungen vertreten.

Da die Spannungsfelder einander bedingen und nicht für sich stehen können, entsteht bei Überbetonung eines Pols auf der anderen Seite eine Gegenreaktion oder auch ein Defizit. Betrachten wir dieses Ungleichgewicht anhand des Spannungsfelds »für mich sorgen – für andere sorgen«: Wenn jemand nur das Wohl der anderen im Blick hat, aber seine eigenen Bedürfnisse als zweitrangig betrachtet, wird er oder sie von den anderen zunehmend ausgebeutet und verliert das Selbstwertgefühl. Davon abgesehen kann es körperliche Folgen haben, was sich in Erschöpfungszuständen oder Burn-out äußert. Umgekehrt gilt gleichermaßen: Wer nur sich selbst im Blick hat, wird zum Egomanen und verliert den Bezug zu den anderen. Je dominanter ein Pol wird, desto größer wird das Defizit auf der anderen Seite und umso heftiger fällt die Gegenreaktion aus.

Auf Organisationen bezogen haben einige Spannungsfelder für die transformative Resilienz besondere Bedeutung und sie werden uns im Laufe der Kapitel immer wieder begegnen. Diese Spannungsfelder müssen zunächst artikuliert werden, um dann bewusst hinsehen zu können: Welche Balancen wurden in der Vergangenheit gefunden und haben auch funktioniert? Braucht die Organisation aber möglicherweise eine neue Balance, um eine resiliente Zukunft gestalten zu können?

- **Stabilität – Flexibilität:** Sowohl Freiräume geben, in denen wirklich Neues entstehen kann, als auch für gesicherte Abläufe sorgen, mit denen auf Bewährtes vertraut wird.
- **Effizienz – Reserven:** Nachhaltig stabile Abläufe brauchen sowohl Reserven für Notfälle und schwierige Zeiten als auch Effizienz.
- **Vorgabe – Partizipation:** Sich sowohl den unterschiedlichsten Ideen breit öffnen als auch einen Rahmen setzen, um Orientierung zu geben.
- **Sterben – wachsen:** Sowohl nicht mehr Sinnvolles loslassen als auch Neues wachsen lassen.
- **Zentral – dezentral:** Für den Überblick und die gemeinsame Orientierung braucht eine Organisation einen gewissen Grad an Zentralisierung. Damit die Kundenbedürfnisse gut erfasst und erfüllt werden können, muss es aber auch die Möglichkeit geben, dezentral Verantwortung zu übernehmen.
- **Planen – experimentieren:** Prozesse für das Planbare können parallel zu definierten Räumen für das Experimentieren mit dem Neuen existieren.

- **Team – Individuum:** Individuelle Ziele können gleichzeitig den Teamzielen bzw. Unternehmenszielen konsequent zuarbeiten.
- **Vergangenheit – Zukunft:** Lernen aus den Erfahrungen der Vergangenheit kann mit den Anforderungen der Zukunft verbunden werden.
- **Verantwortung übernehmen – sich distanzieren:** Mitarbeiterinnen und Mitarbeiter können sowohl fokussiert Verantwortung übernehmen als auch bewusst Grenzen setzen und etwas nicht tun.

Natürlich verändern sich die Balancen auch (oder müssen sich verändern) – je nachdem, in welcher Lebensphase, in welcher Situation und in welchem Kontext sich eine Person oder eine Organisation befindet.

Die Balance im Spannungsfeld »Beruf – Familie« sieht mit kleinen Kindern anders aus, als wenn jemand ausschließlich die Karriere im Fokus hat. Aus diesem Grund gibt es kein Richtig oder Falsch bei Spannungsfeldern. Es gibt immer ein Sowohl-als-auch. Die Frage ist: Was ist in der aktuellen Situation, im aktuellen Unternehmenskontext, bezogen auf die aktuellen Herausforderungen sowie auf Werte und Ziele, die richtige Balance?

Übung 11: Balance im Sowohl-als-auch entwickeln

Wir möchten dir hier zuerst als Beispiel das Spannungsfeld »Beruf – Familie« zeigen, das uns im Coaching immer wieder begegnet. Klar ist: Bei diesem Thema gibt es keine allgemeingültigen Lösungen. Doch es gibt die Möglichkeit, das Spannungsfeld ganz individuell zu balancieren und damit die eigene Resilienz zu stärken.

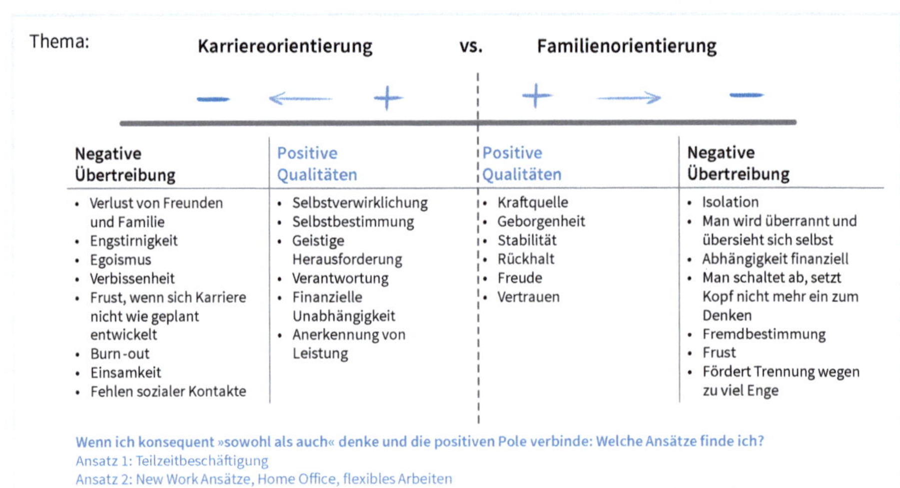

Abb. 3.10: Spannungsfelder managen – Beispiel Beruf – Familie (Quelle: eigene Darstellung)

Wenn du Lust bekommen hast, konkret an einem Spannungsfeld zu arbeiten, das dich gerade beschäftigt, dann klappt das gut in wenigen Schritten.

Schritt 1: Zeichne eine leere Tabelle wie in Abbildung 3.10 auf ein Stück Papier, benenne die beiden Pole deines persönlichen Spannungsfelds und beschreibe kurz, wie sich das Spannungsfeld für dich zeigt.

Schritt 2: Erarbeite nun die negativen und positiven Ausprägungen der beiden Pole.

- Zuerst machst du dich auf die Suche nach den Vorteilen: Was fällt dir ein, wenn du an die positiven Möglichkeiten dieses Pols denkst?
- Danach fragst du dich: Was passiert, wenn der Fokus auf diesen Pol zu stark wird, wenn ich es übertreibe und mir nur mehr dieser Pol wichtig ist?

Schritt 3: Jetzt konkretisierst du die Lösungsansätze. Konzentriere dich bewusst auf die positiven Qualitäten der beiden Pole und frage dich: Welche Ansätze kommen mir in den Sinn, wenn ich konsequent das Sowohl-als-auch denke?

Bitte bewerte deine Ideen nicht sofort, sondern versuche die Ansätze objektiv zu sammeln. Vielleicht magst du deine Überlegungen mit einem Menschen deines Vertrauens teilen und das Sowohl-als-auch um dessen Perspektiven ergänzen, um zusätzliche Optionen zur Verfügung zu haben.

Schritt 4: Bewerte die Ansätze für dich nun mit einer offenen, mutigen und ehrlichen Haltung. Welche Ansätze passen für dich am besten? Eventuell ergibt sich eine Priorisierung? Was hat dich bisher davon abgehalten, diese Ansätze zu leben? Worauf musst du achten, damit du diese Ansätze umsetzen kannst? Was ist für dich der nächste Schritt? Bis wann willst du was erreichen? Wer kann dich dabei unterstützen? Wie gehst du mit Widerstand um?

Fassen wir zusammen:

- Spannungsfelder bleiben immer bestehen und lassen sich dauerhaft nicht im Sinne eines Entweder-oder lösen.
- Spannungsfelder zu balancieren bedeutet, Lösungen im Sowohl-als auch zu suchen.
- Bewusstsein für Spannungsfelder zu entwickeln bedeutet, Toleranz für die Ambiguität zu entwickeln.
- Resilienz bedeutet auch, eine gute Balance zwischen stabilisierenden und dynamisierenden Faktoren zu finden.
- Die Balancen ändern sich – unterschiedliche Lebensphasen, unterschiedliche Situationen und Kontexte brauchen jeweils eine andere Balance.

3.2 Gestaltungsfeld Team

Es liegt auf der Hand, dass es gut ist, wenn möglichst viele Menschen in Organisationen eine hohe individuelle Resilienz entwickeln. Mittlerweile wird auch viel getan, damit Menschen in ihre Kraft kommen. Doch unser Eindruck ist: Das Resilienzpotenzial, das Teams in sich tragen, wird nach wie vor unterschätzt. Resiliente Teams können das Potenzial der einzelnen Personen ergänzen und multiplizieren.

Will man die Resilienzkraft von Teams gezielt nutzen und ausbauen, dann gibt es aus unserer Sicht zumindest vier wesentliche Bereiche, die eine nähere Betrachtung wert sind: Die Potenziale der einzelnen Personen können erkannt, in Beziehung gesetzt und zur Basis von etwas Neuem werden, wenn der Kontakt zueinander stimmt und eine **vertrauensvolle Dialogkultur** gefördert wird. Neues ist meistens das Ergebnis von **Diversität** in einem Team, die bewusst gestaltet werden kann, damit sich die Potenziale gut ergänzen. Gleichzeitig steht in resilienten Teams mit resilienten Mitgliedern der **Teamerfolg vor dem Einzelerfolg.** Natürlich ist für jede Form von Erfolg relevant, wie und wo in den Teams Verantwortung übernommen wird, wie und ob **mutige Entscheidungen** fallen.

3.2.1 Vertrauensvolle Dialogkultur

Dialog bedeutet, einfach ausgedrückt, in Kontakt mit anderen Menschen zu sein, miteinander zu reden. Das klingt einfach, doch ist jedes Gespräch somit ein Dialog? Wir sagen: Nein! Unter Dialog verstehen wir, miteinander zu reden und doch auch noch viel mehr. Betrachten wir das Thema Schritt für Schritt.

Dialog entsteht, wenn sowohl ich als auch mein Gegenüber etwas einbringen – nur so gibt es einen echten Austausch. Diese Art von Austausch setzt nicht voraus, dass man sich gut kennt oder gar befreundet ist. Die einzige Voraussetzung dafür ist eine ehrliche Offenheit und – im Falle eines Teams – die Bereitschaft, die anderen Mitglieder möglichst so zu akzeptieren, wie sie sind.

Das ist oft gar nicht so leicht, denn jeder ist von seiner Meinung überzeugt und geht davon aus, dass das auch für die anderen gilt. Ein vertrauensvoller Dialog kann aber nur durch die Akzeptanz entstehen, dass die eigene Sichtweise aus der eigenen inneren Landkarte entsteht und die Wahrnehmungen der anderen aus deren inneren Landkarten entstehen – also aus der Summe der eigenen Erfahrungen, Prägungen und Persönlichkeit. Per se ist daher keine Meinung richtig oder falsch, sie ist der anderen Meinung ähnlich oder eben auch ganz anders. Nur so kann sich ein gemeinsamer Raum aus unterschiedlichen Perspektiven und Potenzialen öffnen, der gestaltet werden kann. Idealerweise hat dabei jedes Teammitglied Zutrauen in sich selbst und in die Potenziale der anderen. Aus diesen unterschiedlichen Perspektiven und Meinungen entwickelt sich etwas Neues: 1 + 1 ist dann > 2. Diese Öffnung hängt ganz wesentlich von der eigenen inneren Haltung ab sowie von der Fähigkeit, andere Sichtweisen anzuerkennen und mit anderen in Beziehung zu treten.

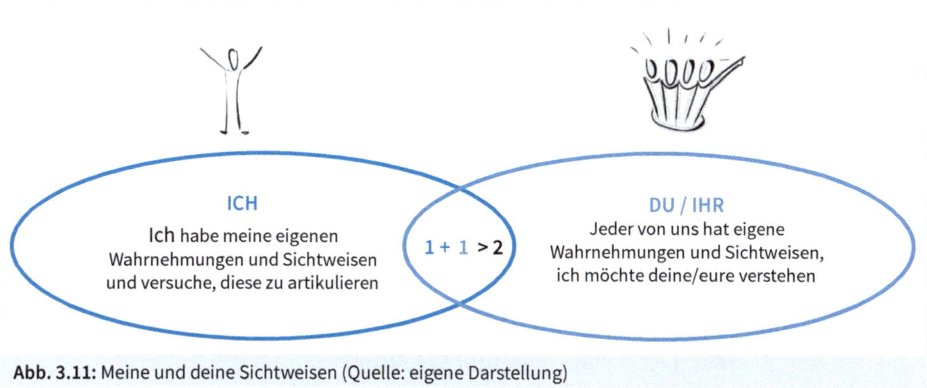

Abb. 3.11: Meine und deine Sichtweisen (Quelle: eigene Darstellung)

Psychologische Sicherheit – der Turbo-Boost für die Dialogkultur

Gute Performance braucht besonders in dynamischen Zeiten eine exzellente Dialogkultur und Beziehungsqualität. Ob es in diesem Bereich passt, zeigt sich, wenn Teams innerhalb kurzer Zeit schwierige Themen anpacken, offen die Problemstellung erörtern und tragfähige Lösungen entwickeln, ohne sich in persönlichem Hickhack oder in versteckten Machtdebatten zu verlieren. Erreicht werden kann das nur, wenn jedes Teammitglied in dem Glauben handeln kann, dass es vor zwischenmenschlichen Angriffen sicher ist und ein Klima des gegenseitigen Respekts vorherrscht, in dem man authentisch sein kann und sich öffnen kann.

Damit die psychologische Sicherheit entstehen kann, die Vertrauen ermöglicht, sollten folgende Kriterien erfüllt sein (Edmondson, 2020):

- Ich kann mich einbringen, ohne sofort bewertet zu werden.
- Ich kann meine Meinung kundtun, ohne sofort kritisiert oder ausgegrenzt zu werden.
- Ich öffne mich und fürchte keine Konsequenzen.
- Ich kann Fehler ansprechen – sie werden als Chance für Entwicklung gesehen.
- Ich stelle Fragen und offenbare, was ich noch nicht weiß.

Besondere Aufmerksamkeit bekam in diesem Zusammenhang die Google-Studie »Aristoteles« (re:work 2015). Anhand von rund 500 weltweit verstreuten Google-Teams wurden die Erfolgsfaktoren für exzellente Teams erforscht: Warum gelingt es manchen Teams besser als anderen, die Potenziale zu nutzen? In einer spontanen Reaktion könnte man meinen, dass in erster Linie die individuellen Kompetenzen der einzelnen Teammitglieder entscheiden, wie gut ein Team performt. Erstaunlich bei dieser Studie war aber, dass die Kompetenzen der Teammitglieder für die Performance eine eher untergeordnete Rolle spielten. Entscheidend für den Erfolg war nicht in erster Linie, wer im Team war, sondern wie sicher sich die Teammitglieder bei ihrer Zusammenarbeit und beim Austausch fühlten. Psychologische Sicherheit wurde in dieser Studie folgendermaßen beschrieben: »Die Teammitglieder fühlen sich sicher, Unbekanntes auszuprobieren und ihre Unsicherheit vor anderen zu zeigen.«

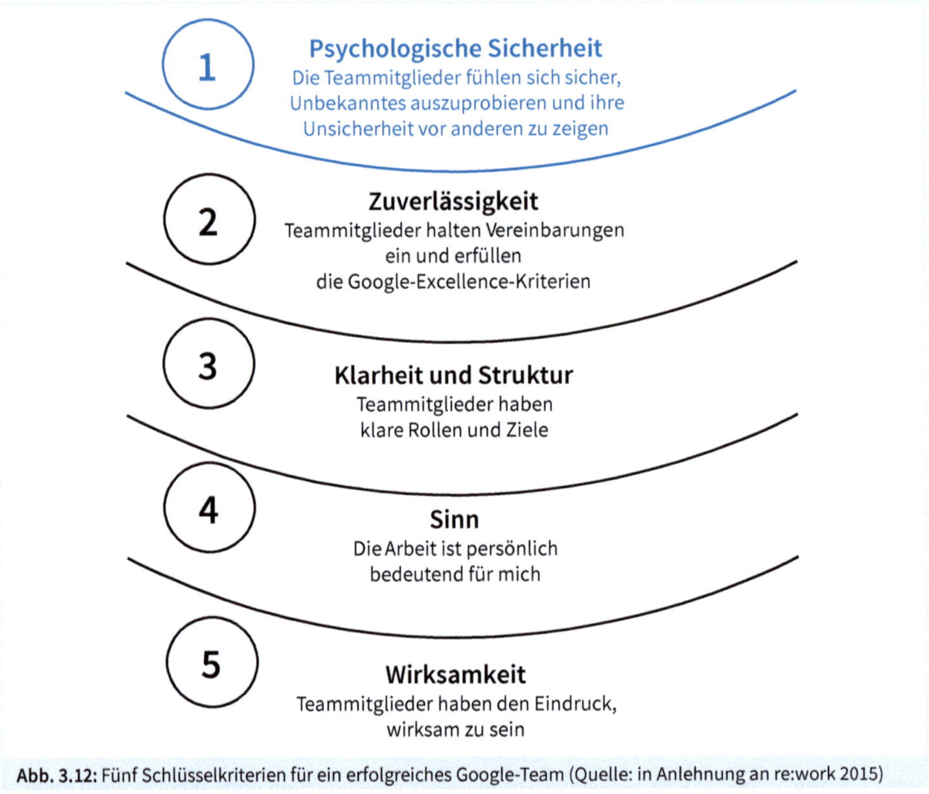

Abb. 3.12: Fünf Schlüsselkriterien für ein erfolgreiches Google-Team (Quelle: in Anlehnung an re:work 2015)

Nun stellt sich natürlich die Frage, was ein Team tun kann bzw. gemeinsam mit einem Team getan werden kann, damit nach und nach eine vertrauensvolle Dialogkultur entsteht. Was kann eine Führungskraft oder ein Teammitglied unternehmen,

- wenn selten ein vertiefender Dialog in Gang kommt,
- wenn Teammitglieder sich mit ihrer Meinung zurückhalten,
- wenn es wenig Verständnis für die Wahrnehmungen anderer gibt und
- wenn bei anderen Sichtweisen reflexartig dagegengehalten wird, ohne überhaupt die Chance zu geben, gehört zu werden?

Was ist denn eigentlich der Unterschied zwischen »miteinander reden« und einem echten Dialog oder Co-Creation, in dessen Rahmen Neues entstehen kann?

Dialogfähigkeit und -kultur bewusst entwickeln

Gute Dialogfähigkeit ist eine Kompetenz in Teams, die entwickelt werden kann. Als Ausgangspunkt ist es sinnvoll, wenn die unterschiedlichen Qualitäten des Miteinanderredens bewusst wahrgenommen werden, denn so kann Schritt für Schritt die eine oder andere Qualität gestärkt werden. Die vier Felder der Kommunikation und Begegnung stellen ein hilfreiches Instrument dar, um im Team eine vertrauensvolle Dialogkultur zu entwickeln (Scharmer 2001, 2009). Diese vier Felder sind nicht als zwangsweise nacheinander ablaufende Phasen zu verstehen, auch wenn »Nice Talking« ein Gesprächseinstieg sein kann. Es geht darum, dass ein Team in der Lage ist, in die obere Hälfte des Quadranten zu kommen, um zukunftsgerichtete, reflektierte Dialoge führen zu können. Manche Teams schaffen das sehr schnell, wenn sich die Mitglieder bereits kennen, die jeweiligen Positionen klar sind, oder eine sehr offene Gesprächskultur vorherrscht. Grundsätzlich ist nichts Schlechtes daran, klar Position zu beziehen, auch für eine gewisse Zeit eine harte Debatte zu führen – in diesem Punkt könnten wir noch viel von den alten Griechen und Römern lernen. Die Frage ist nur, findet das Team den Weg zum Dialog?

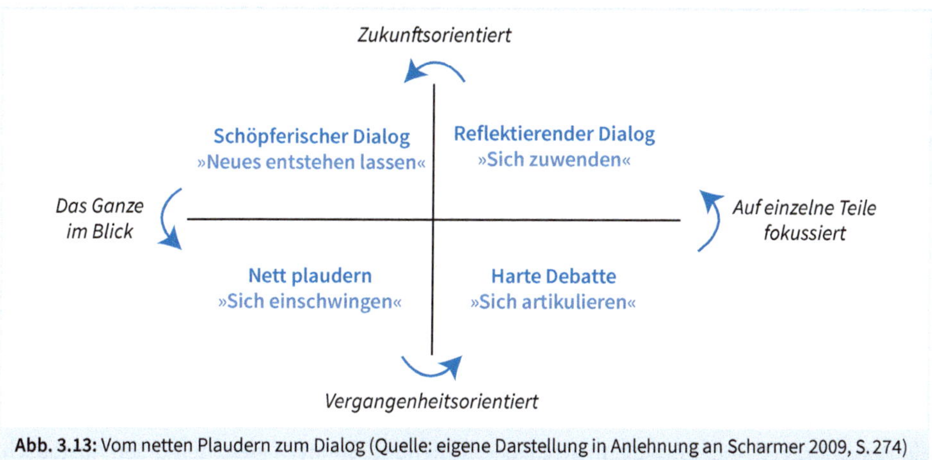

Abb. 3.13: Vom netten Plaudern zum Dialog (Quelle: eigene Darstellung in Anlehnung an Scharmer 2009, S. 274)

Idealerweise hat ein Team die Kompetenz, alle vier Felder zu gestalten. Wenn das der Fall ist, ist die Wahrscheinlichkeit groß, dass die unterschiedlichen Perspektiven gut integriert und die Potenziale gehoben werden. Sehen wir uns die vier Felder mit ihren Gefahren und Chance etwas genauer an.

Nice Talking – sich einschwingen

Wenn Menschen zu einem Meeting zusammenkommen, um sich zu einem Thema auszutauschen oder für eine Problemstellung eine Lösung zu entwickeln, dann geht es in einem ersten Schritt darum, sich gegenseitig als Menschen wahrzunehmen und einen Kontakt herzustellen. Oft wählen die Beteiligten dafür einen belanglosen Austausch über das Wetter, über den Urlaub, über die Kinder, über Sport etc. Man könnte meinen, dass es nur Verlegenheitstratsch ist, denn eigentlich sind die Leute ja hier, um die Zeit besser zu nützen. Das stimmt, doch genau diese Phase eines Gesprächs ist eine wichtige Zeit, um sich zu beschnuppern, um Gemeinsamkeiten zu erkennen und eine – wenn auch nur oberflächliche – Beziehung aufzubauen. Gerade in Zeiten von Videokonferenzen merken wir alle, wie sehr uns diese informelle Zeit vor und nach den Meetings fehlt und wie viel in dieser Phase normalerweise passiert.

Dieses Feld braucht besondere Beachtung, wenn Gruppen neu zusammenkommen, wenn sich die Gruppenmitglieder noch nicht kennen oder kritische Themen besprechen und im Dialog Lösungen entwickeln wollen. Gerade dann zahlt es sich aus, dem Einschwingen bewusst Zeit zu geben: durch Vorstellungsrunden, einen kurzen Blick auf die individuellen Werdegänge und auf die momentanen persönlichen Verfassungen (bei Videocalls wäre das die Check-in-Runde). Die Beziehungsqualität stärkt es auch, wenn die Erwartungen an das Meeting sowie organisatorische Bedürfnisse, wie zum Beispiel Pausen, aktiv abgefragt werden. Es ist der erste, wenn auch oberflächliche Schritt, um psychologische Sicherheit zu etablieren. Die Gruppe erlebt sich als Gesamtheit.

Unsere Erfahrung zeigt: Je diverser die Gruppe, je kritischer das Thema, je belasteter die Situation, desto mehr Augenmerk braucht dieses Feld. Es ist jedoch klar, dass in dieser Phase kaum inhaltliche Diskussionen stattfinden und in der Sache entsteht auch nichts Neues. Diese Form der Kommunikation kann jedoch die notwendige Grundlage bieten, um so gut wie möglich in die übrigen Felder gelangen zu können.

- **Gefahren des Feldes:** Das Nice Talking dauert zu lange oder bleibt zu oberflächlich, der Sprung zu einem echten Dialog gelingt nicht rechtzeitig oder mitteilungsbedürftige Einzelpersonen dominieren das Gespräch. Leider gibt es Teams, die es nie schaffen, ihre Dialogkultur über dieses Feld hinaus zu entwickeln.
- **Chancen des Feldes:** Nice Talking kann in jeder einzelnen Person ein Grundvertrauen in die Gruppe schaffen. Es ermöglicht, miteinander zu lachen und dadurch eine entspannte Atmosphäre entstehen zu lassen.

Harte Debatte – sich artikulieren

Ein Dialog braucht nicht nur die menschliche Beziehung, sondern gleichzeitig den Austausch sowie die Klarheit über Meinungen und unterschiedliche Standpunkte. Dazu kann es gehören, Ecken und Kanten zu zeigen, Stellung zu beziehen und Grenzen zu artikulieren. Natürlich wird auf diese Weise sichtbar, wer in der Gruppe die gleiche Meinung vertritt, wer ganz andere Positionen hat und wer auf den ersten Blick vielleicht sogar schwer zu verstehen ist, da die Wortwahl eine andere als die gewohnte ist oder die Gedankengänge schwer nachzuvollziehen sind. Selbstverständlich gilt: Je diverser die Gruppe, desto mehr einzelne Positionen und Meinungen werden sich zeigen. In einer Debatte offenbart sich besonders stark, inwieweit sich die persönlichen Landkarten der einzelnen Teammitglieder decken oder unterscheiden. Auch wenn sie aufwühlend sein kann: Eine faire Debatte bringt uns oft weiter als das ständige Schwimmen in der Harmoniesauce (wie es einer unserer Kollegen ausdrücken würde).

In diesem Feld der Kommunikation wird bald klar, ob das Team auf die psychologische Sicherheit vertrauen kann. Bekommt jede und jeder die Möglichkeit, sich zu artikulieren? Wie wird auf die unterschiedlichen Meinungen reagiert? Werden sie im Raum stehen gelassen oder sofort bewertet und im Sinne des Reiz-Reaktions-Mechanismus abgetan? Alle Dynamiken, die wir im

Gestaltungsfeld Ich ausführlich beschrieben haben, wie »Emotionale Selbststeuerung«, »Umgang mit Spannungsfeldern«, zeigen sich nun in den Reaktionen der Einzelpersonen. Manchen Personen im Team fällt es leichter, manchen schwerer. In der Debatte wird deutlich, ob das Team in der Lage ist, unterschiedliche Positionen zuzulassen und ihnen Raum zu geben, ohne gleicher Meinung sein zu müssen. Dialogfähige Teams sind in der Lage, Vielfalt zuzulassen und auszuhalten sowie Einzelpersonen, die sich angegriffen fühlen, zurückzuholen und mitzunehmen. Sie sind in der Lage, eine Ping-Pong-Argumentation, die keine neuen Erkenntnisse mehr liefert, damit zu beenden, dass das nächste Feld der Kommunikation beschritten wird.

- **Gefahren des Feldes:** Einerseits ist es wichtig, dass tatsächlich die Meinungen und Zugänge offen und transparent auf den Tisch kommen. Andererseits ist die Gefahr groß, bei Einzelpositionen hängen zu bleiben und sich zunehmend in der eigenen Position zu verbohren. Dabei können zwei Negativmuster entstehen:
  - Negativmuster 1: Das Team hält die Spannung der vielen Meinungen nicht aus und beginnt wieder, über Unwichtiges zu plaudern. Es fällt also in das Feld des Nice Talking zurück und die Teammitglieder gehen ohne Lösung auseinander. Alle tun, was sie wollen und es wird keine gemeinsame Willensbildung angestrebt. Aus Sicht der Resilienz ist dieser Zugang riskant. Das Potenzial des Teams bleibt liegen und man riskiert miteinander konkurrierende Ziele, wenig abgestimmte Wege sowie Insellösungen, die in der Krise zum Problem werden können.
  - Negativmuster 2: Die harte Debatte wird zur Dialogkultur erkoren. Dieses Muster kennen wir aus der Politik: Die Positionen verhärten sich immer mehr, die Lagerbildung verstärkt sich und niemand hört mehr dem anderen zu. Im Vordergrund steht der Versuch, mit noch mehr Argumenten die eigene Position zu festigen. Im besten Fall wird mit einem Kompromiss der kleinste gemeinsame Nenner gefunden. Diese Kultur ist für ein Unternehmen fatal: Aus 1 + 1 wird weniger als 2. Es entsteht keine neue Erkenntnis, die Potenziale der Gruppe liegen brach.
- **Chancen des Feldes:** In der harten Debatte wird klar, wer wofür steht. Es wird sichtbar, wo die roten Linien verlaufen, wo die Gestaltungsspielräume sind und wo ein Vakuum besteht. Aus Resilienzsicht ist das ein unglaublicher Schatz, jedoch muss bei den Beteiligten die Bereitschaft bestehen, transparent zu agieren und Eigenverantwortung zu übernehmen.

Nice Talking und harte Debatte lassen also nichts Neues entstehen. Zwar wird kommuniziert, aber de facto wird die Vergangenheit fortgeschrieben. Erst in den beiden nächsten Feldern wird die Neugestaltung der Zukunft möglich.

Übung 12: Am Übergang von der harten Debatte zum reflektierenden Dialog

Für Teams, die sich immer wieder in der harten Debatte verlieren oder aus Angst vor Konflikten die harte Debatte eher meiden, haben sich in unserer Praxis die folgenden drei Methoden als hilfreich erwiesen.

Methode 1: Auf die exakte Gesprächsführung achten
Für den Austausch im Team kann die folgende Regel aufgestellt werden: Immer, wenn ein Teammitglied die eigene Meinung kundtut, startet der Satz mit: »Meine Sichtweise ist …« Mit diesen drei einleitenden Worten kann die eigene Meinung offen und ehrlich ausgesprochen werden. Gleichzeitig ist für alle klar, dass es sich nicht um die Gruppenmeinung handelt, sondern um die Sichtweise der einzelnen Person. Diese Argumentation aus der Ich-Perspektive macht es einfacher, unterschiedliche Perspektiven auf dieselbe Sache zu akzeptieren.

Methode 2: Durch Überblick die Transparenz herstellen
Diese Methode soll einen Überblick über die Übereinstimmungen und unterschiedlichen Sichtweisen schaffen. Während des Gesprächs werden die Sichtweisen daher systematisch auf einem Flipchart in den Listen »Hier haben wir Übereinstimmung« und »Hier haben wir unterschiedliche Sichtweisen« gesammelt.

In vielen Teams zeigt sich durch die transparente Darstellung, dass es bei rund 80 Prozent der Themen Übereinstimmung gibt. Ein paar kritische Punkte brauchen den vertieften Austausch.

Methode 3: Offene Fragen stellen, um unterschiedliche Sichtweisen zu verstehen
Die kritischen Punkte werden genauer betrachtet. Um die Sichtweise der einzelnen Personen besser zu verstehen, stellen die Teammitglieder W-Fragen:
- Was ist dir dabei besonders wichtig?
- Woran erkennst du, dass es für dich gut gelöst ist?
- Welcher Nutzen soll erreicht werden?
- Wie könnte die Umsetzung aussehen?

Reflektierender Dialog – sich einander zuwenden
Entscheidend für die Dialogqualität ist der Sprung vom Feld der harten Debatte zu jenem des reflektierenden Dialogs – also vom Artikulieren zum Zuwenden. Erst wenn es gelingt, diese Qualität im Dialog gemeinsam zu entwickeln, hat das Potenzial des Teams eine echte Chance, gehoben zu werden. Welche Zugänge im Gespräch können diesen Sprung unterstützen?
- Ich habe meine Sichtweise, ich akzeptiere die anderen Sichtweisen und bin neugierig, wodurch die anderen Sichtweisen zustande kommen.
- Ich frage nach, was genau gemeint ist, welches Bedürfnis dahintersteckt und welche Erfahrungen zu dieser Sichtweise führen.

- Ich frage nach, welche Bedeutung die verwendeten Worte haben und ob meine Interpretation des Gesagten dem entspricht, was der andere artikulieren wollte.
- Ich versuche, ein Stück in den Schuhen meines Gegenübers zu gehen, um etwas Neues kennenzulernen. Das bedeutet nicht, dass ich es als richtig und gut befinden muss, aber ich lasse es als Option zu.

Es ist ein magischer Moment, wenn man erkennt, was sich in Teams tut, die diesen Prozess zum ersten Mal durchlaufen, wenn sich alle gehört und verstanden fühlen und wenn klar ist, warum der andere so denkt. Die eigene Position ist plötzlich nicht mehr die einzige Option: Aus der Position wird eine Möglichkeit, ein Potenzial, das im Raum steht – zusammen mit allen anderen Potenzialen. Noch stehen sie aber nebeneinander. Das Ganze wird erst durch die gemeinsame Reflexion und das gemeinsame Erkunden spürbar werden.

- **Gefahren des Feldes:** Diese Phase birgt eher geringe Gefahren. Wichtig ist nur, dass hier keine Mehrheiten zählen. Es kann sein, dass in einer Gruppe neun Personen die beinahe identische Sicht und das identische Bedürfnis haben und die zehnte Person wie ein Außenseiter eine völlig andere Meinung vertritt. In diesem Fall gilt es, dieser einen Person Raum zu geben, um zu erkennen, ob nicht alle anderen einen blinden Fleck haben. Bietet vielleicht gerade diese eine Perspektive völlig neue Möglichkeiten? Es besteht auch die Gefahr, dass zwar gefragt, aber nicht wirklich offen zugehört wird. Die Meinung der anderen wird stattdessen permanent durch das persönliche Bewertungsraster gefiltert. Wenn das passiert, ist der Boden für den nächsten Schritt schlecht aufbereitet. Die Wahrscheinlichkeit, dass die Gruppe Neues entwickelt, ist in diesem Fall klein.
- **Chancen des Feldes:** Die Chancen des Feldes sind besonders groß – vor allem, wenn die Gruppe recht divers ist und unterschiedliche Sichtweisen vorhanden sind.

Die folgenden zwei Übungen können den Übergang vom Feld des reflektierenden Dialogs zu jenem des generativen Dialogs unterstützen.

Übung 13: Feedback zu den bisherigen Ergebnissen und zum Miteinander

Feedback ist ein wertvolles Instrument, um auf Basis gemeinsamer Erfahrungen einen Lernprozess für die Zukunft einzuleiten. So kann auf konkreten Beispielen aufgebaut und gleichzeitig ein aktives Lernen für die Zukunft eingeleitet werden. Die Fähigkeit, sich im Team offenes Feedback zu geben, stellt die Grundlage einer guten Dialogkultur dar. Zusätzlich zum offenen Zuhören stellt das Feedback eine Verbindung zur persönlichen Wahrnehmung des Gehörten her: »Das gefällt mir«, »Das sehe ich positiv«, »Diese Fragen habe ich noch«, »Das sehe ich kritisch«, »Das würde ich mir für eine gute Problemlösung noch wünschen«. Ein besonders lösungsorientiertes Instrument ist das »Feedback Capture

Grid«, das in einer Dialogrunde oder in einem Gesprächsprozess eingesetzt werden kann. Es lenkt den Fokus auf die Weiterentwicklung und Verbesserung des Wahrgenommenen und setzt sich mit vergangenheitsbezogenen kritischen Bemerkungen gar nicht auseinander.

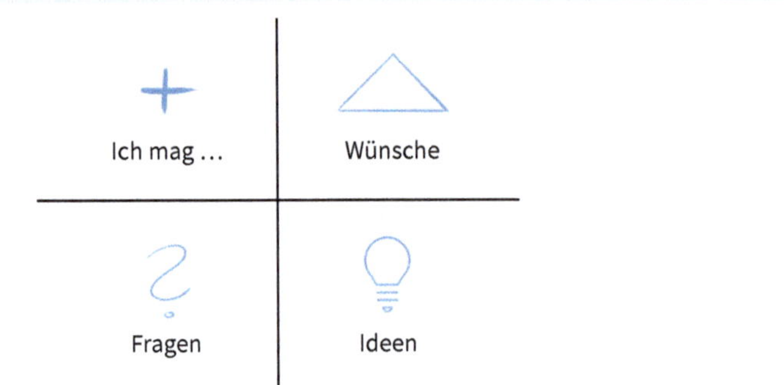

Abb. 3.14: Permanentes Feedback zu Ergebnissen und zum Miteinander – Feedback Capture Grid (Quelle: Uebernickel et al., 2015)

Die vier Felder des Grids können nach dem folgenden Muster durchgegangen werden:

- Stärken stärken durch positive Rückmeldung: »Ich mag …«
- Kritische Rückmeldungen im Sinne des Growth Mindset als »Wünsche« zur zukünftigen Entwicklung formulieren: »Ich würde mir wünschen …«
- Fragen stellen, um den Ansatz zu erkunden: »Wo …, wie …, wodurch …«
- Ideen einbringen, um den Ansatz zu bereichern und zu ergänzen: »Was wäre, wenn …«, »Ich könnte mir vorstellen, dass …«

Übung 14: Powerful Questions: Starke Fragen statt schneller Antworten

»Powerful Questions« können ergänzend als Brainstorming-Fragen eingesetzt werden, bevor konkrete Lösungen erarbeitet werden. Sie können auch als Leitfragen für Kreativprozesse dienen.

Powerful Questions:

- sind wirklich offen gestellt,
- laden zur inhaltlichen Reflexion und emotionalen Introspektion ein,
- unterstützen einen Erkundungsmodus statt eines Beurteilungsmodus,
- unterstützen Wege zu mehr Kreativität und zu neuen, zusätzlichen Erkenntnissen.

Beispiele:
- Was ist möglich?
- Was funktioniert?
- Was sind Fakten und was unsere Annahmen?
- Was genau ist der Mehrwert für die Kundinnen und Kunden?
- Wie kann das noch einfacher – vielleicht besser – gehen?
- Kannst du mir das bitte nochmals erklären?
- Was ist es, was wir auf den ersten Blick nicht erkennen?
- Gibt es andere, zusätzliche Möglichkeiten?
- Was können wir lernen?

Generativer Dialog – Neues entstehen lassen

Wenn es ein Team schafft, den generativen Dialog anzustoßen, dann sind wir dort angelangt, wo 1 + 1 weit mehr als 2 ergeben kann. Nun stehen dem Team alle Potenziale wie ein Blumenstrauß zur Verfügung: Sie können neu zusammengeführt und gestaltet werden. Blicken die Teammitglieder auf dieser Basis nochmals gemeinsam auf die Themenstellung und die neuen Fragen, die am Weg aufgetreten sind, so ergeben sich jetzt vielleicht völlig neue Perspektiven. Durch den Austausch der einzelnen Sichtweisen, das Verstehen dieser Positionen und die Verbindung mit der zu gestaltenden Zukunft, kann im Team emergent Neues entstehen.

Folgende Fragestellungen können Teams helfen, sich mit dem kollektiven kreativen Potenzial zu verbinden:
- Welche neuen Erkenntnisse entstehen, wenn wir alle unterschiedlichen Zugänge auf uns wirken lassen?
- Wie könnten Lösungsansätze aussehen, wenn wir das bestmögliche Ergebnis für die Zukunft liefern wollen?
- Wie sehen in fünf Jahren die bestmöglichen Ergebnisse aus, wenn wir heute die ideale Lösung finden? Welche ersten Schritte wollen wir deshalb jetzt setzen?

Im Feld des generativen Dialogs kann es hilfreich sein, die offenen Fragen in Einzel- oder Gruppenarbeit beleuchten zu lassen und danach die Ergebnisse gemeinsam zu clustern. So können völlig neue Ergebniskonstellationen und Ansätze entstehen.

Der generative Dialog ermöglicht nicht nur, dass Neues entsteht, sondern auch, dass sich eine Willensbildung und Gestaltungsenergie für das Neue und Emergente entwickelt. Dieser Prozess kann sehr gut durch kreative Methoden, imaginative Erkundungsreisen, Skizzen, Prototypenarbeit, und Experimente unterstützt werden. Diese Methoden verkörpern die Co-Creation und ermöglichen es, das intuitive und implizite Wissen der Gruppe zu heben. Damit wird es einfacher, einen Schritt in Richtung Konkretisierung zu gehen. Um die Wahrscheinlichkeit zu erhöhen, dass etwas umgesetzt wird, ist es außerdem wichtig, konkrete nächste Schritte zu entwickeln und zu vereinbaren, wer die Verantwortung dafür übernimmt.

- **Gefahr des Feldes:** Diese Form des Dialogs zeichnet sich meist durch eine besonders positive, euphorische Stimmung aus. Alle sind bereit, über den eigenen Tellerrand zu blicken, Zusagen zu geben, die sie vielleicht sonst nicht geben würden und Möglichkeiten zu sehen, die in der Realität schwer umzusetzen sind. Dieser kraftvolle Prozess ist unglaublich wertvoll – gleichzeitig gilt es aber, danach kleine, machbare Umsetzungsschritte und idealerweise einen nächsten Termin zu vereinbaren, an dem die Nachhaltigkeit nochmals überprüft wird. Klare, kleine Schritte zu vereinbaren, schnell ins Tun zu kommen und einen Schritt nach dem anderen zu gehen, ist eine bewährte Methode, um die Gefahr zu reduzieren, dass nach einem fruchtbaren Dialog nichts Greifbares passiert.
- **Chancen des Feldes:** Je öfter ein Team übt, schnell und auch ohne Moderation in den schöpferischen Dialog zu kommen, desto besser kann das kreative Potenzial der Gruppe in der laufenden Zusammenarbeit gehoben werden. Das stärkt die Vertrauenskultur und bietet die psychologische Sicherheit, um sich zu öffnen und als ganzer Mensch einzubringen.

Fassen wir zusammen:

- Dialogkultur braucht zunächst die Bereitschaft, sich selbst als Person einzubringen und zu öffnen sowie gleichzeitig offen zu sein für die Perspektiven anderer.
- Psychologische Sicherheit ist die Voraussetzung für eine resiliente, vertrauensvolle Beziehungs- und Dialogkultur und damit für gute Performance.
- Offenes Feedback ist besonders hilfreich, um die Dialogkultur nachhaltig zu stärken.
- Je besser es uns gelingt, unterschiedliche Perspektiven gemeinsam weiterzuentwickeln und die Kreativität im Miteinander zu nutzen, desto eher kann Neues und entstehen.

3.2.2 Diversität

Pat Wadors, Head of HR bei LinkedIn, ist der Meinung: »When we listen and celebrate what is both common and different, we become a wiser, more inclusive, and better organization« (Reilly, 2017). Wenn wir zuhören und feiern, was gemeinsam und was anders ist, werden wir eine klügere, integrativere und bessere Organisation. Der Umgang mit Vielfalt ist aber nicht nur reine Freude. Vielfalt ist oft fordernd und wird als anstrengend erlebt. Bei näherer Betrachtung wird jedoch schnell deutlich, dass die Chancen die durch Diversität entstehenden Herausforderungen vielfach überwiegen. In der Natur ist die Resilienz, die durch Diversität entsteht, augenfällig: Vielfältige Ökosysteme sind widerstandsfähiger als Monokulturen und können besser mit Störungen umgehen. Als Menschen haben wir die Möglichkeit, uns bewusst für Diversität zu entscheiden und dadurch Systeme und deren Ergebnisse positiv zu beeinflussen.

Was kommt dir sofort in den Sinn, wenn du an Diversität in einer Organisation denkst? Wahrscheinlich denkst du an klassische Dimensionen des Diversity Managements wie Geschlecht, Alter, sexuelle Orientierung, ethnische Herkunft, Beeinträchtigungen, Religion und Weltanschauung. Wenn wir aber die Resilienz einer Organisation kräftigen wollen, schauen wir auch auf die diverse Zusammenstellung von Fähigkeiten in Teams, auf den Umgang mit unterschiedlichen Zugängen zur Lösungsfindung und genauso auf den Einsatz verschiedener Methoden und Kanäle, die Kreativität, den Kommunikationsfluss und das Lernen fördern.

Diversität – die Kraft hinter der Innovationskraft

2015 ließ McKinsey mit der internationalen Studie »Diversity Matters« aufhorchen (Hunt et al., 2015). In dieser Studie wurde erhoben, wie die Diversität von Führungsteams harte finanzielle Leistungsindikatoren wie EBIT Marge und Economic Profit beeinflusst. 2020 wurde die Untersuchung wiederholt und auf 1007 Unternehmen (davon 65 in Deutschland) in 12 Ländern erweitert. Die Ergebnisse sind beeindruckend (Hunt et al., 2020):

- **Je diverser, desto erfolgreicher:** Unternehmen, die sich durch einen hohen Grad an Diversität auszeichnen, haben eine größere Wahrscheinlichkeit, überdurchschnittlich profitabel zu sein.
- **Frau ist Trumpf:** Der Zusammenhang zwischen Diversität und Profitabilität sticht besonders hervor, wenn der Frauenanteil im Topmanagement (Vorstand plus zwei bis drei Ebenen darunter) hoch ist. Unternehmen, die in diesem Punkt sehr gut abschneiden, haben eine um 25 Prozent höhere Wahrscheinlichkeit, überdurchschnittlich profitabel zu sein (2015 lag dieser Wert noch bei 14 Prozent).
- **Vielfalt im Topmanagement bewirkt den größten Unterschied:** Ein höherer Frauenanteil im Topmanagement wirkt sich vor allem in deutschen Unternehmen positiv aus. Die Wahrscheinlichkeit, überdurchschnittlich profitabel zu sein, verdoppelt sich hier sogar.

Doch warum ist das so? Der Unternehmenserfolg steigt durch Diversität deshalb, weil sowohl die dynamisierenden als auch die stabilisierenden Elemente gestärkt werden. Menschen unterschiedlichster Herkunft, verschiedener Qualifikation, unterschiedlichen Alters und Geschlechts haben jeweils andere Blickwinkel auf die Herausforderungen und generieren so auch vielfältigere Lösungsansätze. So steigt das kreative Potenzial und die Suche nach Lösungen passiert mit einer wesentlich breiteren Perspektive – die Innovationskraft steigt. Gleiches gilt bei den stabilisierenden Faktoren: Durch die diversen Perspektiven auf die Risikotreiber und potenziellen Krisen können wesentlich mehr schwache Signale wahrgenommen werden. Die Organisation läuft weniger Gefahr, dass alle blind einer dominanten Meinung folgen.

Diversität kann nur gelingen, wenn gleichzeitig intensiv an der Inklusion angesetzt wird – im Angloamerikanischen wird deshalb von »Inclusion & Diversity Management« gesprochen. Inklusion bedeutet, diverse Gruppen konsequent einzubeziehen und aufzunehmen. Das Ziel ist, Gleichheit (Equality), Offenheit (Openness) und Zugehörigkeit (Belonging) zu erreichen. Alle Unternehmen in der McKinsey-Studie wurden von den Mitarbeiterinnen und Mitarbeitern bei der Einschätzung des Inklusionsgrads wesentlich schlechter bewertet als bei der Einschätzung der Diversität im Unternehmen (Hunt et al., 2020). Das ist nicht unbedingt verwunderlich: Ein diverses Spektrum von Menschen ins Unternehmen zu holen, ist wesentlich einfacher, als mit der Vielfalt integrierend umzugehen und die Potenziale tatsächlich zu heben. Eines ist jedoch klar: Das ganze Potenzial der Diversität kann nur gehoben werden, wenn die Organisation die Bedürfnisse der diversen Gruppen einbezieht.

Soll beispielsweise der Frauenanteil im Topmanagement nachhaltig erhöht werden, so braucht das System adäquate Rahmenbedingungen, Mindsets und Attraktoren für Frauen. Dazu gehört wahrscheinlich nicht, wesentliche Entscheidungen vorweg beim abendlichen Bier im gewohnt männlich orientierten Netzwerk zu ventilieren. Anderes Beispiel: Visionäre und kreative Menschen mit atypischen Karriereverläufen werden gerne rekrutiert, um mehr Kreativität ins Unternehmen zu holen. Dann darf es aber nicht verwundern, dass diese Personen auch den entsprechenden Freiraum erwarten und in einer Kultur des Ermöglichens arbeiten wollen. Wenn sie das nicht vorfinden, sind sie schnell wieder weg oder machen nach kürzester Zeit Dienst nach Vorschrift.

Folgende Erfolgsfaktoren unterstützen die Diversität und Inklusion nachhaltig (Hunt et al., 2020):

- Gleichheit: Stelle durch Fairness und Transparenz gleiche Chancen für alle sicher.
- Offenheit: Unterstütze Offenheit und gehe Diskriminierungen nach.
- Zugehörigkeit: Unterstütze klar und eindeutig diverse Teamkonstellationen.

Teamzusammenstellung: Diversität fördert die Resilienz und Leistungsfähigkeit

Meredith Belbin hat bereits in den 1980er-Jahren erforscht und beschrieben, dass es nicht ideal ist, Teams als Monokulturen aus gleichen Persönlichkeitstypen zu pflegen (Belbin, 1981): Wenn sich ein Team ausschließlich aus top ausgebildeten, erfahrenen Expertinnen und Experten zusammensetzt, wird jede und jeder den Anspruch erheben, die Materie exzellent zu kennen und zu wissen, wo es langgeht. In solchen Dream-Team-Konstellationen werden Topleistungen erwartet. Das Resultat von Belbins Beobachtungen war allerdings ernüchternd: Diese Teams der Topindividualisten erzielten in den seltensten Fällen die besten Ergebnisse. Das Forschungsteam rund um Belbin beobachtete oft endlose Diskussionen, wenig Co-Creation, eher schlechte Entscheidungen und wenig Commitment zu den getroffenen Entscheidungen. Dieses unerwartete Scheitern der klügsten Köpfe bei Teamaufgaben ist seit Belbins Arbeit als »Apollo-Phänomen« bekannt (Belbin, 2010).

Es ist also empfehlenswert, bei der Zusammenstellung von Teams und speziell bei Neueinstellungen eine differenzierte Analyse vorzunehmen und einen diversen Fit zu finden. Die Idee dahinter lautet aber nicht »bunt um jeden Preis« und es bedeutet auch nicht, dass ein Team wild zusammengewürfelt wird.

Für die Frage, wie solche idealen Teams zusammengestellt werden können, hat uns Meredith Belbin konkrete Anregungen mitgegeben, die nach wie vor aktuell sind. Sein Ansatz ist ebenso einfach wie bestechend: Wenn es möglich ist, einen idealen Mix aus Wissens-, Kommunikations- und Handlungsorientierung in einem Team zu manifestieren, dann ist eine gute Basis gelegt. Belbin beschreibt erst acht, später insgesamt neun Teamrollen, die nach Möglichkeit in einem idealen Team abgebildet sein sollen. In nachstehender Grafik haben wir, impulsiert durch Belbin, eine eigene Darstellung gewählt, die den Mix aus unterschiedlichen Qualitäten, die durch die Teamrollen abgedeckt werden, verdeutlicht. Klar ist, dass nicht jedes Team aus acht Personen besteht und einzelne Personen auch mehrere der beschriebenen Rollen abdecken können.

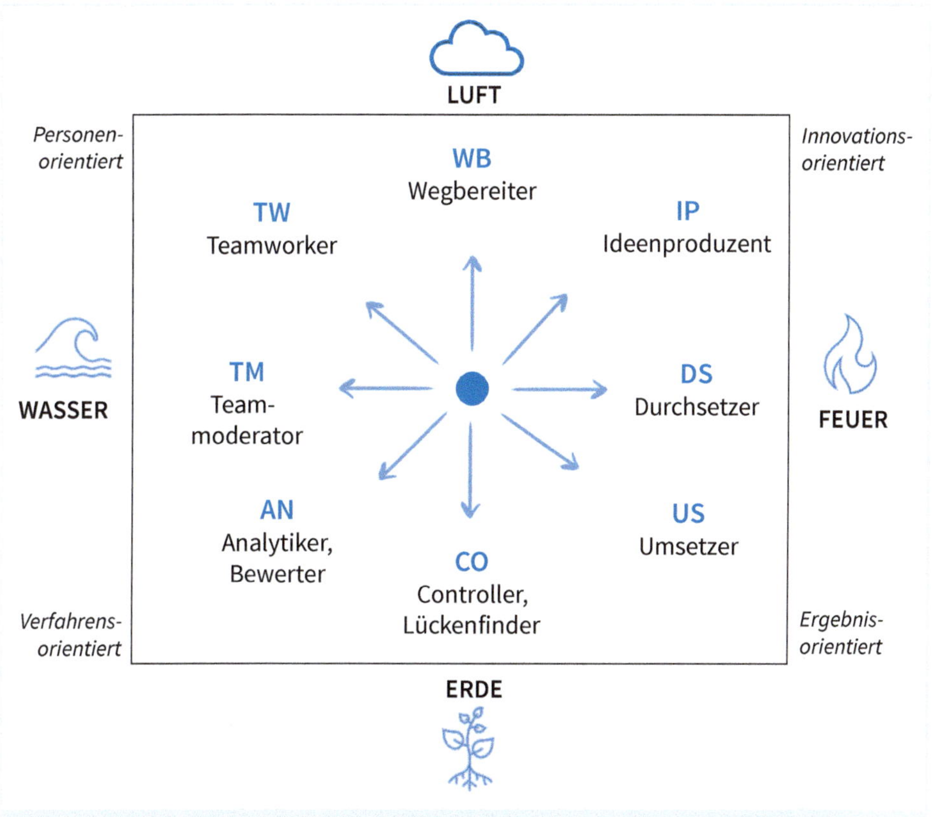

Abb. 3.15: Teamrollen nach Meredith Belbin (Quelle: eigene Darstellung in Anlehnung an Belbin 2010)

Bestechend ist Belbins Zugang zu den Stärken und Schattenseiten der jeweiligen Rollen. Die Stärken sind die wesentliche Ressource für ein Team. Was Menschen mit diesen Kompetenzen aber genauso mitbringen, sind »erlaubte« Schwächen, die eben auch ins Teamgefüge passen und im Idealfall durch komplementäre Kompetenzen andere Teammitglieder abgedeckt werden. Belbins Idee ist nun, in bestehenden Teams gemeinsam zu analysieren (natürlich gibt es entsprechende Analysetools), welche Rollen gut abgedeckt sind und welche möglicherweise fehlen. Bei anstehenden Neu- und Nachbesetzungen lässt sich so gezielt nach diesen Profilen Ausschau halten. Natürlich ist zu berücksichtigen, in welchem Fachbereich ein Team angesiedelt ist. In einem Team aus Spezialistinnen und Spezialisten, das in der Organisation eine klare Rolle hat, ist es kaum möglich und vielfach auch nicht sinnvoll, dass alle Rollen abgedeckt sind. In einem interdisziplinären Projektteam mit einem sehr breiten Aufgabenspektrum hingegen kann das sehr hilfreich sein.

Was wir sicher nicht vermitteln wollen, ist, dass ein diverses Team grundsätzlich toll zusammenarbeitet und der Mehrwert von selbst entsteht. Führungskräfte, die multinationale, interdisziplinäre Teams führen, wissen, wie fordernd das sein kann. Das Team geht durch Phasen, die idealerweise mit Maßnahmen zur Teamentwicklung unterstützt werden. Einigkeit über den Purpose und die Werte ist die notwendige Klammer, um diese Buntheit und Unterschiedlichkeit in die co-kreative Leistungsfähigkeit zu bringen.

An dieser Stelle noch ein Hinweis: Wir haben das Teammodell von Belbin gewählt, weil wir in der Praxis damit gute Erfahrungen gesammelt haben. Darüber hinaus gibt es noch viele andere Ansätze, die wichtige Anstöße bringen: zum Beispiel das Rieman-Thomann-Modell, das DiSG-Modell, in weiterentwickelter Form das INSIGHTS-Modell oder das Teamrad von Margerison-McCann.

Rahmenbedingungen, die Diversität fördern

Was Kundinnen und Kunden wollen, welche Bedürfnisse sie haben, wie und wo sie angesprochen werden wollen, wird mit viel Aufwand untersucht. Es wird viel Energie darauf verwendet, den Bedürfnissen gerecht zu werden, und der Erfolg von Unternehmen gibt diesen Bemühungen auch recht. Da ist es beinahe verwunderlich, dass dieselbe Energie und dieses Know-how in vielen Organisationen aber nicht für die Gestaltung der Beziehungen zu den Mitarbeiterinnen und Mitarbeitern eingesetzt werden. In diesem Bereich dominieren eher Standards und Gleichmacherei.

Es wird oft unterschätzt, welchen Wert die Rahmenbedingungen der Arbeit, die Kommunikation und das Lernen für die Förderung von Diversität haben. Dazu zählen etwa: Flexibilisierung der Arbeitszeit, neue Arbeitszeitmodelle, Freiraum für die Vereinbarkeit von Beruf und Familie, offene und kreativitätsfördernde Raumgestaltung, digitale Tools für größere Transparenz und einen besseren Informationsfluss etc. Diese und ähnliche Rahmenbedingungen können die Selbstbestimmung und das unternehmerische Handeln von Mitarbeiterinnen und Mitarbeitern fördern, und: Sie sind ein besonderer Attraktor, wenn eine Organisation die Diversität steigern möchte.

PRAXISBEISPIEL

Eine Regionalbank im Umbruch

Bei diesem Beispiel handelt es sich um eine Regionalbank, die sich bereits sehr offensiv mit dem Thema Diversität und Gendergerechtigkeit beschäftigt und viele Initiativen in diesem Bereich setzt. Dennoch zeigen sich bei genauerer Betrachtung des Recruitingprozesses gravierende Handlungsfelder für die Diversität abseits der Gender-Dimension, zum Beispiel:

- Der historisch gewachsene Auswahlprozess anhand eines psychologischen Tests fördert eindeutig Personen mit einer äußerst risikoaversen Persönlichkeitsstruktur und wenig kreativem Potenzial.
- Die Kriterien im Recruiting bewerten klassische Bankkarrieren wesentlich besser als dynamische, atypische Verläufe, die als zu sprunghaft betrachtet werden.
- Die Leidenschaft für die Arbeit und der innere Antrieb werden im aktuellen Recruitingverfahren kaum beleuchtet.

Für den neuen Personalentwickler ist bald klar: Wenn die Bank ihren Anforderungen am Markt gerecht werden will, ist ein mutiges, neues Vorgehen im Recruitingprozess notwendig. Seit dieser Erkenntnis werden beispielsweise gezielt Personen mit atypischen Karriereverläufen, aber starker intrinsischer Motivation eingestellt. Die ersten Erfahrungen zeigen allerdings, dass sich die Veränderung nicht auf das Recruiting allein beschränken kann: Auch die Menschen in der Organisation müssen sich erst an Perspektiven und Zugänge gewöhnen, die aus der Norm fallen.

Ein bunt zusammengesetztes Team macht nicht alles einfacher – das wäre zu kurz gedacht. Stell dir ein Team vor, in dem junge mit erfahrenen Kolleginnen und Kollegen arbeiten – mit unterschiedlichen Ausbildungen, aus verschiedenen Ländern, mit völlig unterschiedlichen Lebensläufen. Es ist klar, dass es da viele Situationen geben wird, in denen die Buntheit fordert. Gibt es vielleicht etwas, dass uns diese Buntheit einfacher aushalten lässt?

Dass Diversität das Entwickeln von Ideen und die Innovationskraft fördert, haben wir schon deutlich geäußert. Doch Diversität führt meist auch zu besseren und nachhaltigeren Problemlösungen und Entscheidungen. Einfach weil es gelingt, mehr Facetten wahrzunehmen und zu berücksichtigen, wenn grundverschiedene Menschen auf dieselbe Herausforderung schauen. Unsere Erfahrung in der Begleitung von Organisationen zeigt: Diversität ist leichter auszuhalten und wird konstruktiver genutzt, wenn das **Wofür** des Unternehmens allen klar ist. Ein gemeinsam getragener Rahmen auf der Ebene der Werte und des Purpose (siehe Kapitel 2) gibt Orientierung und Ausrichtung. Er schafft Freiraum für die diverse Gestaltung innerhalb dieses Rahmens.

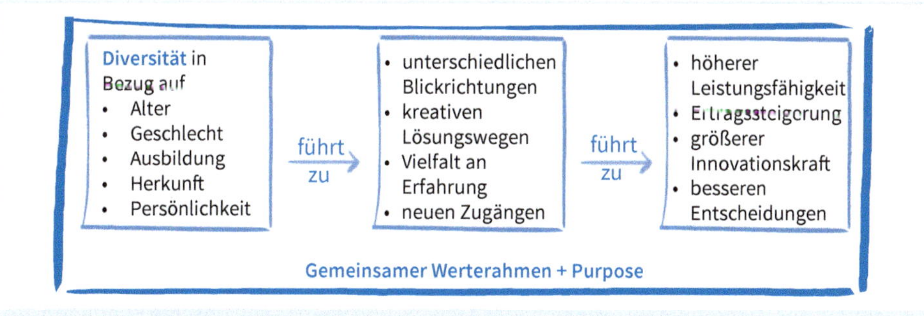

Abb. 3.16: Erfolgsfaktor Diversität (Quelle: eigene Darstellung)

Diversität – weder Wildwuchs noch Selbstzweck

Dass Diversität in den Teamrollen hilfreich sein kann, ist einigermaßen eingängig. Ebenso, dass es hilfreich ist, die Diversität der Kundinnen und Kunden genauer zu betrachten und zu schauen, wie diese in der Organisation gespiegelt werden kann oder ob deutlich wird, dass etwas fehlt. Geschlechterverteilung, Altersstrukturen, Nationalitäten, ethnische Zugehörigkeiten, Sprachen, Ausbildungen, Interessen und Qualifikationsprofile sind Aspekte, die einen näheren

Blick wert sind. Doch es bedeutet nicht, dass in einer Organisation für alle Aspekte der Diversität gleichzeitig Maßnahmen umgesetzt werden müssen. Diversität bedeutet nicht Wildwuchs und soll auch nicht zum Selbstzweck werden. In der Organisation soll Diversität eine positive Veränderung bewirken, alteingesessene Muster hinterfragen, gegebenenfalls aufweichen oder sogar wandeln.

PRAXISBEISPIEL

Homogenes Management – diverse Kundinnen und Kunden

Die im vorherigen Praxisbeispiel bereits erwähnte Regionalbank begleiten wir in der Strategieentwicklung. Während einer Veranstaltung, bei der die gesamte erste und zweite Führungsebene anwesend ist, wird ein Handlungsfeld mehr als augenscheinlich: 95 Prozent der anwesenden Führungskräfte sind männlich und zwischen 48 und 63 Jahre alt. Bis auf zwei Ausnahmen haben alle einschlägige Bankkarrieren gemacht und natürlich haben auch alle einen sehr ähnlichen Ausbildungshintergrund. Klar ist: Die Nachfolgeplanung ist ein virulentes Thema. Die ersten Überlegungen drehen sich um die Frage, wie man Menschen aus den klassischen, einschlägigen Karrierewegen für die Bank gewinnen könnte. Aber ist das wirklich der richtige Weg? Also stellen wir eine einfache Frage: Wie sieht die aktuelle Kundenstruktur der Bank aus und wer sind die Wunschkundinnen und -kunden der Zukunft? Diese Frage ist der Auslöser, breiter zu denken. Plötzlich ist klar: Es ist deutlich mehr Diversität nötig und sie wird auch gewünscht.

Im weiteren Beratungsprozess steht also im Vordergrund, welche Kompetenzen, Lebensläufe und Ausbildungen in der Bank gebraucht werden, um die aktuellen und zukünftigen Kundinnen und Kunden gut verstehen und ihnen einen guten Service bieten zu können.

Möglich wird ein Wandel der alten Muster durch Fokus und gezieltes Vorgehen. Hilfreich ist es, dort anzufangen, wo der größte Handlungsbedarf oder die größte Chance auf Wirksamkeit besteht. Für diesen Zweck haben wir eine Matrix entwickelt, mit der du dein eigenes Unternehmen genauer analysieren kannst: Welche Aspekte der Diversität sind aktuell gut abgedeckt, wo verstecken sich Potenziale und was würde ein konsequent inklusives Vorgehen tatsächlich bedeuten?

In puncto Resilienz und Förderung der Innovation lohnt sich an dieser Stelle ein Blick auf die Ausrichtung des Unternehmens: Wie sieht das aktuelle und wie das gewünschte Kundenportfolio aus? Wie divers sind die Kundinnen und Kunden? Wie alt sind sie, woher kommen sie, welche Ausbildungen haben sie? Welche Sprachen sprechen sie? In welchem Umfeld bewegen sie sich? Wende dann deinen Blick wieder zurück ins Unternehmen: Spiegelt sich die Buntheit der Kundinnen und Kunden in der Organisation wider?

Die Hypothese dahinter ist klar: Ich kann meine Kundinnen und Kunden nur dann wirklich verstehen, wenn ich in der Lage bin, in ihren Schuhen zu gehen. Eine entsprechende Diversität in den eigenen Reihen unterstützt dies.

Übung 15: Reflexion anhand der Diversitätsmatrix

Diese Matrix soll dir dabei helfen, den aktuellen Grad der Diversität in der Organisation zu erheben und Überlegungen zu diversitätsfördernden Maßnahmen anzuregen. Die Ausgangsfrage lautet also: Wie divers sind wir aktuell und wo würde uns mehr Diversität guttun? Gehe Schritt für Schritt die einzelnen Kategorien durch:

- Wie divers sind wir im IST? (1= gar nicht, 2 = wenig, 3 = durchaus, 4 = sehr divers)
- Welche Relevanz hat diese Kategorie für unsere Kundinnen und Kunden?
- Gibt es Handlungsbedarf?
- Welche Ansätze wären für die konsequent inklusive Umsetzung möglich?

	Diversität im IST	**Kundenrelevanz**	**Handlungsbedarf**	**Mögliche Ansätze**
	1 2 3 4	1 2 3 4	ja/nein	
Altersstruktur				
Geschlecht				
Ausbildungshintergrund				
Vorerfahrungen aus beruflichen Tätigkeiten, Branchen				
Interessen				
Sprachen				
Herkunftsländer				
Sexuelle Orientierung				
Personen mit körperlicher Einschränkung				
Diversität unserer Teams im Sinne von Persönlichkeitstypen				
Arbeitszeitmodelle				
Weitere				

Tab. 4: Diversitätsmatrix

Reflexion

- Wo würde uns mehr Diversität guttun?
- Wie schaffen wir mehr Diversität, wenn wir es nicht ausschließlich durch Neueinstellungen tun?
- Wie könnten wirkungsvolle nächste Schritte aussehen?
- Welche Rahmenbedingungen müssen wir dafür sicherstellen?

Fassen wir zusammen:

- Diversität meint nicht Wildwuchs und ist kein Selbstzweck. Diversität steigert nachhaltig den Organisationserfolg und unterstützt die Innovationskraft.
- Diversität erfordert Inklusion, also die Bereitschaft zur konsequenten Einbeziehung und Aufnahme der diversen Gruppen.
- Diversität in Teams fördert deren Resilienz und Leistungsfähigkeit.
- Diversität gelingt besser, wenn es Gemeinsamkeiten gibt, insbesondere in den gemeinsam getragenen Werten und einem kräftigen Unternehmenspurpose.
- Eine Vielfalt an Methoden, Zugängen und Instrumenten fördert Flexibilität, Selbstbestimmung und Kreativität.

3.2.3 Teamerfolg vor Einzelerfolg

Wir übertiteln diesen Abschnitt ganz bewusst mit »Teamerfolg **vor** Einzelerfolg«, denn an dieser Stelle möchten wir ein deutliches Statement für das essenzielle, resilienzfördernde Potenzial von Teams abgeben. In den seltensten Fällen sind Innovationen oder die Bewältigung echter Krisen ausschließliche Individualleistungen. In der Entwicklung von Produkten oder digitalen Lösungen geht die Tendenz stark in die Richtung agiler und selbstorganisierter Teams.

Was verstehen wir konkret unter einem resilienten, erfolgreichen Team? Resiliente, erfolgreiche Teams:

- leben Teamarbeit nicht nur als soziales Miteinander, sondern als essenzielles Element der Co-Creation, durch die eine gemeinsame Wertschöpfung entsteht.
- schöpfen aus einem gemeinsamen Purpose und teilen gemeinsame Werte.
- sind inhaltlich und sozial zur Reflexion fähig.
- entwickeln aktiv tragfähige, vertrauensvolle Beziehungen.
- zeigen eine zukunfts- und lösungsorientierte Dialogkultur.
- pflegen eine aktive, ehrliche und auch fordernde Feedbackkultur.
- geben jedem Teammitglied eine klare, jedoch flexible Rolle. Jedes Mitglied trägt die volle Verantwortung für seine Rolle und für die Teamziele.

Als wir 2012 begannen, uns intensiv damit zu beschäftigen, was Organisationen resilient macht, führten wir unter anderem Interviews mit Managerinnen und Managern, die in den zwei Jahren davor ernsthafte, wirtschaftlich bedrohliche Situationen zu meistern hatten. Ein Teil berichtete, was dazu geführt hatte, dass die Herausforderungen gemeistert werden konnten. Andere erzählten sehr ehrlich, welche Elemente aus ihrer Sicht zum Scheitern beigetragen hatten. In drei von diesen Gesprächen wurden explizit das Einzelkämpfertum und die mangelnde Teamarbeit im Topmanagement als Ursachen des Scheiterns angesprochen.

Im ersten Interview brachte ein Topmanager eine für uns, auf den ersten Blick, erstaunliche Analogie zum Fußball: »Ein Fußballteam ist vielen Managementteams oft um Jahre voraus. Früher gab es meistens einen großen Star, einen Stürmer, der vor dem Tor gewartet hat, um einen Treffer zu erzielen. Die Mannschaften waren sehr arbeitsteilig aufgebaut, mit klaren Aufgabenzuteilungen. Heute erleben wir am Platz oft echte Teams. Der ist der Star, der sich gut bewegt, alles rund um sich im Blick hat und schnell den Ball abgibt, wenn er sieht, dass ein Kollege die bessere Chance hat. Stürmer und Verteidiger wechseln Positionen, wenn es das Spiel erfordert. Die Darstellung der Mannschaftsaufstellung ist oft gar nicht so einfach, weil gar nicht mehr klar ersichtlich ist, wer auf welcher Position spielt. Spieler, die mannschaftsdienlich spielen, sind die wahren Größen.«

Das zweite Interview, bei dem wir ebenfalls bei Einzelkampf und Teamerfolg landeten, hatte eine völlig andere Tonalität. Sehr nachdenklich erzählte uns der Manager, dass er in der entscheidenden, krisenhaften Phase Teil eines Dreiervorstandes war. Er beschrieb seine Kollegen als höchst kompetente, erfahrene Manager – jeder für sich hatte ein enormes Arbeitspensum und große Leistungsbereitschaft an den Tag gelegt, um die Situation zu meistern. Die Betonung lag auf: **jeder für sich.** Die Aussage des Managers war sehr klar: »Wir sind unter anderem deshalb gescheitert, weil wir uns zwar als Menschen gut verstanden haben, wir uns gegenseitig aber kein Feedback gaben, nicht gemeinsam gestaltet haben. Jeder von uns war für seinen eigenen Silo verantwortlich und versuchte, das Ruder selbst herumzureißen. Wir waren kein Vorstandsteam, wir waren drei Vorstände nebeneinander. Manchmal gegeneinander.«

Im dritten Interview erzählte die Managerin eines Industrieunternehmens von ihren Erfahrungen: »Wir haben die Krise im Nachhinein gesehen äußerst gut gemeistert.« Auf die Frage, was daraus die größten Learnings für sie seien, antwortete sie: »Einerseits würde ich nicht mehr so viel selbst zu schultern versuchen. Ich habe erst im Laufe der Zeit erkannt, wie gut es tut, sich im Team auszutauschen und gemeinsam die unterschiedlichen Optionen zu diskutieren. Zweitens ist für mich im Nachhinein klar, dass ich viel härter und konsequenter agieren würde, wenn ich noch einmal das Gefühl habe, dass ein Teammitglied seine eigene Hidden Agenda hat und nicht dem Team und dem Unternehmen dient, sondern seinem eigenen Ego.«

Es reicht nicht, wenn eine Führungskraft mit ihrem Team die volle Verantwortung für ihren Bereich übernimmt. Gleichzeitig braucht dieses Team das Bewusstsein und das Commitment, auch für das größere Gesamtsystem zu wirken. In einem Dreiervorstand ist das noch recht einfach nachzuvollziehen. Doch wir denken dabei auch an den erweiterten Führungskreis: Eine Bereichsleiterin ist nicht nur für die gute Entwicklung ihres Bereichs verantwortlich. Als Teil des Führungsteams ist sie gemeinsam mit ihren Bereichsleitungskolleginnen und -kollegen auch für die gesamte Organisation mitverantwortlich. Damit wird klar, dass die erfolgreiche Optimierung eines Bereichs, die auf Kosten von anderen Bereichen geht und die Gesamtorganisation schwächt, im resilienten Sinn nicht als »erfolgreich« gesehen werden kann.

Wir denken resiliente Führungsteams als eine Art »Interlocking Rings«, als ineinander verflochtene Kreise: Jede Führungskraft übernimmt mit ihrem Team Verantwortung für den eigenen Bereich und als Teil des Managementteams zugleich die Mitverantwortung für den Gesamtbereich und den Unternehmenserfolg.

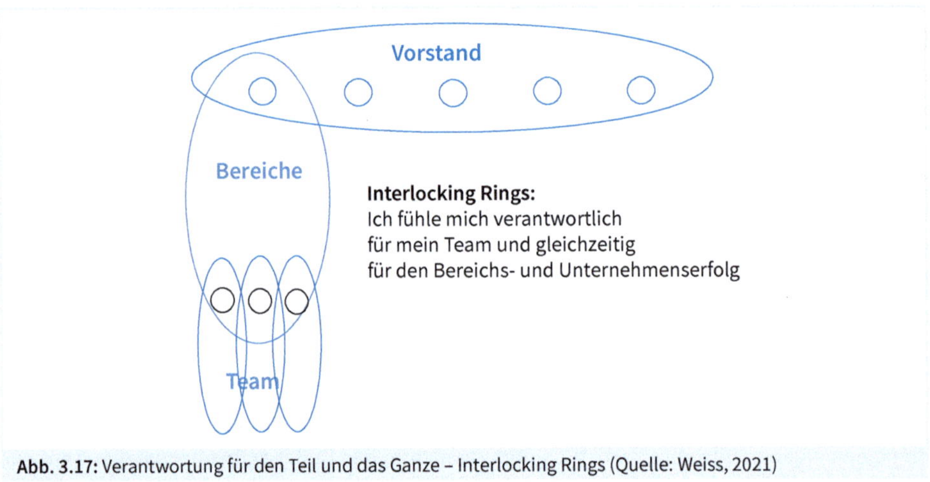

Abb. 3.17: Verantwortung für den Teil und das Ganze – Interlocking Rings (Quelle: Weiss, 2021)

Vier Augen sehen mehr als zwei – Führung im Duo

In unserer Praxis erleben wir in den letzten Jahren vermehrt Organisationen, in denen die Führung von Teams gezielt formal etabliert wird. Dabei übernehmen zwei Führungskräfte im Duo eine Funktion. Bei der Besetzung der Duos wird oft explizit auf komplementäre Kompetenzen und Diversität in den Persönlichkeitsprofilen gesetzt. Meistens sind die beiden Mitglieder des Führungsduos zu denselben Tageszeiten in der Organisation aktiv, in anderen Konstellationen wird die Zeit vor Ort auch gestaffelt. Diese breitere zeitliche Verfügbarkeit ist vor allem dann ein großer Mehrwert, wenn ein Unternehmen weltweit agiert oder 24-Stunden-Serviceleistungen anbietet. Entscheidungen und Weichenstellungen, die ein Teil des Duos trifft, sind in jedem Fall für die zweite Führungskraft bindend. Klar ist: Das kann nur erfolgreich sein, wenn die beiden Führungspersönlichkeiten miteinander harmonieren.

Eine spannende Diskussion führten wir in einer Organisation, in der zeitgleich eine umfassende strategische Neuorientierung sowie Vertragsverlängerungen mit zwei von drei Vorständen bevorstanden. Nicht nur die zwei Vorstände, deren Verträge zur Diskussion standen, bemühten sich um eine weitere Periode – alle drei Vorstände gemeinsam präsentierten sich vor dem Aufsichtsrat als Führungstrio mit einem strategischen Programm. Kernbotschaft: »Uns bekommt ihr als erfolgreiches Trio. Wir bewerben uns gemeinsam!«

PRAXISBEISPIEL

Duale Führung in einem Immobilienunternehmen

Ein Immobilienunternehmen mit 900 Mitarbeiterinnen und Mitarbeitern strukturiert sich neu, und zwar in Geschäftsbereiche, die sowohl technisches als auch kaufmännisches Know-how erfordern. Die Leitung der jeweiligen Geschäftsbereiche wird dual besetzt, um dieser komplexen Anforderung gerecht zu werden. Zusätzlich ist es das erklärte Ziel, die Funktionen jeweils mit einem Mann und einer Frau zu besetzen, um die Diversität zu steigern. Nach sieben Jahren gelebter Praxis zeigt sich: Es ist ein Erfolgsmodell. Wenn große Verantwortung in einem gleichrangigen Duo übernommen wird, schafft das zahlreiche Vorteile: Es wird ein besserer und ausgewogener Austausch von Erfahrungen möglich, es entsteht Vielfalt bei der Entscheidungsfindung, die Führungskräfte können sich gegenseitig Freiräume schaffen, die Einsamkeit im Topmanagement sinkt, junge Mitarbeiterinnen und Mitarbeiter wagen sich früher an Führungsaufgaben heran und bringen neue Impulse ein und insgesamt macht es dieses Modell attraktiver für jene, die mehr Dialog und Teamorientierung suchen.

Ein wesentlicher Faktor für eine tragfähige Vertrauensbasis im Führungsduo ist die permanente Reflexion. Durch aktives und zeitnahes gegenseitiges Feedback entsteht für beide genug Gestaltungsraum nach außen und nach innen. Für uns in der Begleitung erstaunlich: Je besser diese Führungsduos funktionieren, desto gestaltender agieren sie abteilungsübergreifend. Sie sind nämlich in der Lage, übergreifende Handlungsfelder gemeinsam zu benennen, Veränderung einzufordern und aktiv zu gestalten.

Auch wenn die genannten Beispiele Führungsteams im Blick haben, bezieht sich die These »Teamerfolg **vor** Einzelerfolg« generell auf fachliche Teams, die gemeinsam Lösungen entwickeln. So wie im Sport sind auch in Organisationen jene Teamziele besonders wirksam, die klar definiert, erreichbar, gestaltbar, für alle nachvollziehbar und attraktiv sind. Diese klaren, gemeinsamen Ziele sind der erste Schritt zum Teamspirit.

Doch Ziele allein reichen nicht. Die Komplexität und Geschwindigkeit, in der wir leben, erfordert auch einen neuen Blick auf Teams. Bisher gewohnte, starre Stellenbeschreibungen vertragen sich oft nicht mehr mit der Realität von Unternehmen. Die Forderung nach mehr Selbstorganisation und Agilität macht es notwendig, dass Rollen sowie die damit verbundenen Aufgaben und Verantwortungen sehr klar übernommen werden. Diese Rollen können sich im Extremfall jedoch von Thema zu Thema und von Team zu Team rasch ändern. Rollen und Aufgaben sind nur so lange fix, bis die Lösung gefunden wurde – danach gibt es ein neues Problem und wieder stellt sich die Frage: Wer hat die größte Kompetenz, wer hat Zeit, wer hat Lust und welches Teamsetting führt am ehesten zum Erfolg?

Vom Sport können wir lernen, was erfolgreiche Teamkonstellationen bewirken können und welches Potenzial die Haltung »Teamerfolg vor Einzelerfolg« hat. Beim Segeln zum Beispiel ist dieses Motto naheliegend, denn hier sitzt das ganze Team im wahrsten Sinne des Wortes »im selben Boot«. Die Crewmitglieder müssen sich unbedingt darauf verlassen können, dass jede und jeder im Team die volle Verantwortung übernimmt. Die Voraussetzung dafür ist, dass die Rollen klar definiert und zugewiesen sind, vor allem wenn konkrete Manöver vorgenommen werden. Gleichzeitig kann die Rollenverteilung für das nächste Manöver wieder völlig neu vereinbart werden: zum Beispiel, wenn lange Strecken mit unterschiedlichen Schichten bewältigt werden müssen (Meilentörns), oder wenn spezielle Kompetenzen für die Navigation oder technische Probleme gefordert sind. Beim Segeln ist die flexible Rollenverteilung eine Frage des Überlebens – schließlich kann der Kapitän einmal krank werden.

Auch in vielen anderen Sportarten – und dabei nicht nur in klassischen Teamsportarten – lassen sich Analogien finden: Seilschaften beim Bergsteigen, das gegenseitige Kompensieren von Schwächen bzw. Stärken beim Tennis-Doppel usw.

Gezielte Unterstützung des Teamerfolgs durch Anreizsysteme

Unser Zugang ist in puncto Anreizsysteme klar: Teamerfolg vor Einzelerfolg. Auch wenn die Diskussion über die Sinnhaftigkeit zielabhängiger, variabler Gehaltssysteme und Bonifikationen schon lange geführt wird, werden diese Modelle nach wie vor in vielen Organisationen aufrechterhalten. Wir laden in jedem Fall dazu ein, genauer hinzuschauen: Sind diese Modelle so aufgebaut, dass sie ausschließlich individuelle Leistungen belohnen? Welche Auswirkungen hat diese individuelle Belohnung der »Stars« auf das Teamgefüge?

Auf lange Sicht unterstützen jene Systeme die Resilienz und Gesamtleistung, die Einzelleistungen durchaus anerkennen und sichtbar werden lassen – aber nicht auf Kosten der Wertschätzung für und der Sichtbarkeit von Teams. Bei einer auf Einzelleistungen fokussierten, variablen Vergütung oder Bonifikation können wir oftmals folgende Reaktion wahrnehmen: Ein Teil der Mitarbeiterinnen und Mitarbeiter, die im Rahmen ihrer Möglichkeiten durchaus gute und engagierte Arbeit leisten, sind in solchen Systemen leicht frustriert. Direkt darauf angesprochen, merken sie leise zynisch an, mit »den prämierten und honorierten Stars« ohnehin nicht mithalten zu können.

Dort, wo sich Organisationen deutlich und konsequent in Richtung Selbstorganisation und hin zu flexiblen Rollen entwickeln wollen, sind Anreizsysteme, die auf den individuellen Erfolg abzielen, besonders kontraproduktiv. Gebraucht werden entweder neue Formen von Anreizsystemen, die den Teamgeist stärken, oder Bonifikationen werden völlig abgeschafft und an ihre Stelle tritt die attraktive Bezahlung der Gesamtarbeitsleistung.

PRAXISBEISPIEL

Einführung einer Teambonifikation

In einer Organisation mit sehr technisch geprägtem Vertrieb wird ein anregendes Gedankenexperiment angestellt: Was würde passieren, wenn das Bonifikationssystem nicht ausschließlich die hervorragenden Leistungen einiger weniger hervorhebt, sondern auch gute Teamleistungen nach transparenten Kriterien belohnt?
Das Ergebnis, das sich herauskristallisiert, hat mehrere Elemente:

- Das individuelle Bonifikationssystem wird nach oben hin deutlich gedeckelt, gleichzeitig wird ein möglicher Teambonus angedacht.
- Dieser Teambonus ist so angelegt, dass nicht ein Betrag X auf die Teammitglieder aufgeteilt wird. Vielmehr soll der Teambonus die Elemente »Teamzeit«, »Bildungszeit« und »Qualifizierungsbudget« enthalten.
- Die zu lukrierenden Zeiten sollen transparent dargelegt werden, der mögliche Betrag für Aus- und Weiterbildung soll ausgeschildert werden.
- Ein wesentliches Element des Anreizsystems allerdings soll sein, dass das Team – wenn es den Bonus erreicht – völlig frei entscheiden kann, wie es die Zeit verbringen möchte und welche internen oder externen Qualifizierungsangebote genützt werden.

Dass die gemeinsam entwickelten Ideen die Kraft haben, weiterverfolgt zu werden, wird spätestens klar, als diskutiert wird, wie die bisher bonifizierten Stars wohl reagieren würden und wie sich das auf die Leistungszahlen der Teams auswirken könnte. Vermutet wird: Ein kleiner Teil der aktuellen Stars könnte verschnupft reagieren. Doch einige würden wohl versuchen, selbst erfolgreich zu sein und zugleich das Team zu unterstützen, um gemeinsam noch besser zu werden. Insgesamt wird dem Ansatz eine gute Erfolgsaussicht bescheinigt. Also wird beschlossen, die Parameter des Systems zu konkretisieren, in einer Pilotregion das System im nächsten Wirtschaftsjahr umzustellen und zu evaluieren, wie es sich auf die Motivation und die wirtschaftlichen Ergebnisse auswirkt.

Übung 16: Was fördert in deiner Organisation den Teamerfolg?

Mit diesem Formular kannst du eine Bestandsaufnahme zu der Frage im Titel durchführen. Wenn du die Bestandsaufnahme gemacht hast:

- Schau dir das Ergebnis an und markiere, wo Handlungen gesetzt werden sollten.
- Überlege, welche ersten Schritte gesetzt werden könnten.

	Welche Elemente unterstützen eher den Einzelerfolg?	Welche Elemente unterstützen eher den Teamerfolg?
Kulturelle Ebene Werte Mentale Modelle/Mindsets		
Systemebene Formen der Zusammenarbeit Ziele Anreiz- und Prämiensysteme Formen der Entscheidungsfindung Führungssetup Aufgabenzuteilung Weitere		

Tab. 5: Bestandsaufnahme: Was fördert den Einzelerfolg und was den Teamerfolg?

Fassen wir zusammen:

- Resilient wirksame Teams übernehmen Verantwortung für ihren Teilbereich **und** das Gesamtsystem.
- Führung im Duo kann die Führungsleistung verbessern und gleichzeitig die Resilienz eines Teams steigern.
- Klare Teamziele gepaart mit Rollenflexibilität im Team stärken den Zusammenhalt und den Fokus auf den Teamerfolg.
- Anreizsysteme können den Teamerfolg gezielt unterstützen, oder – wenn der Einzelerfolg zu klar im Vordergrund steht – untergraben.

3.2.4 Mutig entscheiden

Menschen fällt es oft schwer, sich für Neues zu entscheiden und mutig zu sein. Wir geben dem Bekannten und Vertrauten den Vorzug vor neuen Chancen, die möglicherweise mit Risiko behaftet sind. Wenn allerdings der mögliche Nutzen einer Veränderung deutlich höher eingeschätzt wird, dann sind wir gut in der Lage, die Trägheit zu überwinden und an der Herausforderung zu wachsen. Womit wir wieder einmal beim **Warum**, beim Sinn von Handlungen landen. Wir überwinden dann die Angst und wagen das Risiko, weil uns etwas anderes wichtiger ist; weil wir einen zukünftigen Zustand erreichen wollen, der uns zieht, weil wir gemeinsam etwas schaffen und gestalten wollen. In diesem Fall wirken Ziel und Purpose im Sinne des Pull-Prinzips: Wir entscheiden uns für die Veränderung und nehmen sie selbstständig in Angriff. Umgekehrt gibt es den Fall, dass wir zu Entscheidungen regelrecht gedrängt werden, weil das Problem oder die Krise so groß ist, dass uns nichts anderes übrig bleibt. Hier wirkt das Push-Prinzip. Wenn du vor einer Entscheidung stehst, kann es sehr hilfreich sein, dir zunächst bewusst zu machen, welche Kräfte gerade wirken: Ist es Pull, ist es Push oder eine Mischung aus beidem?

Ob Push oder Pull: Das Thema »Entscheiden« ist ein weites Feld und beschäftigt Individuen, Organisationen und – wie wir während der Pandemie erleben konnten – ganze Gesellschaften. Bevor wir uns deshalb diesem Thema nähern, werfen wir erst einmal einen Blick darauf, von welchen Entscheidungen wir sprechen und was es im Rahmen von Entscheidungen mit dem »Mut« auf sich hat.

Ein guter Ausgangspunkt ist es, wenn im Entscheidungsfindungsprozess Mut und Angst nicht als Gegensätze gedacht werden, sondern als psychologische Phänomene, die zusammengehören. Für Routineentscheidungen, bei denen wir in oder ganz nah an unserem Gewohnheitsrahmen bleiben, brauchen wir nicht mutig zu sein. Mut wird für Entscheidungen nur dann gebraucht, wenn Unsicherheit und Angst im Spiel sind oder mit einer Entscheidung Risiken verbunden sind. Gelangen wir bei anstehenden Entscheidungen nämlich auf für uns unbekanntes, unsicheres oder mit potenziellem Risiko verbundenes Terrain, merken wir schnell, dass wir an die Grenze unserer Komfortzone gelangen. Die Folge: Entscheidungsschwierigkeiten, die mit einem anhaltenden oder steigenden Unbehagen verbunden sind. In diesem Fall kommt der Mut ins Spiel, wobei ein kurzer Blick auf den Ursprung des Wortes »Mut« durchaus interessant ist.

Definition

Was bedeutet »Mut«?

Die Wurzeln des Wortes »Mut« lassen sich bis in das 8. Jahrhundert zurückverfolgen. Das alt- und mittelhochdeutsche *muot* bedeutete »Seele, Geist«. Ein weiterer Ursprung wird im germanischen *mōda* – Sinn, Mut, Zorn – vermutet. Infrage kommt auch ein Bezug zum lateinischen Wort *mōs* für »Sitte« und dem griechischen *mōmai* für »ich strebe, trachte, begehre«.
Mut als Emotion oder Charaktereigenschaft wird in wissenschaftlichen Arbeiten meist unter drei Perspektiven näher betrachtet (Roth/Herbst, 2020):

- **Mut zeigt sich – sehr selten, aber doch – bei fehlendem Risikobewusstsein.** Man könnte auch Leichtsinnigkeit dazu sagen.
- **Mut ist eine angeborene (Charakter-)Eigenschaft.** Neurobiologische Betrachtungen zeigen, dass risikofreudige Artgenossen – also Lebewesen mit weniger Angst – für das Überleben von Säugetieren wichtig waren und sind.

- **Mut kann erlernt und erworben werden.** Das ist im Kontext der Resilienz die spannendste Betrachtung für uns. Mut zu erlernen, ist jedoch ein langwieriger Prozess, bei dem das Belohnungssystem des Menschen und das Hormon Dopamin ins Spiel kommen. Wenn ein Mensch unter Unsicherheit und Angst eine Entscheidung trifft, wird er dafür mit der Ausschüttung von Dopamin »belohnt«, das sein Wohlbefinden unterstützt. Da sich die Entscheidung für ihn als angenehm und/oder hilfreich herausgestellt hat, speichert er sie als positive Erfahrung ab. Die Sache hat aber auch eine Kehrseite, denn wenn ein Mensch überhaupt nicht mutig ist, passiert Folgendes: Es wird noch mehr Dopamin ausgeschüttet, wenn er kein Risiko eingeht und in seiner Gewohnheits- und Komfortzone bleibt.

Der Mut zur Entscheidung lässt sich als Verhalten auf dem Kontinuum zwischen Mutlosigkeit – oder auch Erstarrung durch Angst – und Leichtsinnigkeit bezeichnen. Leichtsinnigkeit bedeutet, zwar schnell ins Tun zu kommen, aber es geht mit einem mangelnden Risikoempfinden einher und ist meist ein Handeln ohne Verstand – es ist also kein gewünschtes Verhalten. Mutlosigkeit am anderen Ende der Skala ist das Resultat unüberwindbarer Emotionen und Ängste – auch das ist nicht erstrebenswert.

Unter »mutig entscheiden« verstehen wir eine gute Balance zwischen dem Einschätzen der Risikofaktoren, dem Wahrnehmen der Ängste und dem Ergreifen der Chancen – dem »ins Tun kommen«. Individuen brauchen dafür bei Entscheidungen die bewusste Auseinandersetzung sowohl mit der emotionalen als auch mit der rationalen Perspektive.

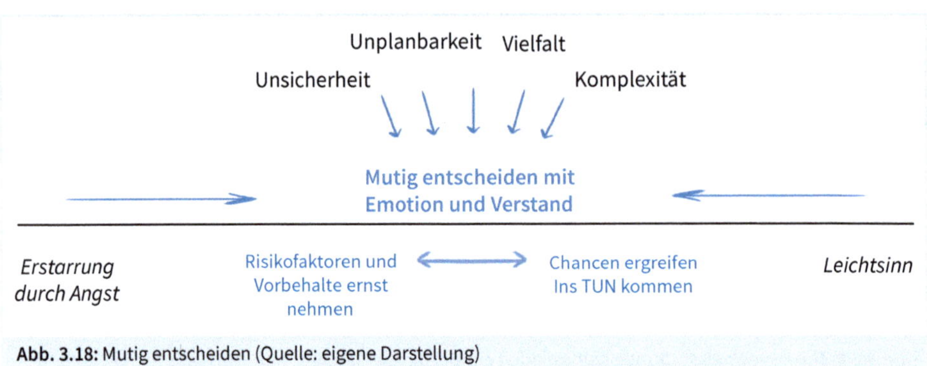

Abb. 3.18: Mutig entscheiden (Quelle: eigene Darstellung)

Kongruenz von Emotion und Verstand – ein Schlüssel zu mutigen Entscheidungen

Peter Senge stellt fest (Senge, 1990): »People with high levels of personal mastery do not set out to integrate reason and intuition. Rather, they achieve it naturally – as a by-product of their commitment to use all resources at their disposal. They cannot afford to choose between reason and intuition, or head and heart, any more than they would choose to walk on one leg or see with one eye.« Frei übersetzt: Menschen, die sich gut im Griff haben, können es sich gar nicht leisten, entweder nur die Vernunft oder die Intuition, nur den Kopf oder das Herz sprechen zu lassen. Das wäre so, als würden sie sich dazu entscheiden, nur mit einem Bein zu gehen oder mit nur einem Auge zu sehen.

Mutige Entscheidungen brauchen die Kongruenz, also die Stimmigkeit zwischen Verstand und Emotionen. Wenn Kopf und Gefühle bzw. Intuition zu einem stimmigen Ergebnis kommen, wird ein Mensch selbst unter Unsicherheit mit gutem Gefühl Entscheidungen treffen. So entsteht mit größerer Wahrscheinlichkeit der notwendige Mut, um sich aus der Komfortzone zu lösen und das Neue und Ungewisse anzugehen.

Maja Storch und Wolfgang Tschacher (Storch/Tschacher, 2014) haben mit der Affektbilanz ein recht einfach anwendbares Instrument entwickelt, das sehr gut dazu geeignet ist, der Kongruenz von Entscheidungen nachzuspüren. Sie beschreiben Affekte als einen körperlich spürbaren Prozess, der nach einem Auslöser auftritt. Affekte können sprachlich meistens nur unzureichend erfasst werden, aber sie sind – wie gesagt – körperlich spürbar. Wenn diese Affekte ins Bewusstsein gelangen und auch bemerkt und reflektiert werden, kann man diese Affekte als Emotionen bezeichnen.

Doch in unserem Kontext der mutigen Entscheidungen ist es hilfreich, mit den noch nicht zu sehr reflektierten und doch körperlich spürbaren Affekten – also dem Bauchgefühl, unserer individuellen Intuition – zu arbeiten. Eine Affektbilanz kann in zwei Minuten erstellt werden.

Übung 17: Eine Affektbilanz erstellen (adaptiert nach Storch/Tschacher)

Schritt 1: Wähle eine Entscheidungssituation, die noch vor dir liegt, zum Beispiel die Bewerbung für eine neue Position, die Entscheidung für einen neuen Kooperationspartner usw.

Schritt 2: Trage in den Spalten »Positive Affekte« und »Negative Affekte« ganz spontan ein, in welcher Ausprägung du den Affekt zu deiner Entscheidungssituation spürst. Zum Beispiel so:

Positive Affekte		**Negative Affekte**
	Schwach	
x	Mittel	
	Stark	x

Schritt 3: Wenn du die beiden Marker gesetzt hast, steigst du in die Reflexion ein:

- Welche Annahmen stehen hinter dem Wert auf der positiven Seite?
- Welche Annahmen stehen hinter dem Wert auf der negativen Seite?
- Welche Wünsche und Bedürfnisse stehen hinter dem Wert auf der positiven Seite?
- Welche Wünsche und Bedürfnisse stehen hinter dem Wert auf der positiven Seite?
- Was könnte dazu beitragen, die negativen Aspekte zu reduzieren?
- Was könnte dazu beitragen, die positiven Aspekte zu verstärken?
- Was kann diese intuitive Affektbilanz für die anstehende Entscheidung bedeuten?

Die Affektbilanz kann natürlich auch im Team erstellt werden, allerdings wird sie um die sogenannte »Evidenzbilanz« erweitert. In diesem Fall führt jedes Teammitglied zunächst die individuelle Affektbewertung durch, auf deren Basis anschließend ein Dialog über unterschiedliche Sichtweisen, Emotionen und Chancen entstehen kann. Die Evidenzbilanz kann gemeinsam erstellt werden: Hier geht es um das Sammeln von Zahlen, Daten und Fakten zur Entscheidungssituation. So ergibt sich ein klarer Blick darauf, wo der Prozess zur »mutigen Entscheidung« gerade steht.

Affektbilanz			**Evidenzbilanz Zahlen, Daten Fakten**	
Positive Affekte		Negative Affekte	Pro	Contra
	Schwach			
	Mittel			
	Stark			

Tab. 6: Affekt- und Evidenzbilanz

Natürlich geht es auch auf Ebene der Organisation und des Teams um Kongruenz. In diesem Fall bedeutet Kongruenz die Stimmigkeit von fakten- und evidenzbasierten Analysen mit der Intuition und den Emotionen der Entscheidenden sowie jener Menschen, die die Expertise haben, um die Situation und mögliche Auswirkungen der Entscheidung einzuschätzen.

In diesem Zusammenhang möchten wir dir das U-Modell des Entscheidens vorstellen, das unsere Trigon-Kolleginnen Andrea Spieth und Suzanne Ruf auf Basis des U-Modells von Friedrich Glasl entwickelt haben. Werden alle Schritte entlang des U-Modells vorgenommen, ist leicht zu erkennen, ob sich Kongruenz ergibt. Dieses Entscheidungsmodell kann im Team, aber auch von Einzelpersonen durchgeführt werden, um einen klareren Blick auf die Entscheidungsfrage und das, was dahinter liegt zu bekommen.

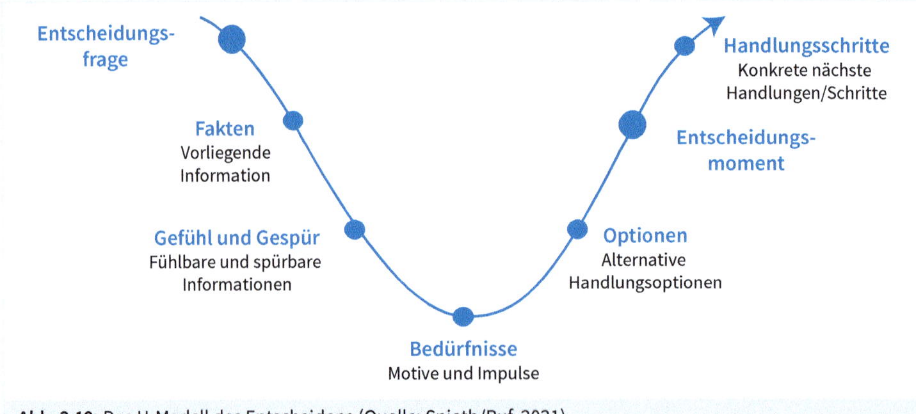

Abb. 3.19: Das U-Modell des Entscheidens (Quelle: Spieth/Ruf, 2021)

Je größer die Auswahl, desto schwieriger die Entscheidung

Vielleicht hast du schon einmal vom »Marmeladenexperiment« der Feldforschenden Sheena Iyengar und Mark Lepper gehört (Iyengar/Lepper, 2000). Die beiden wollten wissen, wie sich eine Vielfalt von Auswahlmöglichkeiten auf das Entscheidungs- und Kaufverhalten auswirkt.

Dazu wurden in einem Delikatessenladen auf einem Verkostungstisch sechs Sorten Marmelade präsentiert, in einer alternativen Versuchsanordnung waren es 24 Sorten. Beobachtet wurde, wie häufig die Kunden und Kundinnen, die in den Laden kamen, von den Marmeladen probierten und wie oft sie schließlich kauften. Die Ergebnisse waren eindrücklich: Der Tisch mit den sechs Sorten lockte 40 Prozent der Kundinnen und Kunden an, 12 Prozent kauften ein Glas ihrer favorisierten Marmelade. Der größere Tisch mit den 24 Sorten lockte zwar 60 Prozent der Kundinnen und Kunden an. Nachdem sie probiert und gustiert hatten, gingen in dieser Anordnung allerdings nur zwei Prozent mit einem gekauften Glas Marmelade nach Hause.

Dieses Phänomen wird als »Paradox of Choice« bezeichnet: Eine große Auswahl führt zu einer niedrigen Kaufrate. Für unser Thema bedeutet das: Wenn wir viele Entscheidungsoptionen haben, dann ist die Wahrscheinlichkeit sehr groß, dass wir uns nicht oder kaum entscheiden. Ein Phänomen unserer Zeit scheint jedoch zu sein, dass in vielen Bereichen die Wahlmöglichkeiten von Tag zu Tag steigen. Natürlich, die Wahlmöglichkeit gibt Freiheit und Flexibilität – doch man muss damit auch einen guten Umgang in der Priorisierung finden.

Im Falle des Marmeladenexperiments gäbe es ein mögliches Vorgehen, das zu guten Entscheidungen führen könnte, falls wir tatsächlich gefordert wären, aus 24 Sorten auszuwählen: Zuerst werden die Marmeladen in Vierergruppen aufgeteilt. Aus den sechs Vierergruppen wird der jeweilige Favorit auswählt – mit diesem Grad an Komplexität können wir umgehen. Zuletzt bleiben sechs Sorten übrig, aus denen die Siegermarmelade ausgewählt wird. Weniger empfehlenswert ist es, jeweils zwei Sorten miteinander zu vergleichen und den Sieger mit der nächsten Sorte ins Rennen zu schicken. Einfach deshalb, weil Menschen dazu neigen, einmal getroffene Entscheidungen nur schwer zu verändern. Also ist es sehr wahrscheinlich, dass eine Sorte, die acht Runden überstanden hat, auch die nächsten vier Runden gewinnen wird, weil das Gehirn seine Entscheidungen gerne bestätigt sieht. Das heißt nicht unbedingt, dass damit wirklich die Lieblingsmarmelade ausgewählt wurde.

Teams in Organisationen beschäftigen sich freilich selten mit der Auswahl von Marmeladen. Doch vielleicht hilft es, an die Erkenntnisse des Marmeladenexperiments zu denken, wenn du und dein Team Gefahr laufen, in einer Fülle von Auswahlmöglichkeiten zu versinken. Die Reduktion der Komplexität unterstützt bessere und stimmigere Ergebnisse bei Entscheidungen.

Die Führungskultur beeinflusst die Art der Entscheidungsfindung

In Organisationen ergibt es Sinn, nicht nur die individuellen Dynamiken der Entscheidungsfindung, sondern auch die vorherrschende Führungskultur einzubeziehen. Entscheidungsfindung steht dabei in einem engen Zusammenhang mit dem gelebten Mindset: Wie wird in der Organisation mit Macht und Sicherheit umgegangen?

Die US-amerikanischen Unternehmensberater McGuire und Rhodes zeigten in ihrem Buch »Transforming your Leadership Culture« (McGuire/Rhodes, 2009) auf, dass zwei Drittel aller Transformationsprojekte deshalb scheitern, weil die gewünschte neue Organisationsform nicht mit der vorherrschenden Führungskultur zusammenpasst. Zwar werden Anstrengungen unternommen, um die Kompetenzen einzelner Führungskräfte zu erweitern, aber es fehlt der Blick auf die kollektive Entwicklung von Kompetenzen im gesamten Führungsteam. Dieser nicht erfolgte »cultural change« zeigt sich besonders im Entscheidungsverhalten, nämlich in der Art, wie mutig Weichenstellungen vorgenommen werden, wer Entscheidungen treffen darf, wie Macht delegiert wird und wer Zutrauen bekommt.

Aktuell erleben wir oft, dass von den Führungskräften zwar gefordert wird, Verantwortung zu übernehmen – doch es gibt in der vorherrschenden Führungskultur kaum Freiraum für die Gestaltung. McGuire und Rhodes versuchen, diese kulturellen Unterschiede durch drei Stufen der Führungskultur zu skizzieren. Jede Stufe der Führungskultur hat ihre eigene Führungslogik und Art der Entscheidungsfindung, die in der Organisation als akzeptabel angesehen ist. Natürlich kann es sein, dass einzelne Personen eine andere Art der Entscheidungsfindung zeigen, doch entscheidend ist, welche Logik das gesamte Unternehmen prägt.

Stufen der Führungskultur	Führungslogik	Art der Entscheidungsfindung
Kultur der Abhängigkeit und Anpassung (Dependent Conformer)	• Abhängigkeit von Loyalität und Beziehung • Fachliches Wissen als Erfolgsfaktor • Fehler als Schwäche, Feedback unerwünscht	• Eher zentral • Meinung der Mitarbeitenden wird abgeholt
Kultur der Unabhängigkeit und Erfolgsorientierung (Independent Achiever)	• Feedback willkommen, um Einzelleistung zu verbessern, Fehler als Lernchance • Zur Zielerreichung braucht es die Kraft vieler • Fokus auf die Stärkung des eigenen Bereichs	• Delegation von Verantwortung innerhalb der Einheit • Entscheidung mit Fokus auf Erfolg des Bereichs
Kultur der vernetzten Zusammenarbeit (Interdependent Collaborator)	• Machtverteilung auf gesamte Organisation • Erfolgsfaktor grenzüberschreitend, übergreifend • Fokus auf Nutzen für alle und das Unternehmen	• Dort, wo strategisch die beste Entscheidungskompetenz liegt, wird entschieden • Entscheidung mit Fokus auf gesamte Organisation

Tab. 7: Die Kultur beeinflusst die Art der Entscheidung (Quelle: eigene Darstellung auf Basis der Kulturstufen nach McGuire/Rhodes 2009)

- Die erste Stufe ist die »**Kultur der Abhängigkeit und Anpassung**«: Entscheidungen werden in erster Linie zentral getroffen bzw. dort, wo die Führungsmacht liegt – das kann entweder demokratisch in einem zentralen Führungsgremium passieren oder im Einzelentscheid durch eine verantwortliche Person. Mitarbeitende oder weitere Führungsstufen können einbezogen werden, zu guter Letzt wird die Entscheidung aber doch zentral gefällt. Gegebenenfalls werden Expertinnen und Experten im Entscheidungsprozess um ihren Rat gebeten. Diese Stufe finden wir oft in Verwaltungen, verwaltungsnahen Organisationen oder in Organisationen mit einem dominanten und kontrollierenden Topmanagement. Auffällig in diesen Organisationen ist auch, dass jene Menschen, die eine große persönliche Nähe zum Topmanagement haben, eher in den Entscheidungsprozess integriert werden, als jene, die vielleicht die größte Expertise haben.
- Die zweite Stufe ist die »**Kultur der Unabhängigkeit und Erfolgsorientierung**«. Entscheide, die den Erfolg des eigenen Teams oder Bereichs betreffen, werden auf dieser Stufe vermehrt in die entsprechenden Organisationsbereiche delegiert – unabhängig von der persönlichen Nähe. Die Entscheidungsfindung ist in dieser Führungskultur stark mit der hierarchischen Struktur der Organisation verbunden: In den Entscheidungsprozess werden viele betroffene Stakeholder involviert, am Ende wird die Entscheidung jedoch meist von einer über die Struktur definierten Führungskraft getroffen. Diese Entscheidungsstruktur finden wir oft in Organisationen, die intensiv an der Kundenorientierung arbeiten: Den Verantwortlichen ist bewusst, dass sich die Organisation rasch an sich verändernde Rahmenbedingungen anpassen muss – deshalb soll die Meinung der Mitarbeiterinnen und Mitarbeiter eingeholt werden. Diese Nutzung der individuellen Potenziale erfolgt jedoch noch recht eindimensional in den jeweiligen Teams und weniger durch Co-Creation und übergreifende Zusammenarbeit.
- Die dritte Stufe ist die »**Kultur der vernetzten Zusammenarbeit**«. Entscheidungen werden dort getroffen, wo strategisch betrachtet die größte Entscheidungskompetenz liegt. Die entscheidenden Personen oder das Entscheidungsgremium werden also nach dem Gesichtspunkt gewählt, ob sie für ein bestimmtes Thema die besten Ansprechpersonen im Sinne der Ziele der Gesamtorganisation oder der Gruppe sind. Diese Führungskultur nutzt die vorhandenen Potenziale und Kompetenzen besonders gut, erfordert jedoch eine aktiv gelebte Vertrauenskultur in der Organisation.

Es ist für eine Organisation nicht leicht, von einer Stufe in die nächste zu gelangen. Durch gemeinsame Reflexion kann es aber gelingen, die unbewusst wirkenden Überzeugungen und Glaubenssätze aufzudecken und kritisch zu hinterfragen. In einem nächsten Schritt können konkrete Vereinbarungen zur Änderung des Verhaltens getroffen werden, denn die Veränderung der Kultur zeigt sich immer nur durch ein geändertes Verhalten. Eine gute Unterstützung ist dabei ein Diskurs darüber, was unter Delegation verstanden wird: Welches Thema wird wie an wen delegiert und welche Stufen der Delegation sind gemeint? Wir erleben in vielen Organisationen, dass es bereits als Delegation betrachtet wird, wenn die Aufbereitung der Informationen für die Entscheidungsfindung von einem Teammitglied übernommen wird. Die Entscheidung selbst muss dann aber doch wieder »gemeinsam« mit der Führungskraft passieren.

Echte Delegation, wie sie die beschriebene dritte Stufe erfordert, sieht völlig anders aus. Echte Delegation bedeutet, ein gesamtes Themenfeld mit allem Drum und Dran – inklusive Budgetverantwortung – an eine Person zu übergeben, ohne ständig einen Lagebericht haben zu wollen.

Formen der Entscheidungsfindung

Die Entscheidungsfindung im komplexen Umfeld wird immer fordernd bleiben. Es kann aber sehr helfen, wenn es ein klares Bild davon gibt, welche Form der Entscheidungsfindung gewählt wird. Bei unserer Arbeit in Organisationen stellen wir immer wieder fest, dass es oft gar nicht um die Frage geht, was die beste Entscheidung wäre. Vielmehr ist unklar, wer für die Entscheidung tatsächlich zuständig ist und auf welche Art und Weise entschieden wird. Dadurch erleben wir folgende Dynamik: Alle diskutieren überall mit, niemand sieht sich dabei verantwortlich, und aus der Diskussion geht nicht klar hervor, ob nun eine Entscheidung getroffen werden soll und wie die Entscheidung erfolgt. Müssen alle zustimmen? Wie wird mit kritischen Überlegungen umgegangen? Entscheidet die Führungskraft? Wann und wie? Die Folge davon ist, dass letztlich das Topmanagement irgendwann die Entscheidung trifft, obwohl man in der Organisation der Meinung ist, einen hohen Grad der Delegation von Verantwortung zu leben.

Für mehr Klarheit lohnt sich ein Blick auf unterschiedliche Entscheidungsmöglichkeiten.

Entscheidungsprinzip	Beschreibung
Einzelentscheid	Es gibt eine Person, die entscheidet, und das ist allen klar.
Konsultativer Einzelentscheid	Eine Kombination des Wissens von vielen mit den Kompetenzen des oder der Einzelnen. Zunächst wird definiert, wer entscheidet. Diese Person konsultiert andere im Sinn von Beratung. Danach wird die Entscheidung getroffen, die Ergebnisse kommuniziert und entschieden umgesetzt.
Konsens	Es wird erst entschieden, wenn ein Konsens gefunden wurde. Beim systemischen Konsensieren werden Widerstände und die zugrunde liegenden Gefühle berücksichtigt. Ziel ist, eine Lösung zu finden, die wenig Widerstand erzeugt. In einem ersten Schritt werden für die Entscheidungsfindung relevante Fragen konkretisiert. Dann werden Lösungsvorschläge in der Gruppe gesammelt, die mit 0–10 Widerstandspunkten bewertet werden. Anschließend wird so lange verhandelt, bis eine Lösung mit möglichst geringem Widerstand gefunden ist.
Konsent	Der Konsent kann beim systemischen Konsensieren, aber auch bei anderen Entscheidungsformen eine zeitsparende Hilfe sein. Konsent bedeutet: »Ich bin nicht dafür, ich kann die Entscheidung aber mittragen.« Enthaltungen bei demokratischen Abstimmungen sind ein Beispiel für einen Konsent.
Demokratische Entscheidung	Bei demokratischen Entscheidungen gibt es eine Themenstellung, die diskutiert wird, indem alle ihre Meinung dazu äußern können. Danach wird abgestimmt – die Mehrheit entscheidet.

Tab. 8: Formen der Entscheidungsfindung

Frederic Laloux schlägt in seinem Buch »Reinventing Organizations« (Laloux, 2014) den »advice process« als resilientes Prinzip vor. Damit meint er, dass wir für Entscheidungen keine Hierarchien brauchen, sondern lediglich das Prinzip, dass jeder und jede selbst Entscheidungen treffen kann. Bevor er oder sie das tut, muss aber der Rat aller betroffenen Parteien sowie von Expertinnen und Experten in diesem Thema eingeholt werden – letztlich ist das der konsultative Einzelentscheid, der zusätzlich jegliche Hierarchie ersetzt. Die Person ist nicht verpflichtet, auf alle Rücksicht zu nehmen und alle Wünsche zu bedienen, um einen Kompromiss zu erzielen. Was von der Person, die eine Entscheidung treffen möchte, jedoch verlangt wird, ist die ernsthafte und fundierte Auseinandersetzung mit diesen Wünschen. Dann kann die Entscheidung unmittelbar durch die einzelne Person erfolgen.

Betrachten wir Resilienzprinzipien wie Eigenverantwortung, Vernetzung, Offenheit, Transparenz, Schnelligkeit der Anpassung und das Nutzen von Chancen, dann ist unser Eindruck: Zumindest 80 Prozent, wenn nicht sogar 90 Prozent aller Entscheidungen sollten durch den konsultativen Einzelentscheid erfolgen – von jenen, die die größte Expertise haben und nicht die hierarchischen Vorgesetzten sind. Nur so besteht die Chance, dass das Übernehmen von Verantwortung breit in einer Organisation verankert wird.

Abhängig von der Organisationskultur und der Organisationsform muss innerhalb der Organisation klar definiert werden, welche Form der Entscheidungsfindung für die »kritischen« Entscheidungen gewählt wird.

Entscheiden. Und dann umsetzen.

Entscheidungen treffen zu können, macht allein noch nicht resilient. Mut brauchen wir dann noch einmal: für die Umsetzung dessen, was wir entschieden haben. Da kann es freilich passieren, dass wir weiter unsicher sind und viel Energie ins Nachspüren stecken. War die Entscheidung wirklich gut? Zum Teil ergibt das Sinn, doch eben nur zum Teil. Ist eine Entscheidung einmal getroffen, sollte das Entschiedene mit Entschiedenheit ins Leben gebracht werden. Entschiedenheit ist eine Schlüsselhaltung der Resilienz und die Fähigkeit, etwas erfolgreich zu bewirken. Nur so können wir Erfahrungen sammeln und daraus lernen. Entschieden zu sein, löst Blockaden, setzt Energien frei und ermöglicht Neues.

Entschiedenheit bedeutet in diesem Zusammenhang auch, zu gewährleisten, dass Entscheidungen – von wem immer sie getroffen wurden – von allen mitgetragen werden. Von jeder und jedem wird alles dafür getan, dass die mit der Entscheidung verbundenen Maßnahmen umgesetzt werden können. Dies gelingt oft nur, wenn Entscheidungen, die sich als falsch herausgestellt haben, genauso entschieden revidiert und für das Lernen genutzt werden. Wenn in Aussicht gestellt wird, dass es Feedback- und Lernschleifen geben wird, erklären sich sehr oft auch die Kritikerinnen und Kritiker dazu bereit, die Entscheidung voll umzusetzen, denn in drei oder sechs Monaten wird ohnehin gemeinsam überprüft, ob der Weg so passt, ob sich ein Erfolg zeigt und wie es den betroffenen Gruppen damit geht.

Übung 18: Reflexion zum Entscheidungsverhalten

Zum Abschluss möchten wir dir ein paar Reflexionsfragen mitgeben, anhand derer du das Entscheidungsverhalten in deinem Team analysieren kannst.

- Was war eine wichtige Entscheidung, die zuletzt zu treffen war? Bitte wähle eine aus.
- Welche Annahmen lagen der Entscheidung zugrunde? Wurden diese explizit benannt?
- Was hat euer Mindset beeinflusst?
- Wie wurde die Faktenanalyse durchgeführt?
- Wie seid ihr mit eurer Intuition umgegangen?
- Wurden bei eurer Entscheidungsfindung die Fakten und die Intuition zugleich berücksichtigt? Welche Seite hat überwogen? Hat überhaupt eine Seite überwogen?
- Welche Werte haben eure Entscheidung geleitet?
- Wie wahrscheinlich ist es, dass ihr bei einer ähnlichen Frage zu einer vergleichbaren Entscheidung kommt?
- Wie lange hat es gedauert, bis die Entscheidung getroffen wurde?
- Habt ihr euch Rat und/oder Expertise geholt?
- Wenn ja: Von wem und weshalb wurden gerade diese Personen ausgewählt? Was war deren Empfehlungen?
- Welche Risiken und Ängste wurden deutlich?
- Welche Chancen und Möglichkeiten wurden gesehen?
- Habt ihr ein Worst-Case-Szenario und das damit verbundene wirtschaftliche Risiko besprochen?
- Welches Entscheidungsprinzip habt ihr angewendet?
- Wie kam die finale Entscheidung zustande?
- Was war die Entscheidung?
- Wie zufrieden bist du/seid ihr aktuell mit der Entscheidung?
- Habt ihr ein Datum festgesetzt, an dem die Entscheidung evaluiert wird?
- Gibt es aus dieser Entscheidungsanalyse Learnings und Erkenntnisse für zukünftige Entscheidungen?

Fassen wir zusammen:

- Im Prozess der Entscheidungsfindung ist es hilfreich, wenn Mut und Angst nicht als Gegensätze gedacht werden, sondern als Enden eines Spektrums, die zusammengehören.
- Die Kongruenz zwischen Verstand und Emotion ist ein Schlüssel zu mutigen Entscheidungen, sowohl im individuellen Bereich als auch in Organisationen.
- Das Finden von Entscheidungen wird im komplexen Umfeld immer fordernd bleiben. Doch es hilft sehr, wenn es ein klares Bild zur Form der Entscheidungsfindung gibt.
- Nicht nur der Mut zur Entscheidung macht resilient, sondern auch die Entschiedenheit in der Umsetzung.

3.3 Gestaltungsfeld Organisation – Resilienz im Innen steigern

Die persönliche Resilienz von Menschen bzw. von Teams zu fördern, ist unumgänglich. Doch die einfache Aufsummierung dieser Resilienzen ergibt nicht die Resilienz der Organisation. Wenn die Menschen weiterhin innerhalb von Strukturen und Rahmenbedingungen handeln müssen, die im Grunde den und die Einzelne entmündigen, ist eine Organisation nicht resilienter als zuvor.

Um die Widerstandskraft einer Organisation nach innen zu entwickeln, müssen die Menschen dynamisch, flexibel und verantwortungsvoll agieren können. In der Organisation kann an vier Punkten angesetzt werden, um den Rahmen dafür zu bieten: Die Basis ist eine konstruktive **Fehler- und Lernkultur,** in der Fehler nicht als Defizite, sondern als Chancen für Entwicklung und Kurskorrekturen auf dem Weg zur passenden Lösung betrachtet werden. Mit dem Bewusstsein, dass Neues und radikal Innovatives meistens durch Versuch und Irrtum entsteht, können **Freiräume für Experimente** geschaffen werden, die auch scheitern dürfen. Das bedeutet den Abschied von dem Gedanken, dass an der Spitze der Hierarchiepyramide alles entschieden werden muss und stattdessen Menschen auch **dezentral Verantwortung übernehmen** können und wollen. Hilfreich dabei ist, **Systemblockaden** zu **entfernen** und dort Reserven aufzubauen, wo die Risikotreiber in der Organisation liegen. Das kann auch bedeuten, die Organisation mittel- bis langfristig völlig neu zu strukturieren.

3.3.1 Konstruktive Fehler- und Lernkultur

Die gute Nachricht aus der neurobiologischen Forschung: Lernen ist lebenslang möglich! Sogar im fortgeschrittenen Alter können neue aktive Gehirnzellen gebildet werden. Die weniger gute Nachricht: Während Kinder mühelos lernen, braucht das erwachsene Gehirn etwas mehr, um den Lernprozess anzuregen.

Was dabei besonders hilft, sind Emotionen. Der Mensch lernt, wenn emotionale Zentren im Gehirn aktiviert und als Erfahrungen abgespeichert werden. Diese Erfahrungen werden wieder abgerufen, wenn unser Gehirn den Eindruck hat, dass es sein Besitzer bzw. seine Besitzerin mit einer ähnlichen Situation zu tun hat. Der Neurobiologe Gerald Hüther beschreibt den Prozess folgendermaßen (Hüther, 2001): Ähnliche Erfahrungen verdichten sich zu inneren Bildern, aus denen Haltungen und Einstellungen entstehen. So entwickeln wir im Kindesalter beispielsweise eine Einstellung dazu, wie wir Schule erleben – manche erleben sie positiv, manche weniger. Bemerkenswert ist: Je vielfältiger die Eindrücke aus der Umwelt sind, desto mehr neuronale Bahnen entwickelt das Gehirn, auf die der Mensch im Laufe seines Lebens zurückgreifen kann. Gibt es hingegen wenige unterschiedliche Eindrücke, dann wird das neuronale Potenzial nur zu einem Bruchteil genützt. Schlimmer noch: Das Potenzial verkümmert.

Menschliche Gehirne sind also nicht starr verdrahtet wie ein Computer. Ständig wird umgebaut und an neue Erfordernisse angepasst – sei es als Reaktion auf Umweltbedingungen, weil etwas Neues gelernt wurde, oder wenn sich das Gehirn von einer Schädigung erholen muss. Diese »neuronale Plastizität« begleitet uns ein Leben lang. Wenn nun geänderte Rahmenbedingungen kreative Lösungen erfordern, so lernen wir nicht in erster Linie durch das Anhäufen von Wissen und Kompetenzen. Lernen ist in diesem Fall vielmehr eine Haltung, die uns Offenheit im Umgang mit fordernden Situationen ermöglicht. Was bedeutet das für den Aufbau einer echten Lernkultur im organisationalen Kontext?

Menschen können lernen – unabhängig vom bisherigen Erfahrungsschatz und unabhängig vom Alter. Für uns als Individuen bedeutet das jedoch, dass eine bewusste Entscheidung getroffen werden muss: »Möchte ich das? Ist lebenslanges Lernen ein Teil meiner Identität? Suche ich immer wieder neue Situationen und Aufgaben, die mich in meinem Lernen fordern?« Wenn ja, dann ist es nicht so wichtig, ob es sich dabei um Sudoku, eine neue Sportart oder ein neues Tool für Videocalls handelt.

Für Organisationen bedeutet das, ein Setting zu schaffen, in dem Lernen für alle Mitarbeiterinnen und Mitarbeiter attraktiv und lustvoll ist. In diesem Setting sollten alle oben gestellten Fragen mit einem »Ja« beantwortet werden können. Das wiederum bedingt eben nicht nur ein breites, anregendes und leicht zugängliches Weiterbildungsangebot, sondern eine vertrauensvolle und unterstützende Lernatmosphäre. Womit wir beim Thema »Lernen aus Fehlern« landen.

Eine Fehlerkultur entwickeln

Eine gelebte und systematisch etablierte, konstruktive Fehlerkultur ist ein zentrales Element in der Entwicklung von Resilienz in Organisationen – also in der Vorbeugung von Krisen. Sie ist der Kern einer lernenden Organisation, in der Fehler dazu genutzt werden, Lösungen für die Zukunft zu finden, zu innovieren, sich zu verändern.

Fehler zu artikulieren, heißt vor allem auch, Verantwortung zu übernehmen. Diese Verantwortung bezieht sich aber nicht allein auf das individuelle »Versagen«, wie Fehler in Organisationen oft deutlich zu kurz gegriffen betrachtet werden. Es bedeutet, Verantwortung für das Unternehmen und das Gesamtsystem zu übernehmen, und zwar vor allem dann, wenn sich Fehler oder Beinahe-Fehler an anderen Stellen wiederholen.

Am wunden Punkt »Fehler« dockt das Thema der individuellen Gesundheit nahtlos an. Wenn Fehler als **individuelles** Versagen interpretiert und entsprechend geahndet werden, setzt sich eine persönliche Negativspirale in Gang: »Ich habe Angst vor den Folgen, daher teile ich niemandem mit, was passiert ist. Ich versuche, den Fehler zu vertuschen, ich habe ein schlechtes Gewissen.« Die Konsequenzen sind absehbar: Unsicherheit, Leistungsverfall, womöglich Burnout.

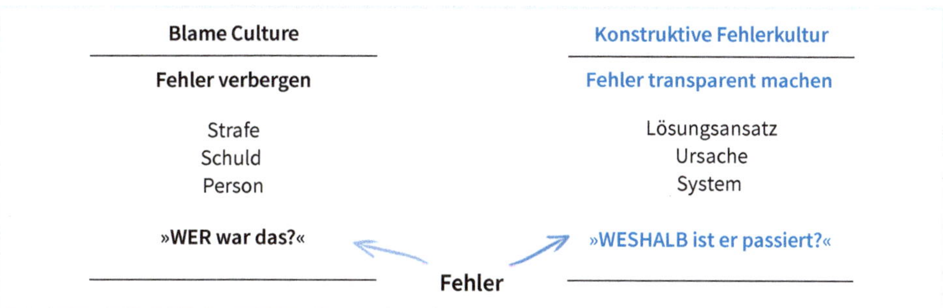

Abb. 3.20: Eine konstruktive Fehler- und Lernkultur in der Organisation entwickeln (Quelle: eigene Darstellung)

Hier startet allerdings auch eine Negativspirale im Unternehmen bzw. im System: Das System als Ganzes kann nicht lernen, weil andere nicht gewarnt werden, Schwachstellen weiter bestehen und zu Folgefehlern führen. Die individuelle Gesundheit leidet, gleichzeitig verliert aber die gesamte Organisation an Resilienz.

Natürlich gibt es in Organisationen auch einen resilienzfördernden Umgang mit Fehlern. Es wird in diesem Fall nicht der oder die Schuldige gesucht, sondern die einzig relevante Frage gestellt: Weshalb ist der Fehler passiert? Man begibt sich auf die Suche nach den Ursachen: War der Grund ein unpassender Prozess, eine Unachtsamkeit, Nichtwissen, nicht vorhandenes Material, Zeitdruck etc.? Nur mit dem Wissen um die Umstände kann eine Lösung entwickelt werden und so gut wie möglich verhindert werden, dass sich der Fehler wiederholt. Diese Frage zeigt die entscheidende Haltung: Das Ziel ist die Verbesserung des Systems.

Wir wollen dir dazu zwei Anregungen mitgeben: zum einen die Idee, Fehler und Scheitern prominent auf die Bühne zu bringen, und zum anderen die Elemente für eine systematische Entwicklung der Lern- und Fehlerkultur in Organisationen.

PRAXISBEISPIEL

Öffentlich aus Fehlern lernen: Treffen wir uns zu einer »Fuckup Night«?

Die Idee ist ebenso einfach wie bestechend: Junge Menschen aus der Start-up-Szene treffen sich in einem öffentlichen Rahmen, um von ihren »Fuckups« zu berichten. Wie der Name schon sagt, geht es bei diesen Veranstaltungen nicht um das, was gelungen ist und erfolgreich war. Interessant ist das, was misslungen ist und wie man damit umgegangen ist. Beklatscht wird auf der Fuckup-Bühne, wer andere an seinem persönlichen Scheitern und den Erfahrungen daraus teilhaben lässt: Durch welches Tal bin ich gegangen, was habe ich dabei über mich erfahren und wie geht es besser?
Inzwischen nehmen sich viele Unternehmen diese Initiative zum Vorbild und veranstalten eigene »Fuckup Nights«, an denen gezielt aus innerbetrieblichen Fehlern gelernt wird. Ein namhaftes deutsches Industrieunternehmen geht noch einen Schritt weiter und vergibt jährlich einen Preis für den Fehler, aus dem am meisten gelernt wurde.

Schritte zur Entwicklung einer konstruktiven Fehlerkultur

Eine konstruktive Fehlerkultur entsteht nicht von selbst, sondern durch institutionalisierte Prozessschritte. Wir wollen an dieser Stelle hilfreiche Elemente beschreiben, die das Weiterentwickeln der Fehlerkultur in Organisationen unterstützen.

Abb. 3.21: Entwicklung einer konstruktiven Fehlerkultur in Organisationen (Quelle: eigene Darstellung)

Fehler besprechbar machen

Die Fragen, die systematisch gestellt werden sollten, lauten:

- Welche Fehler sind tatsächlich passiert?
- Welche Fehler sind beinahe passiert?

Diese Fragen mögen banal klingen, doch unsere Erfahrung in Beratungsprojekten zeigt, dass damit große Potenziale zu heben sind. Besonders spannend und vielleicht neu sind die Beinahe-Fehler: Diese werden meist als Erfolge gefeiert, die im letzten Moment gelungen sind, weil das Team den Fehler gerade noch rechtzeitig aus der Welt schaffen konnte. Ohne den Erfolg des Teams schmälern zu wollen, ist es an dieser Stelle jedoch entscheidend, Beinahe-Fehler bewusst zu analysieren. Wenn das nicht passiert, bleiben die zugrunde liegenden Systemfehler verdeckt und werden mit großer Wahrscheinlichkeit wieder auftauchen.

Gemeinsames Bewusstsein für mögliche Fehler entwickeln

Das Team blickt in die Zukunft und fragt:

- Welche Fehler sollten auf keinen Fall passieren?
- Welche unerwarteten Fehler könnten passieren?

Fehler »vorauszusehen«, erfordert, sich mit Schwächen und Risikofeldern bewusst auseinanderzusetzen, und das zu einem Zeitpunkt, zu dem ein strukturiertes Vorgehen und Handeln noch möglich ist.

Denkmuster hinterfragen und neu definieren

Bei diesem Punkt geht es darum, dass Mitarbeitende und Führungskräfte gemeinsam erkennen, wie in der Organisation aktuell mit Fehlern umgegangen wird.

- Welche Denkmuster in Bezug auf Fehler leben in den Köpfen der Menschen und beeinflussen das tägliche Handeln?
- Werden Fehler als Lernchancen produktiv genützt?
- Welche Denkmuster sind dabei hilfreich und welche nicht?

Wichtig ist, die vorherrschenden Annahmen zu erkennen und sich damit gezielt auseinanderzusetzen: Helfen diese Annahmen den einzelnen Mitarbeiterinnen und Mitarbeitern und der Organisation? Jene Denkmuster, die als destruktiv identifiziert werden, gilt es, gemeinsam neu zu definieren. Die zentrale Überlegung dabei ist, wie die neue, gewünschte Haltung gefördert und sichtbar gemacht werden kann.

Aus Fehlern für die Zukunft lernen

Antworten und auch prozessuale Lösungen für die Zukunft findet man oft in Fehlern, die in der Vergangenheit (fast) passiert sind. In diesem Schritt geht es darum, zu definieren, wie die Erkenntnisse aus geschehenen Fehlern im Sinne einer lernenden Organisation für die Zukunft nutzbar gemacht werden können.

Diesbezügliche Leitfragen lauten:

- Welche Fehler haben wir gemacht und wie haben wir darauf reagiert?
- Wie wollen wir in Zukunft darauf reagieren?
- Was können wir verändern, damit der Fehler in Zukunft nicht mehr auftritt?
- Wie wollen wir über Fehler bzw. über erste Signale kommunizieren?
- Herrscht in unserem Unternehmen Silodenken und inwieweit können wir abteilungsübergreifend nach Lösungen suchen?

Die Leitfragen dienen als Orientierung, um das Bewusstsein zu schärfen und den Handlungsbedarf zu erkennen. Auf dieser Basis können konkrete Prozessschritte entwickelt werden, um institutionalisiert eine konstruktive Fehlerkultur einzuführen.

Das Topmanagement prägt den Umgang mit Fehlern

Die Fehlerkultur ist in der Organisationsentwicklung schon lange ein Thema. Trotzdem erleben wir in allen Branchen viele Organisationen, die dieses Thema nach wie vor stiefmütterlich behandeln und die Potenziale übersehen. Eine nicht zu unterschätzende Rolle spielen dabei die Top-Führungskräfte, die eigene Fehler sowie Fehler, die in ihrem Verantwortungsbereich passieren, als persönliches Versagen interpretieren. Wir möchten an dieser Stelle Führungskräfte ermuntern, diese Negativspirale zu stoppen und sich dem Thema mutig und ohne Vorbehalte zu widmen. Die Auseinandersetzung im Team mit den Prozessen kann eine sehr positive Dynamik entwickeln und einen wesentlichen Beitrag zur resilienten Organisation leisten.

Übung 19: Überlegungen zur Entwicklung einer Lern- und Fehlerkultur

Wenn dich die bisherigen Überlegungen inspiriert haben und eine erste Reflexion ergeben hat, dass es in deinem Verantwortungsbereich Potenziale in der Lern- und Fehlerkultur gibt, könnte sich das folgende Vorgehen anbieten:

Schritt 1: Starte mit deinem persönlichen Mindset
Wir laden dich ein, zu erkunden, welche Haltungen und Annahmen dich derzeit in puncto Lernen und Umgang mit Fehlern leiten. Welche davon sind hilfreich, welche weniger?

Schritt 1: Mein Mindset als Hebel zur Weiterentwicklung der Lern- und Fehlerkultur	
Bei welchen Themen orte ich Potenzial für mich?	
Meine aktuellen Annahmen, Leitsätze, Haltungen: Welche davon sind hilfreich, welche brauchen Veränderung?	
Mein Handlungsbedarf: Was möchte ich verändern bzw. weiterentwickeln? Was brauche ich, damit das gelingen kann – auch von meinem Umfeld?	
Was kann mein Beitrag sein, damit das gelingt?	
Mein Zielbild im »Growth Mindset«: Meine zukünftigen Leitsätze zu den Themen Lernen und Umgang mit Fehlern.	

Tab. 9: Das persönliche Mindset für eine funktionierende Lern- und Fehlerkultur entwickeln

Schritt 2: Gemeinsam die Lern- und Fehlerkultur weiterentwickeln
Die Leitfragen zur Erkundung und Weiterentwicklung des individuelle Mindsets können sehr gut auch für die gezielte Weiterentwicklung der Fehler-und Lernkultur im Team angewendet werden. Die Idee ist, dass du mit gutem Beispiel vorangehst und in einem zweiten Schritt dein Team einlädst, gemeinsam an der Fehler-und Lernkultur des Teams zu arbeiten, sodass im Miteinander das Vertrauen und die Freude weiterwachsen können. Die Themen »Lern- und Fehlerkultur« sind ja in Organisationen immer präsent, doch nicht immer im Fokus der Aufmerksamkeit. Und da Lernen vor allem da passiert, wo die Aufmerksam-

keit ist, ist unser Vorschlag, dass du die Themen in einem agilen Setting in den Fokus der Organisation bringst und ihr eine Routine der Pflege entwickelt.

1. Welche Qualitäten möchten wir entwickeln?

- z.B. noch mutiger sein im Feedback
- ...

2. Umsetzungsplanung

- Wie? (z.B. nicht nur fachliches Feedback geben)
- Wann?

3. Umsetzung – 1 Woche

Konkrete Umsetzungsschritte

- ...
- ...

Reflexion/Weekly Standup im Team mit Blick auf vier Ebenen

- Verhalten
- Verstand
- Emotionen
- Körperempfinden

Methoden: Spaziergang, Reflexion am Abend ...

4. Evaluierung und Weiterentwicklung (Review)

Ich mag .../Wünsche/Fragen/Ideen

Fassen wir zusammen:

- Die Lernkultur in Organisationen bezieht sich nur zum Teil auf die Erweiterung von Fachwissen und Fähigkeiten.
- Lernen passiert, wenn etwas emotional bedeutsam ist – Begeisterung und Enthusiasmus sind der Nährboden für organisationales Lernen.
- Begeisterung und Enthusiasmus entwickeln wir nicht nur aus uns selbst heraus, sondern sogar noch stärker durch den Austausch mit anderen.
- Ein Mindset, das Lernen in der Organisation unterstützt, fördert Neugierde, Entdeckungsfreude und das Zugehörigkeitsgefühl zu einer Gemeinschaft.
- Fehler sind eine wertvolle Quelle, um zu lernen. Entscheidend ist, wie die Haltung zu Fehlern in der Organisation gelebt wird.
- Eine konstruktive Fehlerkultur in der Organisation kann gezielt gefördert werden und ist essenziell für die Entwicklung einer resilienten Organisation.

3.3.2 Freiraum für Experimente

Die herkömmliche Managementlogik des Planens und Vorhersehens ist mit der Komplexität, Unvorhersehbarkeit und teilweisen Unverständlichkeit der heutigen Welt oft wenig kompatibel. Das liegt nicht an schlechten Planungssystemen und auch nicht an der mangelnden Kreativität der Entwicklerinnen und Entwickler dieser Systeme, sondern schlicht daran, dass Planung für viele Fragestellungen das falsche Instrument ist.

Hinter der Planung steht die Logik, aus Erkenntnissen der Vergangenheit Lösungen für die Zukunft entwickeln zu können. Paul Watzlawick postulierte dazu: »Wenn du immer wieder tust, was du immer schon getan hast, dann wirst du immer wieder das bekommen, was du immer schon bekommen hast. Wenn du etwas anderes willst, musst du etwas anderes tun!« (Wüthrich, 2020, S. 111 f) Dazu kommt, dass das Streben nach Perfektion und Effizienz an vielen Stellen die Offenheit für Neues verhindert. Perfektion hat den Anspruch, Probleme zu durchdringen, jede Facette zu kennen und ein fehlerfreies System zu bauen. Diese Logik klappt sehr gut bei stabilen Rahmenbedingungen. Doch der Anspruch auf Perfektion ist mit der Nichtlinearität und Unverständlichkeit, die viele Fragestellungen heute umgibt, wenig kompatibel. Wir haben die Erfahrung gemacht, dass diese Situation in Organisationen oft zu Frustration und letztlich zum Stillstand führt.

Warum ist das so? Nun: Effizienz reduziert die Vielfalt. Sie optimiert selbst den kleinsten Schritt und lässt keinen Freiraum für Alternativen, wenn diese nicht unmittelbar einen produktiven Output generieren.

Um Organisationen zur Resilienz weiterzuentwickeln, braucht die Planung einen starken Gegenspieler: die Nutzung des Zufalls und der Vielfalt. Die Arbeit mit Experimenten als anerkannte Methode kann dabei in allen Bereichen sehr hilfreich sein. Neben dem Standbein ein Spielbein zu entwickeln, erhöht die Wahrscheinlichkeit, zu überleben. Die Vitalität bleibt nicht nur erhalten, sie steigt sogar. Nur wenn wir die Unvorhersehbarkeit, das Unbekannte, die Unverständlichkeit, und Unplanbarkeit akzeptieren, werden wir frei und offen, um loszulassen und mit unserer Intuition, unserer kreativen Kraft und unserem Urvertrauen in Kontakt zu kommen.

Wird bewusst eine Kultur der Freiräume geschaffen, kann ein Managementstil des Experimentierens, des Pilotierens und frühen Scheiterns entstehen. Lernschleifen werden zum Erfolgsfaktor. Hans A. Wüthrich beschreibt es in seinem Buch »Capriccio – ein Plädoyer für die ver-rückte und experimentelle Führung« (Wüthrich, 2020): »Das Finden viabler Lösungen bedingt die Wiedereinführung des Zufalls in die Organisation. Führung muss das Zufällige salonfähig machen. Dies kann nur gelingen, wenn meine persönliche Haltung dem Zufall eine Chance gibt. Wenn ich mich im Unperfekten, Zufälligen wohlfühle.«

Vitale Organisationen schaffen Experimentierräume

Zu experimentieren bedeutet, durch empirisches Handeln zu erkennen, ob etwas funktionieren kann oder auch nicht. Es ist also ein Erforschen von etwas völlig Neuem, kombiniert mit einer schnellen Überprüfung der Wirksamkeit. In der Forschung ist diese Vorgehensweise gang und gäbe, auch Start-ups, Kreative und erfolgreiche Unternehmen handeln nach dieser Logik. Sich an Experimente heranzuwagen, bedeutet allerdings, Verantwortung zu übernehmen und Mut zu haben, denn die Logik des Experimentierens ist keine Logik der Absicherung. In einem experimentierfreudigen Umfeld handeln Menschen nicht erst dann, wenn sie sich in alle Richtungen abgesichert haben, sondern wagen sich mit den vorhandenen Potenzialen auf unbekanntes Terrain. Menschen werden in diesem Umfeld zu Gestalterinnen und Gestaltern: Sie agieren proaktiv, spüren die Anforderungen der Zeit und sind bereit, die bestehenden Strukturen und bestehenden Rahmenbedingungen für eine zukunftsfähige Lösung hinter sich zu lassen (Förster/Kreuz, 2020).

PRAXISBEISPIEL

Mut zum Experiment in einer Stadtverwaltung

Autos und LKW in der Fußgängerzone – lästig, aber oft führt kein Weg um sie herum. Schließlich müssen Waren geliefert und Pakete zugestellt werden. Um eine Lösung für diese Herausforderung zu finden, wagt eine Großstadt im Rahmen ihrer Strategie zur innovativen Stadtverwaltung ein Experiment: Ein agiles Team bekommt vier Monate Zeit, um schnell, pragmatisch und innovativ einen Prototyp für eine völlig neue Problemlösung zu entwickeln. In diesem agilen Team arbeiten Expertinnen und Experten aus verschiedenen städtischen Abteilungen und verbundenen Unternehmen zusammen, die relevantes Wissen und vor allem auch Lust haben, aktiv zu gestalten.

In Anlehnung an das agile Management-Framework Scrum gibt es einen Product Owner, der für die Produktvision und die inhaltliche Ausrichtung verantwortlich ist, einen Koordinator (Scrum Master), der die Meetings organisiert, agiles Arbeiten unterstützt und bei Fragen mit den Mentorinnen und Mentoren Kontakt hält. Bei diesen handelt es sich um hochrangige Beamtinnen und Beamte, die bei Bedarf Richtungsentscheidungen treffen und das Team in allen Belangen unterstützen. Das agile Team hat für die Lösung der Problemstellung vier Monate Zeit, ist im Rahmen des Experiments aber an keine internen Richtlinien gebunden. Für ihre Arbeit im Team stehen den Mitgliedern zwei Tage pro Woche als Arbeitszeit zur Verfügung. Dazu kommen überschaubare finanzielle Ressourcen, um die Räumlichkeiten für die Treffen anzumieten, Lernreisen zu unternehmen etc. In diesem gesetzten Rahmen agiert das Team ansonsten völlig frei und braucht keine Freigaben durch die jeweiligen Vorgesetzten.

Nach Ablauf der vier Monate ist der Prototyp für die städtische Logistiklösung, angelehnt an eine bereits in den Niederlanden erprobte Vorgehensweise, fertig. Dieser ist so überzeugend, dass sich eine Organisation der Stadt sofort bereit erklärt, die Umsetzung zu übernehmen.

Eine Folge: Es gibt in der Verwaltung der Stadt aufgrund des Erfolges nun eine Koordinationsstelle für Innovation. Diese Stelle ist mit einem Extrabudget ausgestattet und fördert gezielt radikal innovative Projekte, die abteilungs- und organisationsübergreifend initiiert werden und sonst nicht umgesetzt werden könnten.

Das Beispiel dieser Stadtverwaltung verdeutlicht, dass bei klar definierten Problemstellungen auch in streng hierarchischen Systemen das Experimentieren möglich ist und innerhalb kürzester Zeit erfolgreiche Lösungen entstehen können. Von Beginn an wurde einkalkuliert, dass dieses Experiment scheitern könnte. Das wurde bewusst in Kauf genommen, um diese Vorgehensweise zu ermöglichen.

Um die Experimentierlogik in Organisationen zu kultivieren und als Methode einzuführen, werden also Freiräume auf unterschiedlichen Ebenen gebraucht.

Abb. 3.22: Freiräume zum Experimentieren schaffen (Quelle: eigene Darstellung)

Freiraum 1: Co-Creation im »regelfreien Raum«

Ein Experiment zeichnet sich dadurch aus, dass auf Basis einer Problem- oder Fragestellung zunächst Hypothesen entwickelt und neue Lösungswege ausprobiert werden. Dabei weiß niemand, wie die exakte Antwort aussehen wird, was das Ergebnis des Experiments sein wird, welche Erkenntnisse gewonnen werden. Die Haltung dahinter ist: »Ich bin neugierig, ich probiere etwas aus, ich spüre die Möglichkeiten, gehe erste Schritte, versuche rasch zu lernen und den Weg anhand der Erfahrungen anzupassen.« Was jedoch sehr genau erkundet werden sollte, ist, für wen oder wofür das getan wird: »Wer ist meine Zielgruppe und welche Bedürfnisse hat diese Zielgruppe?« Die Experimentierenden versuchen, in den Schuhen der Zielgruppe zu gehen. In diesem Stadium sind Business-Pläne, SMARTE Ziele und exaktes Projektmanagement absolute Showstopper.

Freiraum 2: Strukturelle Rahmenbedingungen und Risikokapital zur Verfügung stellen

Das Experimentieren ist nicht nur etwas für klassische Entwicklungsabteilungen, sondern für alle Abteilungen und alle Gruppen – vielleicht in unterschiedlichen Ausmaßen und mit unterschiedlichen Schwerpunkten, doch die Freiräume für das Experimentieren sollte es für alle geben.

Ein erster Schritt kann sein, durch Experimente in einer kleinen Gruppe neue Erfahrungswelten zu schaffen. In solchen Experimenten geht es auch darum, gezielt die bestehenden Muster zu brechen. Nur durch ungewohnte Erfahrungen kann sich Stück für Stück eine neue Kultur entwickeln. Das passiert aber nicht von selbst und ohne Rahmen. Eine Möglichkeit, um diese Erfahrungswelten zu schaffen, ist, in einem überschaubaren Maß systematisch Risikokapital für echte Experimente zur Verfügung zu stellen. Auf Basis klarer Kriterien, wie zum Beispiel der potenziellen Innovationskraft des Ansatzes, interdisziplinärer Beteiligung oder dem gewünschten Nutzen für die Zielgruppe, kann Budget für ein Experiment lukriert werden.

»Innovationsteams« sind dabei nicht dafür zuständig, selbst Innovationen zu liefern, sondern dafür, dass die Rahmenbedingungen geschaffen werden, die Methodenkompetenz weiterentwickelt wird, Freiräume genutzt werden können, die Budgets organisiert werden etc.

Freiraum 3: Radikal neu statt inkrementell

Experimente laufen nicht unter der Prämisse, nur leichte Anpassungen für bereits vorhandene Lösungen zu generieren (inkrementelle Verbesserung). Experimente bedeuten, sich für radikal neue Ansätze zu öffnen. Bisherige Prozesse, selbst auferlegte Regelungen, bekannte Methoden, die immer das Gleiche produzieren, in der Vergangenheit kultivierte Grenzen etc. werden außer Kraft gesetzt oder völlig neu geordnet (Reframing). Nur so eröffnen sich wirklich neue Wege. Uns ist völlig bewusst, dass das viel einfacher klingt, als es ist. Wenn man lange im selben Organisationssystem arbeitet, entsteht durchaus Betriebsblindheit und die aktuellen Rahmenbedingungen werden beinahe zum Gesetz. Damit Menschen überhaupt radikal neu denken können, brauchen sie Inspiration und Irritation. Möglichkeiten gibt es dafür viele: auf neue Mitarbeiterinnen und Mitarbeiter hören und deren Feedback einholen, Lernreisen zu anderen Unternehmen – auch aus anderen Branchen – organisieren und deren Zugänge auf sich wirken lassen, Rotation von Führungskräften (der Vertriebsleiter tauscht seine Rolle für zwei Monate mit dem Finanzleiter), sich von Querdenkern inspirieren lassen etc.

Freiraum 4: Hierarchie und Ego überwinden

Experimente und Co-Creation brauchen Neugierde als Grundlage, aber es muss auch möglich sein, formal hierarchische Grenzen zu überwinden, also offen über Abteilungs- und manchmal Organisationsgrenzen hinweg zusammenzuarbeiten. Für alle Beteiligten bedeutet das, mitunter das eigene Ego zu überwinden. Haltungen wie »nur ich weiß, wie es geht«, »die anderen kennen sich nicht aus«, »das ist meine Abteilung«, »die Information geht euch nichts an«, »ich darf keine Schwächen zeigen« etc. sind im experimentellen Setting mehr als kontraproduktiv.

Co-Creation ist eine Methode, in der in einem diversen, oft interdisziplinären Setting radikal Neues entstehen darf. Innovatorinnen und Innovatoren, Erfahrungsträgerinnen und -träger, Querdenkerinnen und -denker sowie Stakeholder tauschen sich offen zu einer bestimmten Fragestellung aus. Dazu gehören das offene Zuhören mit allen Sinnen, der Austausch über diese Wahrnehmungen und das Offensein für Inputs, die im ersten Moment unsinnig erscheinen. Daraus können Neuordnung und innovative Ideen entstehen. In seiner »Theory U« beschreibt Otto Scharmer, dass nur durch das Öffnen der Wahrnehmung, Öffnen des Herzens und Öffnen des Wollens wirklich Neues entstehen kann (Scharmer, 2009).

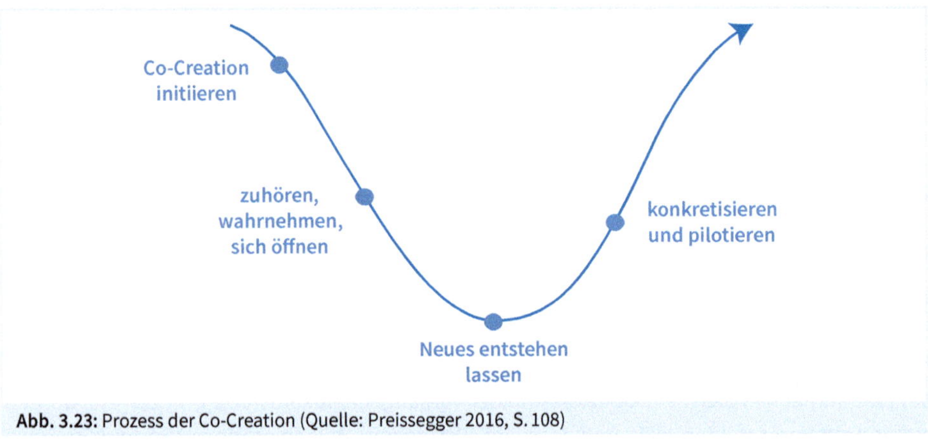

Abb. 3.23: Prozess der Co-Creation (Quelle: Preissegger 2016, S. 108)

Freiraum 5: Mit jenen gehen, die wollen und Energie haben

Experimente fordern von den handelnden Personen viel zusätzliche Energie und Offenheit. Ein Experiment scheitert oft schon am Anfang, weil alle kritischen Stimmen gehört werden sollen und jeder und jede mitgenommen und integriert werden soll. Meistens entsteht dadurch aber nur ein großer Widerstand. Zielführender ist es, den Weg des Experimentierens zuerst mit wenigen zu gehen und gezielt Personen nach folgenden Kriterien auszuwählen:

- Offenheit und positive Energie für die Neugestaltung
- Diversität der Kompetenzen und Blickwinkel
- Querdenkerin oder Querdenker, aber keine fundamentale Kritikerin/kein fundamentaler Kritiker
- Know-how über die Zielgruppen, um die Bedürfnisse gut erkunden zu können

Freiraum 6: Rasch ausprobieren, um zu testen und zu lernen

Die Art des Experimentierens, die wir meinen, erfüllt nicht die Ansprüche auf Perfektion, sondern begnügt sich mit einsetzbaren Prototypen, die Basisbedürfnisse der Zielgruppe befriedigen. Solche Prototypen werden in Pilotprojekten ausgerollt. In der agilen Welt wird der

Prototyp auch als »Minimum Viable Product« bezeichnet: Es handelt sich also um ein neues Produkt, das die Kernfunktionalitäten bietet und Kernbedürfnisse bedient, aber noch nicht in allen Facetten ausgefeilt ist. Dieses erste »minimal lebensfähige« Produkt wird in einer kleinen Zielgruppe erprobt und Feedback dazu eingeholt. So kann gewährleistet werden, dass nicht unnötig Ressourcen verschwendet werden. Scheitern im Sinne eines »fail fast« bedeutet dabei, aus allem, was nicht passt und nicht funktioniert, zu lernen und das Produkt so rasch wie möglich zu verbessern. Manchmal muss das Experiment auch gestoppt werden, weil der eingeschlagene Weg nicht zum gewünschten Erfolg führt. Das bedeutet dann allerdings: von vorne beginnen und einen alternativen Weg suchen – denn die Ausgangsfrage ist ja noch nicht gelöst.

Freiraum 7: Zu rasche Bewertungen stoppen
Sich zu öffnen bedeutet, die eigenen Bewertungsmechanismen so gut es geht zu stoppen. Bewertung beruht auf vergangenheitsorientierten Erfahrungen, auf bisherigen Mustern, und das behindert oft das Wahrnehmen und Anerkennen neuer Ideen – vor allem der auf den ersten Blick »schrägen Ideen«.

Übung 20: »Ja, und ...« statt »Ja, aber ...«

Hast du schon einmal ausprobiert, »Ja, aber« durch »Ja, und« zu ersetzen? Mit dieser Methode kann in Teammeetings oder Ideenfindungsprozessen das Stoppen der automatischen Bewertung geübt werden.

Die einzige Regel lautet: »Ja, aber« wird nicht verwendet, sondern konsequent durch »Ja, und« ersetzt. Ansonsten dürfen alle Ideen, Ansätze, Themen eingebracht werden. Wir haben selbst beobachtet, dass durch diesen kleinen Kniff ein viel offenerer Ideengenerierungsprozess entsteht.

Einfach ausprobieren – die Energie, die entsteht, könnte einige überraschen!

Übung 21: Die Basis für ein erstes Experiment legen

Falls du nun Lust aufs Experimentieren bekommen hast, haben wir hier einige Fragen für dich, mit denen du dein erstes Experiment in Gang bringen kannst.

Wie ist es um meine Experimentierfreudigkeit bestellt?

- In welchem Setting und/oder bei welchen Themen gelingt es mir, mich auf Unbekanntes einzulassen und ohne konkreten Plan aus der Erfahrung zu lernen?

- Inwieweit bin ich bereit, mich auf experimentelle und innovative Ideen einzulassen und ihnen Raum zu geben? Würde ich das in meinem Team ermöglichen wollen oder sogar mit anderen Abteilungen?
- Habe ich im letzten Jahr Muster gebrochen und etwas völlig Neues getan? Wenn ja: Welche Muster waren das?

Was könnte mein persönliches Experiment sein?

- Gibt es ein Thema in meinem Verantwortungsbereich, das ich völlig neu denken möchte bzw. für das ich völlig neue Lösungen finden möchte?
- Wer könnten kreative und offene Mitgestalterinnen und Mitgestalter sein?
- Was ist meine konkrete Fragestellung?
- Was ist das radikal Innovative?
- Welchen groben Rahmen gebe ich mir? Was setze ich für dieses Experiment bewusst außer Kraft?
- Bis wann will ich erste Erkenntnisse haben? Auf welche Art sollen sich die Erkenntnisse darstellen? Als Konzept, als Ansatz oder als Pilotprojekt?
- Was ist der nächste Schritt?

Fassen wir zusammen:

- Es ist wichtig, dem produktiven Zufall in Organisationen eine faire Chance zu geben und ihm einen guten Boden zu bereiten.
- Freiräume zu ermöglichen, bedeutet, einen strukturierten Rahmen für das rasche Pilotieren, frühe Scheitern und gezielte Lernen zu schaffen.
- Co-Creation ist ein wesentlicher Erfolgsfaktor von Experimenten.
- Ein gezielter Zeitrahmen für das Experiment kann ein Kreativitätsturbo sein.
- Um die Erfolgsaussichten nicht zu schmälern, sollten zu frühe Bewertungen des Experiments bewusst ausgesetzt werden.

3.3.3 Systemblockaden und Risikotreiber

Was verstehen wir unter Systemblockaden und Risikotreibern? In jedem Fall sind das Themen, die eine echte Herausforderung für eine Organisation darstellen. **Systemblockaden** sind Aspekte in einer Organisation, die einen guten Energiefluss und die positive Entwicklung behindern, indem sie Ressourcen für Aktivitäten binden, die nicht oder wenig wertschöpfend sind. Das können zum Beispiel Regeln und Prozessschritte sein, die unnötig komplex sind. Das sind die berühmten Leerkilometer, die ermüden, aber wenige produktive Ergebnisse bringen.

Risikotreiber sind für uns substanzielle Elemente in den Kernprozessen einer Organisation, die, wenn sie – aus welchen Gründen auch immer – ausfallen, die Organisation verletzlich machen: zum Beispiel eine Serverlandschaft ohne Back-up oder Schlüsselpersonen im Kerngeschäft, für die es keine Vertretungen gibt.

Klar ist, dass Ressourcen in einer Organisation beschränkt verfügbar sind. Somit liegt eine der zentralen Ideen, mit der die Organisation zu noch mehr Resilienz entwickelt werden kann, einmal mehr in einem gezielten »sowohl – als auch«: Wo ist es möglich, Ressourcen freizumachen, indem Systemblockaden aufgelöst oder entfernt werden? Und wo entsteht dadurch die Möglichkeit, gezielt Reserven bei den Risikotreibern aufzubauen, um die Wahrscheinlichkeit eines Ausfalls zu reduzieren? Bei diesem Abwägen kann uns ein Blick auf natürliche Systeme helfen.

Vitalität: Ein stimmiges Verhältnis von Effizienz und Belastbarkeit

Ein zentrales Qualitätsmerkmal resilienter Organisationen ist ihre Vitalität oder Lebendigkeit. Blicken wir auf natürliche Systeme, so finden wir diese optimale Vitalität, also die größte Überlebensfähigkeit des Systems, wenn es doppelt so belastbar als effizient ist. Die Vitalität setzt sich somit aus zwei Qualitäten zusammen: der **Belastbarkeit**, also der Fähigkeit, nicht beim ersten Windstoß zusammenzubrechen, und der **Effizienz**, was die Fähigkeit beschreibt, Ressourcen nicht zu verschwenden.

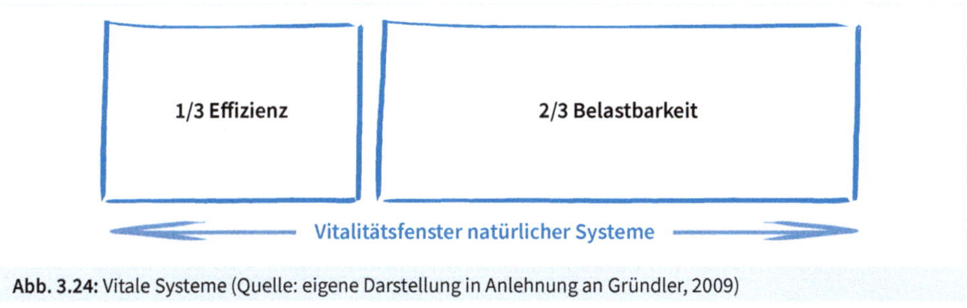

Abb. 3.24: Vitale Systeme (Quelle: eigene Darstellung in Anlehnung an Gründler, 2009)

Übertragen wir diesen Vitalitätsanspruch auf Organisationen: Das Ziel ist, die Organisation durch Maßnahmen, die sowohl die Effizienz als auch die Belastbarkeit unterstützen, lebendig und agil zu halten. Dadurch wird die Organisation in die Lage versetzt, laufend Chancen und Risiken zu erkennen, zu nutzen und idealerweise gestärkt aus Krisen hervorzugehen. Dies erfordert, das abzustoßen oder sogar sterben zu lassen, was die zukünftige Lebendigkeit behindert und gleichzeitig Reserven und Fähigkeiten aufzubauen, die in schwierigen Zeiten die Widerstandskraft stärken.

Uns scheint, dass die Erfolgsrezepte der Vergangenheit dabei den Blick in die Zukunft verstellen. Je komplexer, dynamischer und krisenhafter das Umfeld wird, desto stärker bauen Managerinnen und Manager auf strikte Vorgaben, Planung, optimierte Prozesse und Kontrollen. Wenn ein Fehler passiert, werden gleich ganze Teams darauf angesetzt, die Compliance-Regeln zu schärfen. An den zur Verfügung stehenden Ressourcen ändert sich nichts – allerdings hagelt es Appelle auf die handelnden Personen im Kernprozess, doch bitte Verantwortung zu übernehmen. Im Hintergrund wird währenddessen weiter und weiter optimiert und kontrolliert.

Ist das die vitale Antwort, um mit der Dynamik der Zeit umzugehen? Mehr vom Gleichen kann eine wirkliche Erneuerung auch behindern. Wenn uns etwas, das in der Vergangenheit erfolgreich war, in der Gegenwart behindert, dann sollten wir nicht nur Neues lernen. »Systemblockaden zu entfernen« hat nicht nur mit neuem Tun, sondern vor allem mit dem bewussten Verlernen zu tun. Verhaltensweisen, die im Laufe von Jahrzehnten antrainiert wurden, legen wir jedoch nicht von heute auf morgen ab – selbst dann nicht, wenn wir uns aktiv ein neues Mindset zulegen wollen. Ein gutes Beispiel: Für eine Organisation ist es essenziell, dass die Mitarbeiterinnen und Mitarbeiter mehr Eigenverantwortung übernehmen. Sie sollen in Zukunft deutlich mehr selbst entscheiden und nicht mehr nachfragen müssen. Klingt recht einfach: das neue Mindset verkünden und dann entsprechend handeln. Doch Forschungsergebnisse zeigen, dass das so nicht funktioniert.

Grundsätzlich erfolgt das Verlernen nach demselben Mechanismus wie das Lernen: durch neues Tun und oftmalige Wiederholung. So verbinden sich die Neuronen neu und je öfter ein Mensch das neue Verhalten anwendet, umso stärker werden diese Verbindungen. Unterstützt wird das Lernen neuer Verhaltensweisen durch die Erkenntnis, dass das neue Handeln sinnvoll ist – also durch ein starkes »Warum« und positive Emotionen.

Was dabei hilfreich ist, ist eine disziplinierte Veränderung des Kontextes: Gilt die Prämisse, dass Mitarbeiterinnen und Mitarbeiter selbst entscheiden sollen, dann können Führungskräfte den Kontext verändern, indem sie keine Antworten mehr auf Fragen geben, die auf die Rückdelegation der Entscheidung abzielen. Das klingt fordernd – ist es auch. Gleichzeitig wird so ein neuer Kontext geschaffen. Vitalität entsteht eben durch radikales Loslassen und Verlernen von allem, was die Organisation lähmt, hemmt und träge macht und verhindert, dass der und die Einzelne Verantwortung übernimmt.

Welchen Weg können Organisationen nun aber einschlagen, wenn sie eine gute Balance zwischen Effizienz und Belastbarkeit des Systems erreichen wollen?

Permanentes Optimieren und Sparen in den Kernprozessen mindert die Resilienz

Das permanente Optimieren und Sparen in jenen Prozessen, die den Erfolg und die Wertschöpfung eines Unternehmens ausmachen, stärkt die Organisation nicht, sondern erhöht den Druck. Das Konfliktpotenzial und die Fehleranfälligkeit steigen, die handelnden Personen fühlen sich zunehmend ausgebeutet – die Vitalität nimmt ab und die Organisation wird krisenanfällig und verletzbar.

Um diese Dynamik zu verdeutlichen, möchten wir eine Aussage aus einem Unternehmen im Sozialbereich teilen: »Wir schaffen die Arbeit in unserer Kernaufgabe nicht mehr, wir werden ausgehungert. Wenn da jemand ausfällt, können wir keine Leistung mehr bringen. Die zentralen Bereiche unterstützen uns nicht, sie machen uns noch mehr Arbeit!« Das ist nur ein Beispiel, doch wir erleben viele ähnliche Zustände. Durchaus erfolgreich und in bester Absicht wurden in den letzten 20 Jahren mit LEAN Management, stärkerer Professionalisierung und Standardisierung die Abläufe bis zum Anschlag optimiert. Heute sind diese Systeme aber oft so ausgehöhlt, dass die Menschen den Sinn ihrer Arbeit nicht mehr erkennen und sich ausgebeutet fühlen, weil die Ressourcen zu knapp sind. Ausgerechnet die Leistungsträgerinnen und -träger überlegen unter solchen Rahmenbedingungen, den Job zu wechseln. Die Kernprozesse werden damit zu den absoluten Risikotreibern: Wenn Engpässe auftreten, Menschen oder Systeme ausfallen und die Fehleranfälligkeit steigt, ist die Wertschöpfung des Unternehmens in Gefahr. Reserven hingegen unterstützen die Belastbarkeit und stärken die Resilienz.

Ausgefeilte Regelwerke, differenzierte Genehmigungsprozesse über mehrere Hierarchiestufen, detaillierte Vorgaben und Kontrollen schwächen die Belastbarkeit

Die Optimierung – oder besser gesagt: Aushöhlung – der Kernprozesse war nur ein Teil der Entwicklung der letzten 20 Jahre. Parallel dazu wurden die Daumenschrauben angezogen: in Form von ausufernden Vorgaben, Regelwerken und Qualitätssicherungsstandards. Oft bekommen wir zu hören: »Ja, das stimmt und ist echt mühsam. Doch das ist deshalb nötig, weil die gesetzlichen Vorgaben ständig verschärft werden!« Wenn wir dann einen gezielten Blick in die internen Compliance-Richtlinien werfen, zeigt sich oft, dass die gesetzlichen Vorgaben durch interne Regelungen deutlich erweitert wurden.

Das Muster, das sich durchzieht, ist Folgendes: Jedes Jahr kommen unzählige Regelungen hinzu, es wird jedoch so gut wie nichts außer Kraft gesetzt. Als Konsequenz ist kaum jemand in der Lage, die Regelungen zu überblicken. Noch fataler: Es geht damit der Blick aufs Wesentliche verloren. Die Mitarbeiterinnen und Mitarbeiter sind mit Kontrollen, Ausrollprozessen, Kommunikation der Regelungen oder der Änderung der Prozesse beschäftigt – also mit vielem, nur nicht mit den wertschöpfenden Tätigkeiten. Diese gebundenen Ressourcen fehlen im Kernprozess. Wenn die Vitalität der Gesamtorganisation steigen soll, muss hier die Effizienz ansetzen. Das bedeutet die radikale Reduktion auf die wesentlichen Regelungen und die Entschlackung aller nicht wertschöpfenden Prozesse.

Der Ausbruch aus dem Hamsterrad der Systemerhaltung braucht Zeit und Ressourcen, damit irgendwann gezielt **am** System, an der Entwicklung der Organisation, gearbeitet werden kann und Chancen genützt werden können. Chancen können nicht geplant werden, sie ergeben sich im Fluss. Um sie ergreifen zu können, brauchen die Menschen Entscheidungskompetenzen und die Möglichkeit, zu experimentieren.

Ressourcen für Neues und nicht Geplantes sind in manchen Organisationen aber schwer zu bekommen. Nicht budgetierte Ausgaben brauchen meist die Genehmigung der Geschäftsführung, detaillierte Business-Pläne werden vorausgesetzt. Das ist ein Garant dafür, dass der Zufall keine Chance bekommt. Innovationen werden nicht stattfinden, weil die Ideen dazu im Keim erstickt werden. Die Dynamik des Marktes, der Geschäftsmodelle, der Kundenbedürfnisse ist jedoch so groß, dass die Organisation ein »Spielbein« braucht – also Ressourcen für das Experimentieren, Ausprobieren und Scheitern. Ob nun jeder Bereich ein Innovations- und Zeitbudget bekommt, oder ob es ein zentrales Budget für Experimente gibt, ist von Unternehmen zu Unternehmen unterschiedlich – auf jeden Fall ist es ein guter Weg, um die Vitalität zu stärken.

Am System statt im System zu verändern, ist ein Erfolgsfaktor in der Transformation zur resilienten Organisation

Die zukünftige Vitalität einer gesamten Organisation lässt sich schwer beurteilen, wenn man **im** System im operativen Alltag feststeckt. Hier treffen, gut nachvollziehbar, Führungskräfte oft verkürzte Entscheidungen nach der folgenden Logik: Man erkennt eine Ineffizienz oder ein Problem und versucht, rasch etwas dagegen zu tun. Dann merkt man, dass dieses Problem gelöst werden sollte, also wird eine neue Regel eingeführt und ein Kontrollmechanismus installiert. Aus den Ereignissen im operativen Teil des Systems werden – bottom-up – Generalisierungen für das gesamte System abgeleitet. Das Verhaltensmuster aus der Vergangenheit wird bestätigt und wirklich Neues wird abgewürgt. Schwache Signale werden nicht in der vollen Dimension erkannt, da der Einzelne im besten Wollen eine pragmatische, operative Lösung sucht, dabei aber nicht das Ganze im Blick hat.

Am System zu arbeiten, wird erst möglich, wenn es gelingt, in solchen Situationen eine Metaperspektive einzunehmen. Das bedeutet, auf die Organisation als Ganzes zu blicken, dabei zu versuchen, die zugrunde liegenden Dynamiken zu erkennen und die Organisation in Bezug zur Dynamik im Außen zu stellen. Nur dann wird deutlich, was die Organisation nachhaltig vital und somit zukunftsfähig macht. Wir möchten Führungskräften damit auf keinen Fall die guten Absichten bei operativen Lösungen absprechen, sondern auf die Gefahren hinweisen. Wir wollen zeigen, was möglich ist, wenn das Ganze bewusst in den Blick genommen wird und auf dieser Basis mutige Entscheidungen getroffen werden.

Es ist die Aufgabe von Führung, eine gute Überlebensfähigkeit der gesamten Organisation mit ihren Menschen sicherzustellen. Das erfordert Präventionsarbeit: das radikale Hinterfragen und – wenn nötig – das präventive Stoppen und Ändern von Routinen, Strukturen, Regelwerken und Mustern. »Führung muss sich der Resilienz verschreiben. Sie muss das Unternehmen mental und strukturell vorbereiten auf das Hereinbrechen des Zufalls, des wirklich Neuen, das in Gestalt einer Revolution, einer plötzlichen Ressourcenknappheit, eines politischen Großeingriffs, eines unerwarteten Marktteilnehmers oder eben etwas völlig Vorbildlosem auftreten kann.« (Sprenger, 2012, S. 201)

Wo die Systemblockaden, Risikotreiber und Reserven liegen, muss jede Organisation für sich selbst herausfinden – dafür gibt es keine Checkliste. Eine erste Orientierung kann aber die folgende Übung geben.

Übung 22: Systemblockaden, Risikotreiber und Reserven herausfinden

1. **Zum Einstieg können mit Blick auf deine Organisation folgende Fragen hilfreich sein:**
- Was bedeutet Effizienz für uns, wenn wir eine zukunftsfähige Vitalität erreichen wollen?
- Welche Systemblockaden behindern uns am Weg zu mehr Zukunftsfähigkeit und Vitalität?
- Was müssen wir radikal loslassen, verlernen, sterben lassen, in einen neuen Kontext stellen?
- Was bedeutet für uns Belastbarkeit, wenn wir langfristig nicht nur irgendwie, sondern gut überleben wollen?
- Wo liegen unsere größten Risikotreiber?
- Welche zusätzlichen Ressourcen, welche Reserven brauchen wir für krisenhafte Ereignisse?
- Wo brauchen wir Ressourcen, um dem Zufall eine Chance zu geben? Wie kann dies konkret aussehen?

2. **Konkretisierung**

Die Fragen werden auf unterschiedlichen Ebenen der Organisation unterschiedliche Antworten erfordern. Daher ist es hilfreich, systematisch vorzugehen, wobei eine Gliederung, abgeleitet aus dem Trigon-Systemkonzept (Glasl, Kalcher, Piber, 2014), sehr nützlich ist.

Wir starten mit dem Identifizieren von Systemblockaden, die Energie für Neues freimachen können, wenn sie entfernt werden.

Systemblockaden im ...	Ideen	Bewertung
... kulturellen Subsystem • Muster/Mindsets/Haltungen • Regelwerke, Governance • Strategien, Geschäftsmodelle		
... sozialen Subsystem • Strukturen und Hierarchie • Entscheidungsfindung • Rollen und Funktionen • Art der Kommunikation • Meetingstruktur		
... technischen/instrumentellen Subsystem • Abläufe und Prozesse • Infrastruktur, Digitalisierung, physische Mittel		

Tab. 10: Den Systemblockaden auf der Spur

Sammle anhand des Rasters zuerst Punkte, die du als Systemblockaden wahrnimmst. Versuche, zu hinterfragen: Warum tun wir das so? Welchen Sinn hat das? Fördert es wirklich unsere Effizienz? Unsere Belastbarkeit? Unsere Vitalität? Wenn du keinen Sinn erkennen kannst, sondern die erste Antwort ist: »Weil wir das immer so gemacht haben« oder »das geht nicht«, könnte das ein klares Indiz dafür sein, es sofort auf die Liste zu schreiben.

Wenn du die Liste der Systemblockaden erstellt hast, führst du die Bewertung durch:

Eine Systemblockade, die ich akzeptieren kann und will – bleibt aktuell unverändert.

Ist derzeit nicht im Fokus, aber ich behalte ein Auge drauf.

Braucht sofort eine mutige Entscheidung, muss entfernt werden.

Im nächsten Schritt kannst du mit dem gleichen Vorgehen die Risikotreiber in deiner Organisation analysieren. Schau dir offen das System an und erkunde die größten Risikotreiber – halte dich aber nicht unbedingt mit jenen auf, die laufend diskutiert werden, für die bereits Vorsorge getroffen wurde und die ständig auf der Tagesordnung stehen, da sie für die kurzfristige Überlebensfähigkeit essenziell sind.

Risikotreiber im …	Ideen	Bewertung
… kulturellen Subsystem • Muster/Mindsets/Haltungen • Regelwerke, Governance • Strategien, Geschäftsmodelle		
… sozialen Subsystem • Strukturen und Hierarchie • Entscheidungsfindung • Rollen und Funktionen • Art der Kommunikation • Meetingstruktur		
… technischen/instrumentellen Subsystem • Abläufe und Prozesse • Infrastruktur, Digitalisierung, physische Mittel		

Tab. 11: Risikotreiber entlarven

Achte bewusst auf die längerfristigen Risikofaktoren, die die Vitalität und Zukunftsfähigkeit gefährden und das Unternehmen verletzlich machen. Oft handelt es sich dabei um Themen, die nicht ganz einfach zu lösen und zu beseitigen sind. Gerade deshalb ist es sinnvoll, sie zu benennen.

Fassen wir zusammen:

- Organisationen sind gut beraten, sich aktiv mit der Frage auseinanderzusetzen, wie eine optimale Balance von Effizienz und Belastbarkeit aussehen kann.
- Das permanente Optimieren und Sparen in den Kernprozessen mindert die Resilienz.
- Ausgefeilte Regelwerke, differenzierte Genehmigungsprozesse über mehrere Hierarchiestufen, detaillierte Vorgaben und Kontrollen schwächen die Belastbarkeit.
- **Am** System anstelle **im** System zu verändern, ist ein Erfolgsfaktor in der Transformation zur resilienten Organisation – dafür werden Zeit und Ressourcen gebraucht.
- Es muss bewusst entschieden werden, wo im Kernprozess zusätzliche Reserven aufgebaut werden, um die Belastbarkeit zu erhöhen.

3.3.4 Dezentrale Verantwortungsübernahme

Welche Organisationsform passt in die Welt von heute? Wenn Organisationen widerstands- und rasch handlungsfähig sein sollen, steht schnell die Frage im Raum: Wer übernimmt dafür an welcher Stelle welche Verantwortung?

Resilienz in Organisationen zeichnet sich dadurch aus, dass neue Anforderungen und Dynamiken antizipiert werden und als Antwort darauf agil und achtsam gehandelt wird. Chancen, die sich ergeben, werden rasch erkannt und auf ihre Tauglichkeit für die Organisation überprüft. Das gelingt durch eine starke Beziehung zum Umfeld, zu Kundinnen und Kunden, zu Stakeholdern und zur Gesellschaft. Organisationsstrukturen sind dabei immer nur Mittel zum Zweck. Die Kernfragen, die sich die Entscheidungsträgerinnen und -träger stellen müssen, sind folgende:

- Welche Organisationsstruktur brauchen wir, um für unsere Kundinnen und Kunden und auf unseren Märkten möglichst wirksam zu sein und dabei gleichzeitig Chancen erkennen und wahrnehmen zu können?
- Welche Organisationsstruktur bietet uns die Robustheit, um mit Herausforderungen umgehen zu können?
- Wie passen die Antworten auf beide Fragen zusammen?

Um Chancen nutzen und Risiken früh erkennen zu können, müssen sich Organisationen so aufstellen, dass das Know-how und die Fähigkeiten vom »operativen Ort des Geschehens« bestmöglich genutzt werden können – von Expertinnen und Experten ebenso wie von operativ handelnden Personen.

Aktuell sind viele Organisationen aber nach wie vor stark top-down strukturiert. Die Hierarchie zieht sich über mehrere Ebenen, die Headquarter mit allen zentralen Funktionen wurden auf Basis von Macht- und Risikoüberlegungen stark ausgebaut. Damit soll sichergestellt werden, dass sich die Organisation besser steuern lässt, dass die Effizienz steigt und Qualität und Governance gesichert werden. »Was ist deine Funktion in der Organisation?«, ist noch immer die erste Frage, wenn sich Menschen aus verschiedenen Unternehmen kennenlernen. In Mitarbeiterinnen und Mitarbeitern ist diese Haltung fest verankert: Funktionen haben nicht nur (und manchmal gar nichts) mit inhaltlicher Kompetenz zu tun, sondern sind ein Ausdruck von Hierarchie und Macht. Je weiter oben auf der Hierarchieleiter, desto besser. Bei genauerem Hinsehen wird klar, dass diese Entwicklung unsere Systeme zunehmend verletzlich macht, denn an der Basis fehlen die Ressourcen und die Entscheidungskompetenzen. Unter diesen Umständen will kaum jemand die Verantwortung übernehmen und gleichzeitig schwindet die Identifikation mit dem Unternehmen.

Die Frage, warum das schlecht sein soll, ist berechtigt. Schließlich ist es doch die Aufgabe eines Topmanagers, wie ein Jongleur möglichst viele Bälle gleichzeitig in der Luft zu halten, sich von der nächsten Führungsebene bilateral ein paar Details zur Einschätzung der Problemlage einzuholen und dann rasch zu entscheiden. So können schwierige Themen schnell und fokussiert gelöst werden. Diese Managementlogik hat doch immer hervorragend funktioniert und wurde in den letzten zehn Jahren – auch aus Mangel an alternativen Konzepten – auf die Spitze getrieben. Und das, obwohl die Zeichen schon lange auf zu hoher Dynamik, zu hoher Komplexität und Unsicherheit standen. Ein Topmanager, dessen Unternehmen nach der Finanzkrise 2008 Konkurs anmelden musste, schilderte es uns so: »Wir hatten im Topmanagement den Bezug zur Basis verloren. Wir sind in einem Elfenbeinturm gesessen, wir haben nicht mehr gespürt, was sich vor Ort tut. Jeder hat in seinem Bereich die Entscheidungen getroffen, es wurde wenig hinterfragt. Wir haben uns gut verstanden, aber uns gegenseitig nicht angetastet und uns viel zu wenig wechselseitig gefordert.«

Die beschriebene hierarchische Top-down-Logik birgt drei zentrale Gefahren, die Organisationen verletzbar machen (Weick/Sutcliffe, 2007):

- **Vereinfachung.** Auf Basis von Daten und Erfahrungen aus der Vergangenheit werden schnelle Schlüsse gezogen und Top-down-Entscheidungen getroffen. Signale, die in unterschiedlichen Abteilungen auftauchen, werden singulär betrachtet, statt sie zu bündeln. So wird die Tragweite aktueller Entwicklungen erst spät erkannt.
- **Nur das, was das Management sehen und hören will, wird kommuniziert und kommt durch.** Negative Nachrichten erreichen das Topmanagement in einer schönen Verpackung, damit sie gut annehmbar sind und so wenig wie möglich aufrütteln. Zusätzlich haben erfolgsverwöhnte Menschen die Tendenz, Fakten so zu interpretieren, dass sie zu den eigenen Annahmen passen – was die Probleme nur amplifiziert.
- **(Zu) wenig Bezug zum Geschehen direkt an der Basis.** Das Wissen der Menschen an der Basis wird konsolidiert nach oben übermittelt. Das Gespür für die eigentliche Dynamik im Feld und der direkte Kontakt zu den handelnden Personen vor Ort gehen verloren.

Die Reaktion in vielen Organisationen würde nun vielleicht lauten: »Also bei uns ist das nicht so! Wir sind zwar hierarchisch organisiert, aber wir wollen, dass unsere Mitarbeiterinnen und Mitarbeiter Verantwortung übernehmen, und fördern das auch. Viele unserer Leute wollen das aber gar nicht!« Unsere Gegenfrage, in der durchaus ein Appell verpackt ist, lautet: »Seid ihr euch da wirklich so sicher?« Die angeführten Risiken sollten nicht unterschätzt werden, denn es ist mehrfach belegt, dass genau diese Punkte in der Vergangenheit zu den größten Krisen geführt haben. Nicht, weil Menschen die Verantwortung nicht übernehmen wollten, sondern weil die dominierenden Organisationsformen und die darauf aufbauenden Prozesse das Übernehmen von Eigeninitiative und Verantwortung nicht unbedingt gefördert haben (Weick/Sutcliffe, 2007).

Bevor wir darüber sprechen, welche Organisationsformen resilient und zukunftsfähig sind, möchten wir daher noch einmal auf die Mindsets und Werte schauen, mit denen die Potenziale in einer Organisation gehoben werden können. Das bereits beschriebene Growth Mindset ist in vielen bestehenden Organisationsstrukturen nämlich besonders schwer zu leben.

Das Menschenbild entscheidet, ob Verantwortung übernommen wird

Ob die Potenziale der Mitarbeiterinnen und Mitarbeiter gehoben werden und damit die Resilienz der Organisation gestärkt werden kann, hat entscheidend mit dem Menschenbild zu tun. Unsere Erfahrung zeigt, dass Menschen durch Vertrauen und Zutrauen über sich hinauswachsen können. Sie lernen und entwickeln sich weiter und gelangen dadurch an den Punkt, an dem sie Verantwortung übernehmen wollen. Entscheidungen, die mit der Kompetenz und Expertise aus dem Feld getroffen werden, sind besser als jene, die im Elfenbeinturm fallen. Entsprechende Organisationsstrukturen und Regeln können das fördern und sogar systematisch unterstützen, denn die Struktur bildet den Kontext, also den Rahmen, für die Kultur, die sich dadurch entwickeln kann.

Reaktionsweg I: Vorgaben und Kontrollen erhöhen

- Compliance- und QM-Richtlinien verschärfen
- Noch detailliertere Job Descriptions
- Prozesshandbücher verfeinern
- Effizienzprogramme ausbauen
- Engmaschige Kontrollen top-down

Reaktionsweg II: Widerstandskraft des Systems stärken, Resilienz entwickeln

- Compliance- und Qualitätsbewusstsein entwickeln
- Aus Fehlern lernen
- Laufend hinterfragen und innovieren
- Teile neu ordnen (Reframing)
- Reflexions- und Lernschleifen stärken

Vergangenheitsbezogenes Abarbeiten

Dienst nach Vorschrift

Gestalten im Hier & Jetzt

Mindful Acting

Abb. 3.25: Zwei Reaktionswege bei Krisen und deren Folgen (Quelle: eigene Darstellung)

Der Kontext ist der Rahmen für das Verhalten und die Summe der Verhaltensweisen ergibt die tatsächliche Kultur des Unternehmens. Kultur kann nicht verordnet oder vorgegeben werden – sie entsteht im Miteinander und durch das Tun. Kontrolle wird dabei zum Teufelskreis: Kontrolle schürt Angst, Angst führt zu Rückzug und zu noch mehr Kontrolle, was wiederum zu noch mehr Angst führt und bei Dienst nach Vorschrift endet. Ein Kreislauf des Ermöglichens verläuft genau andersherum: Zutrauen führt zu Vertrauen, was wiederum das proaktive Handeln und Übernehmen von Verantwortung fördert. Dies wiederum führt zu Vertrauen und Offenheit, wodurch sukzessive eine Kultur des eigenverantwortlichen und achtsamen Handelns entsteht. Die gute Nachricht ist: Diese Dynamik kann durch die Art, wie sich Menschen organisieren und durch ihr Mindset massiv unterstützt werden. Es muss nur gewollt werden. Ein kleines Gedankenexperiment kann das Potenzial erahnen lassen.

Übung 23: Ein Gedankenexperiment zum Thema Verantwortung

»Menschen wollen Verantwortung übernehmen. Sie sind von Grund auf motiviert, wenn sie den Sinn einer Sache erkennen, und sind bereit, sich mit all ihrer Kraft dafür einzusetzen. Menschen wollen dazulernen, um sich weiterzuentwickeln.«

Verbanne für zehn Minuten alle bisherigen negativen Erfahrungen aus deiner Erinnerung und lasse die obenstehende Hypothese ehrlich und offen auf dich wirken. Gib dem Experiment eine Chance.

Stell dir vor, die Hypothese wäre die momentane Realität und träfe wirklich auf die Mitarbeiterinnen und Mitarbeiter in deinem Unternehmen voll zu! Beantworte mit diesem positiven Blick ein paar Fragen zum Potenzial dieser Menschen:

- Würdest du dein Unternehmen so organisieren, wie es derzeit strukturiert ist, wenn die Hypothese voll zutrifft?
- Welche Verantwortung würdest du den Menschen vor Ort übertragen, damit die Leistung bestmöglich zu den Kundinnen und Kunden gelangt?
- Welche Kontrollen wären dann gar nicht nötig?
- Welche Chancen könnten sich dadurch ergeben?

In einer Tabelle wie der folgenden kannst du die Fragen beantworten und Ideen sowie erste konkrete Schritte für die Umsetzung sammeln.

Fragen	Ideen für meine Organisation	Erste Schritte zur Veränderung
Würdest du dein Unternehmen so organisieren, wie es derzeit strukturiert ist, wenn diese Hypothese voll zutrifft? Was würdest du verändern?		
Welche Verantwortung kannst du den Menschen vor Ort übertragen, damit die Leistung bestmöglich zu den Kundinnen und Kunden gelangt?		
Welche Kontrollen werden dann unnötig?		
Welche Chancen werden sich dadurch ergeben?		

Tab. 12: Ideen für das Übertragen von Verantwortung

Da eine Organisation, in der Mitarbeiter und Mitarbeiterinnen nur Dienst nach Vorschrift machen, wohl keine Option ist, stellt sich die Frage: Welche Organisationsformen sind möglich und sinnvoll, wenn ein Unternehmen Reaktionsweg II aus Abbildung 3.25 einschlagen will?

Organisationsformen, die das Übernehmen von Verantwortung unterstützen

Die Autorin und Managementberaterin Margaret J. Wheatly und der Berater Myron Kellner-Rogers bemerken in »Reinventing Organizations« von Frederic Laloux (Laloux, 2014, S. 99): »Self-organization is not a starting new feature of the world. It is the way the world has created itself for billions of years. In all of human activity, self-organization is how we begin. It is what we do until we interfere with the process and try to control one another.« Selbstorganisation ist keine neue Erfindung, sondern die Art und Weise, wie sich die Welt seit Billionen Jahren selbst erschafft. Jede menschliche Aktivität beginnt mit Selbstorganisation – und sie endet dort, wo wir den Prozess stören und uns gegenseitig kontrollieren wollen.

Aus unserer täglichen Arbeit mit Organisationen wissen wir, dass sich viele Organisationen bereits auf den Weg gemacht haben, um Eigenverantwortung und Selbstorganisation zu stärken. Oft ist das schlicht eine Frage des Überlebens – die aktuelle Dynamik und Komplexität zwingen die Organisationen dazu. Wir merken allerdings auch, dass es für viele enorm schwierig ist, die Top-down-Kontrolle aus der Hand zu geben und die Organisation tatsächlich neu aufzustellen. Deshalb wird mit Entwicklungsmaßnahmen auf der persönlichen Ebene zuerst bei den Mitarbeiterinnen und Mitarbeitern angesetzt. Kurzfristig kann das erste Erfolge bringen, mittelfristig führt es jedoch oft zu Frustration: Einerseits fordert das Management das Übernehmen von Verantwortung und trainiert Empowerment, andererseits behindert die strukturelle Realität durch Kontrollen und starre Regelwerke die Handlungsmöglichkeiten. So laufen die Organisationen Gefahr, genau das Gegenteil des Gewünschten zu bewirken. Wenn Eigenverantwortung nachhaltig gestärkt werden soll, muss auch der entsprechende Kontext geschaffen werden. Das bedeutet, die Organisation konsequent so zu organisieren, dass Zutrauen und Vertrauen systematisch und strukturell unterstützt werden.

Stufen der dezentralen Verantwortungsübernahme

Wir möchten anhand von drei modellhaften Organisationstypen darstellen, wie sich das dezentrale Übernehmen von Verantwortung mehr oder weniger radikal in Organisationsstrukturen abbilden lässt. Ein zentrales Kriterium dabei ist, ob sich die Organisation weiterhin stark über fixe Hierarchien und Funktionen definiert, oder ob bereits auf Hierarchie verzichtet wird und die Zuordnung von Aufgaben und Verantwortung über Rollen erfolgt. Ein anderes Kriterium ist, inwieweit Überschaubarkeit und der Bezug zur Basis als Erfolgskriterien gelten, oder ob weiterhin Kontrolle und Macht das Maß der Dinge sind.

Klar ist, dass die jeweilige Struktur zum Reifegrad des Unternehmens passen muss. Im Wettbewerb um gute Arbeitskräfte werden auf jeden Fall jene Organisationen zunehmend attraktiver, in deren Strukturen Gestaltung, Entfaltung und Sinnfindung systematisch ermöglicht werden.

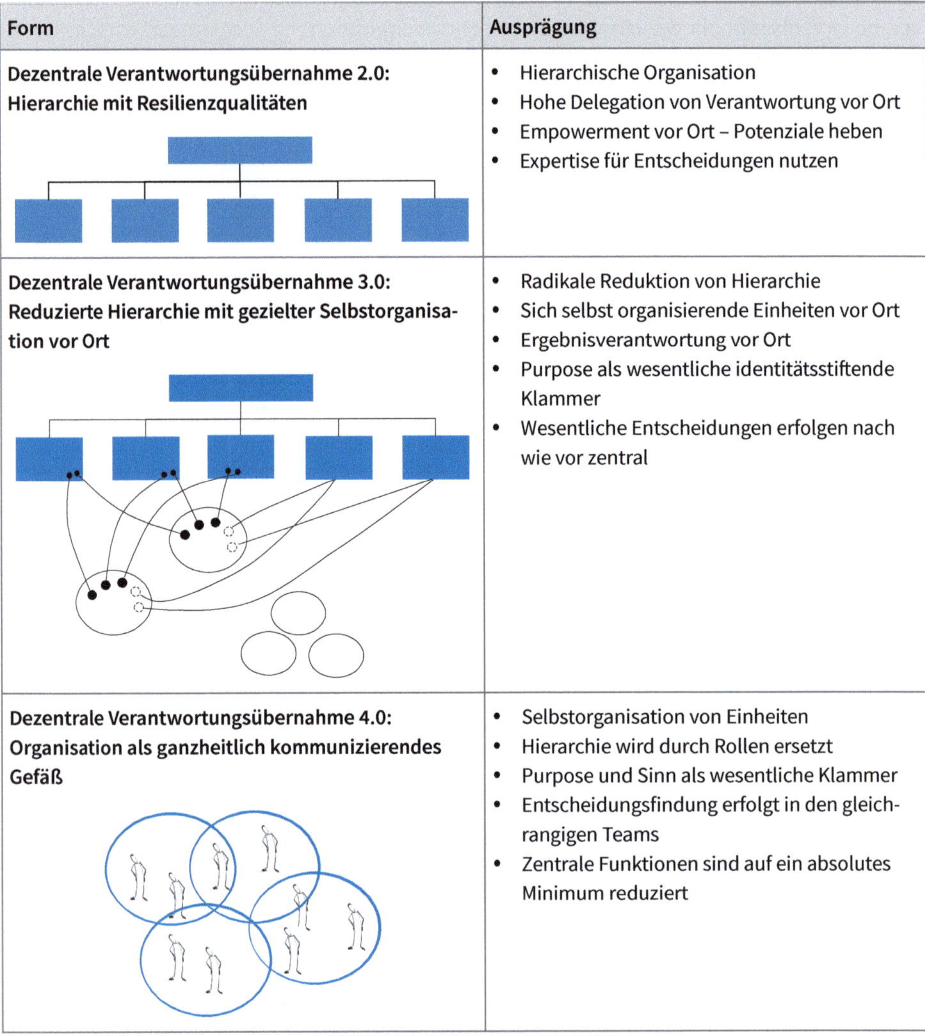

Form	Ausprägung
Dezentrale Verantwortungsübernahme 2.0: Hierarchie mit Resilienzqualitäten	• Hierarchische Organisation • Hohe Delegation von Verantwortung vor Ort • Empowerment vor Ort – Potenziale heben • Expertise für Entscheidungen nutzen
Dezentrale Verantwortungsübernahme 3.0: Reduzierte Hierarchie mit gezielter Selbstorganisation vor Ort	• Radikale Reduktion von Hierarchie • Sich selbst organisierende Einheiten vor Ort • Ergebnisverantwortung vor Ort • Purpose als wesentliche identitätsstiftende Klammer • Wesentliche Entscheidungen erfolgen nach wie vor zentral
Dezentrale Verantwortungsübernahme 4.0: Organisation als ganzheitlich kommunizierendes Gefäß	• Selbstorganisation von Einheiten • Hierarchie wird durch Rollen ersetzt • Purpose und Sinn als wesentliche Klammer • Entscheidungsfindung erfolgt in den gleichrangigen Teams • Zentrale Funktionen sind auf ein absolutes Minimum reduziert

Tab. 13: Formen der dezentralen Verantwortungsübernahme (Quelle: eigene Darstellung)

Dezentrale Verantwortungsübernahme 2.0: Hierarchie mit Resilienzqualitäten

Wesentliche Merkmale:

- Klare Delegation von Verantwortung innerhalb der bestehenden Hierarchie.
- Der Grad der Verantwortungsübernahme ist über die Hierarchie definiert.
- Rollen sind über fixe Funktionen definiert.

Bei diesem Organisationstyp wird die hierarchische Organisationsform beibehalten: Geschäftsführung, Bereichs-, Abteilungs- und oft auch noch die Teamleitung teilen sich die Verantwortung top-down auf. Dezentral übernehmen Menschen die Verantwortung weniger aufgrund einer neuen Struktur, sondern weil die Entscheidungskompetenzen systematisch delegiert werden. Ein erster Schritt zu mehr Selbstorganisation und Eigenverantwortung kann sein, Budgets in die Abteilungen zu geben und diese innerhalb dieses Rahmens frei entscheiden und gestalten zu lassen. Das Übernehmen der Verantwortung kann auch so weit gehen, dass die Abteilungen – auf Basis der Unternehmensstrategie – selbst die Konzepte für ihre Weiterentwicklung, inklusive der dafür nötigen Budgets, erstellen und mit der Bereichsleitung abstimmen. Ebenso können neue Mitarbeiterinnen und Mitarbeiter im Rahmen eines festgelegten Personalbudgets von den Abteilungen direkt ausgewählt werden. Wenn in diesem Setting die Zusammenarbeit und Kommunikation zwischen den Abteilungen gefördert und das Silodenken allmählich überwunden wird, stärkt das die Resilienz der Organisation ganz wesentlich.

Eine gut funktionierende Zusammenarbeit hängt bei dieser Organisationsform aber stark davon ab, ob die Führungskräfte dazu bereit sind, die Mitarbeiterinnen und Mitarbeiter eigenverantwortlich agieren zu lassen. Nach wie vor können sich Führungskräfte in ihrem Silo verstecken und egozentriert agieren.

Dezentrale Verantwortungsübernahme 3.0: Reduzierte Hierarchie mit gezielter Selbstorganisation vor Ort

Wesentliche Merkmale:

- Hierarchie, in der viel Verantwortung delegiert wird,
- Rollenflexibilität für definierte Bereiche.

Die nächste Stufe kann erreicht werden, wenn Geschäftsfelder oder Business Units wie Unternehmen im Unternehmen agieren und nur in einem geringen Maß von der Zentrale gesteuert werden. Diese Geschäftsfelder sind selbstverantwortlich, der Kernprozess von der Kundenanfrage bis zur Erbringung der Leistung wird dort durchgängig abgewickelt. Somit besteht die Möglichkeit, sich im jeweiligen Geschäftsfeld selbst zu organisieren. Natürlich sollte darauf geachtet werden, dass nicht sofort wieder neue Hierarchieebenen eingeführt werden, die das Geschäftsfeld wieder erstarren lassen. Grundsätzlich ist es möglich, die volle Verantwortung in das Geschäftsfeld zu legen und nur einige übergeordnete Standards und Rahmen zu definieren. In diesen Geschäftsfeldern entstehen oft agile Projektteams, die eigenverantwortlich, selbstorganisiert und interdisziplinär Kundenprojekte abwickeln und Entscheidungen innerhalb von Budgets und Rahmenvereinbarungen treffen. Die Fachabteilungen dienen der inhaltlichen Weiterentwicklung und Abstimmung, außerdem ist dort die disziplinäre Zuordnung verankert.

Das Übernehmen von Verantwortung nach agilen Prinzipien hat innerhalb des Regelbetriebs den Vorteil, dass in krisenhaften Zeiten rasch und fokussiert gehandelt werden kann – ausgehend von den unmittelbar betroffenen Einheiten und gestützt durch die Personen mit der größten Expertise.

Exkurs

Rasche Lösungen durch Interdisziplinarität – ein unterschätztes Asset

Agile Teams sind interdisziplinäre Teams aus Expertinnen und Experten, die aus verschiedenen Blickwinkeln Szenarien und Lösungsansätze für eine Problemstellung entwickeln. Expertise bedeutet in diesem Zusammenhang nicht ausschließlich »langjährige Erfahrung«, denn diese birgt das Risiko, die Vergangenheit fortzuschreiben, statt Entscheidungen auf Basis neuer Erkenntnisse zu treffen.

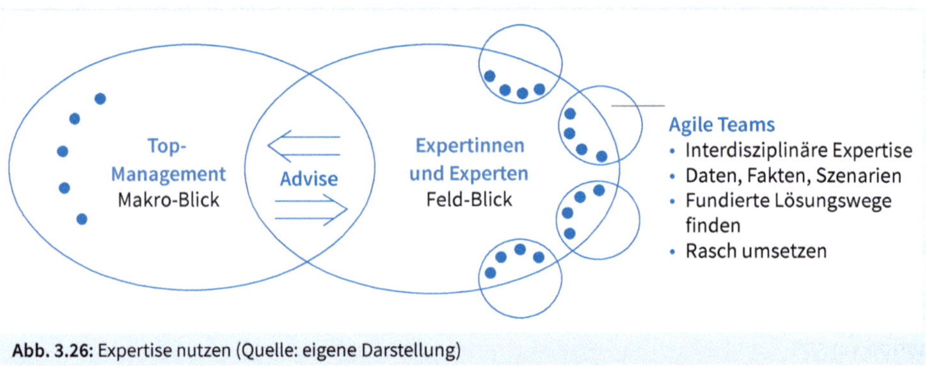

Abb. 3.26: Expertise nutzen (Quelle: eigene Darstellung)

Die in den agilen Teams entwickelten Szenarien und Lösungsansätze werden in einem laufenden Prozess mit dem Managementteam diskutiert. Ziel dabei ist, die Entscheidungsfindung im Managementteam mit fundierter Beratung durch das agile Team zu unterstützen, oder auch die Entscheidung ins Team zu legen. Diese Teams aus Expertinnen und Experten werden als Partner auf Augenhöhe wahrgenommen, die in einem offenen, ehrlichen und transparenten Diskurs Teil der Entscheidungsfindung sind oder an die die Entscheidungskompetenz delegiert wird.

Dezentrale Verantwortungsübernahme 4.0: Organisation als ganzheitlich kommunizierendes Gefäß

Wesentliches Merkmal:

- Rollen ersetzen Funktionen und Hierarchien.

Bei dieser radikalsten Organisationsform wird die gesamte Organisation auf Selbstorganisation und agiler Zusammenarbeit aufgebaut. Es gibt keine Führungskräfte, sondern Coaches, die Menschen bei der Ausgestaltung ihrer Rollen begleiten. Die Teams organisieren sich rund um Themen- oder Kundenfelder selbst, die Teammitglieder übernehmen unterschiedliche Rollen. Meistens gibt es keine ausgewiesenen Hierarchieebenen mehr, sondern Gruppen oder Kreise. Manche Gruppen arbeiten stärker am System als andere, die Mitglieder werden von den Teams entsendet. Grundsätzlich wird so viel wie möglich eigenverantwortlich entschieden. Solche Organisationen zeichnen sich durch starke partnerschaftliche Zusammenarbeit, eine dynamische Rollenverteilung, hohe Eigenverantwortung, starke Kundenorientierung und Vertrauen anstelle von Kontrolle aus. Der Purpose des Unternehmens, gemeinsam gelebte Werte und, darauf aufbauend, wenige, aber kräftige und tatsächlich gelebte Prinzipien und Regeln sind die Quelle für Motivation, Ordnung und Commitment.

Viele Unternehmen unterschiedlicher Größen in vielen Branchen haben sich bereits so aufgestellt. Wesentlicher Impulsgeber für diese radikal neue Organisationsform ist Frederic Laloux mit seinem Ansatz der »Evolutionären Organisation«. Sein Buch »Reinventing Organizations« (Laloux, 2014) rüttelte 2014 an den Grundfesten des allgemeinen Organisationsverständnisses. Laloux zeigte auf, dass die Dynamik der heutigen Zeit von Organisationen fordert, sich als lebendigen Organismus zu begreifen, um das menschliche Potenzial in seiner Gesamtheit zu heben. Die am weitesten entwickelte Organisationsform bezeichnet Laloux als »Evolutionary – Teal«, bei der drei Aspekte im Fokus stehen: Selbstorganisation und Selbstmanagement, Ganzheitlichkeit, evolutionärer Purpose. Letzteres bedeutet, dass Geldvermehrung nur ein Mittel zum Zweck ist. Der wirkliche Purpose ist eine Daseinsberechtigung im Austausch mit der Umgebung und mit den Kundinnen und Kunden (Rüther, 2018).

Ein zweiter wesentlicher Impulsgeber ist Brian J. Robertson mit seinem Ansatz der Holacracy (Robertson, 2015). Als Flugschüler war Robertson beinahe abgestürzt, da er ein scheinbar unbedeutendes Warnsignal ignoriert hatte. Der Absturz konnte im letzten Moment verhindert werden, doch diese Erfahrung öffnete ihm die Augen und zeigte ihm: Auch in seiner Organisation gab es schwache Signale, die zwar erkannt wurden, aber kaum Resonanz fanden, weil sie nicht ins aktuelle Wahrnehmungsmuster passten. Robertson fragte sich: Welche Organisationsform ist notwendig, damit die vielfältigen Wahrnehmungen und Spannungen, die es in einer Organisation gibt, nicht unterdrückt und abgeblockt, sondern systematisch genutzt werden? Wie kann die Fähigkeit ausgebaut werden, diese schwachen Signale permanent wahrzunehmen und für die Entwicklung der Organisation zu nutzen? Robertson gründete daraufhin das nach seinen Ideen organisierte Beratungsunternehmen HolacracyOne und setzt heute seine stark vom Konzept der Soziokratie geprägten Ansätze mit ähnlichen Zugängen wie Laloux um. Soziokratie ist eine soziale Technologie, die beschreibt, wie auf Basis von Gleichwertigkeit, Transparenz und Feedback Entscheidungen getroffen werden können und wie Macht gesteuert werden kann (Rüther, 2018). Ein zentrales Element dabei ist die Governance: ein klares Set an Spielregeln, das definiert, wie sich das System organisiert und wie entschieden wird.

Was nun?

Eine wachsende Zahl an Unternehmen hat für sich eine Organisationsform gefunden, in der Agilität, Selbstorganisation und Eigenverantwortung im Zentrum stehen. Wir möchten aber noch einmal betonen, dass es **die eine** ideale Organisationsform nicht gibt, die für alle Unternehmen passt. Aber es gibt Elemente, die helfen, besser mit den aktuellen Herausforderungen umzugehen – und es ist definitiv die Herausforderung der nächsten Jahre, diese Elemente in radikaler oder auch weniger radikaler Form in unsere Organisationen aufzunehmen.

Fassen wir zusammen:

- Zentral gesteuerte und zu große Organisationseinheiten finden nur schwer adäquate Antworten auf komplexe Herausforderungen.
- Wenn Menschen Verantwortung übernehmen sollen, muss sie ihnen vertrauensvoll übergeben werden. Das kann bedeuten, die Organisation so aufzustellen, dass dieses Prinzip auch formal greift.
- Nur wenn Menschenbild, Mindset und Werte das Übernehmen von Verantwortung sowie das Vertrauen unterstützen, werden die Menschen auch auf breiter Ebene Verantwortung übernehmen wollen.
- Eine allgemein »richtige« Organisationsform gibt es nicht. Die passende Organisationsform ist jene, die mit den aktuellen Herausforderungen und Umfeldbedingungen umgehen kann.
- In der aktuellen Komplexität gehören die Überschaubarkeit der Organisationseinheiten und Selbstorganisation zu den Erfolgsfaktoren.
- Organisationsformen, die agile, interdisziplinäre Teams aus Expertinnen und Experten ermöglichen, unterstützen die Resilienz.
- In resilienten Organisationsformen lösen sich fixe Funktionszuordnungen zugunsten der Rollenflexibilität auf.

3.4 Gestaltungsfeld Organisation – die Resilienz am Markt stärken

Wenn wir unsere Kundinnen und Kunden glücklich machen, nein: **begeistern!!!,** ist die Zukunft unseres Unternehmens gesichert. Nicht wahr? Das ist die Richtung, in die sich heute viele Organisationen verlaufen, denn in den letzten Jahren ist von nichts anderem mehr die Rede als vom Primat der Begeisterung. Und während für bestehende und neue Produkte verzweifelt nach Begeisterungsfunktionalitäten gesucht wird, wird oft vergessen, die zentrale Leistung zu erbringen, die von den Kundinnen und Kunden erwartet wird. Was die Zukunft betrifft, können Unternehmen also zwei große Fehler machen: Entweder denken sie ausschließlich daran oder sie denken gar nicht daran.

Resilient und beweglich sind hingegen jene Organisationen, die Signale von außen wahrnehmen und einordnen können. Was hilft, die passenden Antennen zu entwickeln? Das, was die Kundinnen und Kunden brauchen, lässt sich am besten umsetzen, wenn das **Wissen des Point of Sale** genutzt wird. Grundlegende Veränderungen am Markt oder in den Präferenzen zeigen sich durch **schwache Signale,** die zuerst singulär auftreten und deshalb leicht übersehen werden können. Wenn sich diese Signale zu echten Umwälzungen oder Krisen verdichten, hilft die **intelligente Vernetzung** mit Kooperationspartnern oft dabei, die stärksten Schocks abzufedern und im Verbund leichter durch die Krise zu kommen. Im Netzwerk ist es oft auch einfacher, Chancen zu nutzen und am Puls der Zeit zu bleiben, denn in einem hoch-dynamischen Umfeld stellt sich die Frage: Worauf fokussieren wir unsere Potenziale und Kräfte? Um diese Frage, beantworten zu können, sollte sich eine Organisation vor allem eines erlauben: **unmögliche Szenarien** zu **denken.** Meistens gibt es das Wissen über den größten anzunehmenden Unfall in der Organisation durchaus – es muss aber auch laut gedacht werden dürfen.

3.4.1 Kundennähe leben und das Wissen des Point of Sale nutzen

Ein bekanntes Zitat des Management-Gurus Philip Kotler lautet sinngemäß, dass man die Kundinnen und Kunden nicht nur zufriedenstellen dürfe, sondern begeistern müsse, wenn man der Konkurrenz immer einen Schritt voraus sein will. Es stimmt ja: Begeisterung ist – wie soll man sagen: irgendwie begeisternd. Dementsprechend reden viele Beraterinnen und Berater und Marketer über die zauberhafte Wirkung der Begeisterung. Über jenen Moment, in dem die Erwartungen nicht nur erfüllt, sondern übertroffen werden und damit ein Lächeln ins Gesicht der Kundinnen und Kunden zaubern. Es sind die Geschichten, in denen Hotelangestellte weinenden Kindern den verloren geglaubten Teddybären wiederbringen oder der Autobesitzer vom blitzblanken Innenraum seines Fahrzeugs überrascht wird, obwohl es eigentlich nur bei der Inspektion war.

Nun geht eine resiliente Organisation aber intelligent und kraftsparend mit den eigenen Ressourcen um. Lohnt sich da der aufwendige Versuch, die Kundinnen und Kunden permanent begeistern zu wollen, tatsächlich? Eine erhellende Studie des Sales-Experten Matthew Dixon zeigt, dass durchaus angezweifelt werden darf, ob es sich wirklich immer lohnt, der Kundenbegeisterung hinterherzuhecheln (Dixon et al., 2012).

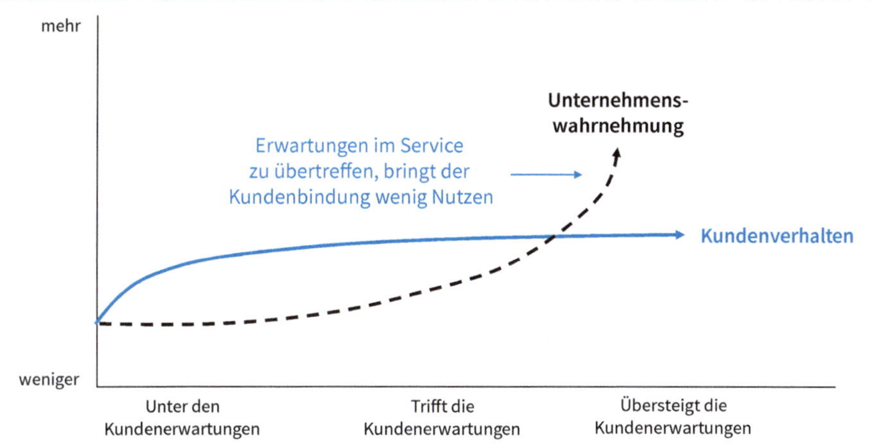

Abb. 3.27: Das mühelose Ergebnis – Einfluss des Kundenservice auf die wahrgenommene und tatsächliche Loyalität (Quelle: in Anlehnung an Dixon et al. 2012)

Aus den Ergebnissen der Studie, die den Zusammenhang zwischen den Erwartungen der Kundinnen und Kunden und ihrer Loyalität untersucht, lassen sich zwei Kernaussagen ableiten:

1. Unternehmen unterschätzen den Wert, den es für Kundinnen und Kunden hat, wenn ihre Erwartungen einfach nur erfüllt werden.
2. Unternehmen überschätzen die Bedeutung der Übererfüllung von Kundenerwartungen.

Jetzt einmal ehrlich: Den meisten Unternehmen gelingt es nur schwer, die eigentlichen und vordergründigen Erwartungen voll und ganz zu erfüllen. Wer sich zu früh auf »Begeisterungsfaktoren« fokussiert, steht nach unserer Erfahrung der konsequenten Erfüllung des eigentlichen Kundenversprechens im Weg. Zeit und Geld werden für etwas gebunden, worauf zum gegenwärtigen Zeitpunkt gar kein Wert gelegt wird. Ein bisschen ist es so, als würde man einen Grundschüler dazu motivieren, er solle die Zierzeilen ins Heft malen, bevor er die eigentlichen Schreibübungen erledigt hat.

In diesem Zusammenhang ist es wichtig, zu klären, was für ein Unternehmen die Hausaufgaben sind: Was ist das Kundenversprechen im engeren Sinn? Ein Beispiel: Der renommierte Haushaushaltsgerätehersteller Miele steht für Verlässlichkeit, Leistung und Qualität. Im Markenclaim »Verlässlichkeit für viele Jahre« wird dieses Versprechen auf den Punkt gebracht – und genau das erwartet ein Kunde zunächst von Miele. Ob sich die Waschmaschine mit dem Smartphone steuern lässt oder 148 Waschgänge hat, mag zwar auch wichtig sein, steht aber möglicherweise nicht ganz oben auf der Prioritätenliste.

Reklamationen zeigen, welche Hausaufgaben nicht erledigt wurden

Was ist das Kundenversprechen deiner Organisation? Kennen die Menschen in deinem Unternehmen die Wünsche und Erwartungen eurer Kundinnen und Kunden? Kennt ihr die Lücke zwischen dem Kundenversprechen und den Erfahrungen, die eure Kundinnen und Kunden tatsächlich machen?

Die einfachste Möglichkeit, um eine bestehende Lücke zu schließen, ist die konsequente Beschäftigung mit Reklamationen: In welchen Punkten haben wir wirklich enttäuscht? Wo zeigen sich systematische Mängel in unseren Dienstleistungen oder Produkten? Reklamationen sind das größte Geschenk, das Kundinnen und Kunden einem Unternehmen machen können: Sie liefern klare Ansatzpunkte, um dem Leistungsversprechen gerecht zu werden und sich zu verbessern. Bevor sich eine Organisation auf die Suche nach Begeisterungsfaktoren macht, sollten also folgende Fragen genau beleuchtet werden:

- Kennen wir die Bedürfnisse und Wünsche unserer Zielgruppen?
- Binden wir jene Menschen, die unsere Kundinnen und Kunden am besten kennen, aktiv in wichtige Entscheidungen ein?
- Haben wir wirklich verstanden, was unsere Kundinnen und Kunden von uns erwarten und wofür sie uns bezahlen?
- Geben wir unseren Kundinnen und Kunden ein klares und attraktives Versprechen?
- Halten wir dieses Versprechen konsequent ein? Was können wir aus Reklamationen lernen?
- Konzentrieren wir unsere Energien intern dort, wo wir dieses Kundenversprechen noch nicht optimal erfüllen?

Was Kundenorientierung wirklich ist, ist von Organisation zu Organisation, von Branche zu Branche und letztlich von Kunde zu Kunde sehr unterschiedlich. Resiliente Organisationen setzen allerdings bestimmte Schwerpunkte und wir möchten fünf »Suchspuren« vorschlagen, die bei der Definition von Kundenorientierung für deine eigene Organisation hilfreich sein können.

Abb. 3.28: Resilienz in Organisationen durch Kundenorientierung (Quelle: eigene Darstellung)

Suchspur 1: Wissen vom POS und aus dem direkten Kundenkontakt systematisch nutzen

Ob Verkäuferinnen und Verkäufer im Einzelhandel, Servicemitarbeiterinnen und -Mitarbeiter oder Vertriebsmitarbeiterinnen und -mitarbeiter in Banken oder Versicherungen – alle haben eine Gemeinsamkeit: Sie verbringen einen guten Teil ihrer Arbeit mit dem direkten Kontakt zu den Kundinnen und Kunden. In größeren Organisationen wird auf dieses Wissen viel zu selten zurückgegriffen, dabei liegt genau hier ein Schatz verborgen, der gehoben werden kann!

Selbstverständlich können auch Befragungen, Marktforschung oder Mystery Shopping genutzt werden, um Wissen über die Kundinnen und Kunden zu sammeln. Dagegen ist nichts einzuwenden. Aber spätestens bei der Interpretation der Ergebnisse und in die folgenden Entwicklungs- und Entscheidungsprozesse sollten wieder die Kolleginnen und Kollegen mit direktem Kundenkontakt eingebunden werden. Akademische Diskussionen in der Managementetage, geführt von externen Beraterinnen und Beratern, reichen einfach nicht aus.

Suchspur 2: Einfachheit zu Kundinnen und Kunden hin

Im deutschsprachigen Raum ist man stolz auf die vielen Hidden Champions, die sich durch eine Mischung aus Spezialisierung, Tüftelei und höchster technischer Kompetenz entwickelt haben. Das Schweizer Uhrwerk und die deutsche Ingenieurskunst sind sprichwörtlich und die dahinterliegenden Tugenden sind tatsächlich die Grundlagen unseres heutigen Wohlstandes. Gleichzeitig ist nicht von der Hand zu weisen, dass die Dienstleistungsökonomie an Bedeutung gewonnen hat und immer noch gewinnt. Hier gibt es einen zentralen Wert, der ein Stück weit im Widerspruch zum bisherigen Verständnis von Qualität steht: die Einfachheit.

US-amerikanische Unternehmen leben diesen Wert in Perfektion vor. Man kann zu den Geschäftspraktiken von Amazon stehen, wie man will, aber wer einmal einen Artikel bestellt hat, ist in der Regel von der einfachen Abwicklung der Bestellung, über die Lieferung bis hin zu Rücksendung und Reklamation begeistert. Im Automobilbereich führt Tesla die Revolution an. Nicht der Antrieb ist das Neue, sondern das einfache und intuitive Bedienkonzept, das sich von den komplizierten Bedienkonzepten anderer (Luxus-)Hersteller vollkommen abhebt. Was Amazon und Tesla verbindet – und hier steckt meistens ein großer Hebel für die Einfachheit –, ist die Digitalisierung. Erfolgreiche Unternehmen nehmen die Digitalisierung nicht als Bedrohung wahr und sehen sie nicht als Bürde, sondern nutzen sie für die Vereinfachung von Produkten und Dienstleistungen. Diese Einfachheit für Kundinnen und Kunden verursacht im Hintergrund eine teils hohe Komplexität – auch das ist ein Teil der Wahrheit.

Suchspur 3: Digitalisierung als Chance begreifen

Die digitale Transformation bietet fast allen Organisationen Chancen. Das gilt nicht nur für Geschäftsmodelle, die ohne digitale Basis gar nicht möglich wären. Auch bestehende Produkte und Dienstleistungen können substanziell weiterentwickelt oder veredelt werden. Handlungsfelder gibt es viele, hier sind nur drei Beispiele:

- Hintergrundprozesse, wie jene im Supply Chain Management, können durch die Digitalisierung so verbessert werden, dass die Leistung schneller erbracht werden kann.
- Social Media bieten viele Möglichkeiten, um mit Kundinnen und Kunden schneller und direkter in Kontakt zu kommen und auch deren Reaktionen auf neue Produkte und Services zu erfassen. Es ist durchaus einfacher geworden, die passenden Zielgruppen zu erreichen.
- Kundendaten – das Gold des 21. Jahrhunderts – bieten unendlich viele Möglichkeiten, wenngleich zurecht ein verantwortungsvoller Umgang damit eingefordert wird.

Wir möchten dazu einladen, den digitalen Wandel nicht als Bedrohung, sondern als echte Chance zur Weiterentwicklung zu verstehen. Die Möglichkeiten der Digitalisierung sowohl an bestehenden Touchpoints intelligent einzusetzen als auch übergreifend in der Kommunikation und Entwicklung neuer Produkte und Dienstleistungen zu nutzen, ist ein Zugang, der resilienter und erfolgreicher machen wird.

Suchspur 4: Balance im Spannungsfeld aus Freiraum und Standards

Müssten sich die Mitarbeiterinnen und Mitarbeiter eines Unternehmens jedes Mal aufs Neue fragen, wie eine Dienstleistung zu erbringen oder ein Produkt herzustellen ist, könnte keine gleichbleibende Qualität geliefert werden. Das Kundenversprechen einzuhalten, wäre kaum möglich. Abgesehen davon würden Effizienz und Effektivität leiden und die Kosten in die Höhe schnellen. Standards sind also richtig und wichtig.

Andererseits gibt es nicht für alle Situationen einen vorab planbaren Prozess oder eine Checkliste. Selbst Piloten, die in allen denkbaren Notfallszenarien geschult sind, müssen im Ernstfall abwägen und eigene Entscheidungen treffen (dürfen). Auch den Menschen mitten im operativen Geschehen eines Unternehmens müssen Freiräume eingeräumt werden. Sie müssen so gut ausgebildet und ermächtigt werden, dass sie für Kundinnen und Kunden in Ausnahmesituationen da sein können und nicht nur roboterhaft Prozesse umsetzen – denn genau an diesem Punkt kann man Kundinnen und Kunden verärgern oder sogar verlieren.

Die Kombination aus standardisierten Prozessen und Freiräumen ist aus unserer Sicht besonders wichtig, um mit unvorhersehbaren Situationen und den Anforderungen der Kundinnen und Kunden umgehen zu können. Das gilt im einzelnen Reklamationsfall genauso wie für Innovationsprozesse oder die strategische Neuausrichtung der Organisation.

Suchspur 5: Glaubwürdigkeit nach außen und Verbindung zum inneren Purpose der Organisation

Jede Persönlichkeit besteht im übertragenen Sinn aus drei Teilen: dem Geist, der für das Rationale steht, dem Herzen, das für Gefühle steht, und der Seele, die für Werte, Überzeugungen und das Spirituelle steht. Das gilt auch für Marken: Das klassische Marketing spricht hauptsächlich die rationale Ebene und die Emotionen an. Mit Fakten soll die Markenidentität untermauert werden, also wodurch sich ein Unternehmen vom Wettbewerb unterscheidet, während das Image die – manchmal verborgenen – Kaufmotive der Kundinnen und Kunden anspricht. Die Markenintegrität, die Seele der Marke, wird laut Philip Kotler weniger berücksichtigt (Kotler, 2010): Für welche Werte und Überzeugungen steht die Marke ein?

Genau hier möchten wir vorschlagen, eine Brücke zwischen dem in Kapitel 1 beschriebenen inneren Purpose und dem Markenauftritt zu schlagen. Wir möchten kein Marketing-Seminar abhalten, doch uns ist wichtig, zu betonen, dass Kundennähe mehr als eine Kombination aus Fakten und bunten Bildern bedeutet. Zum Beispiel wird vor allem in jungen Kundengruppen das Bedürfnis nach Aufrichtigkeit, Nachhaltigkeit, Enkelfitness, Fairness und Menschlichkeit immer stärker. Wir glauben, dass wirklich resiliente Organisationen sich intensiv mit diesen Fragen befassen und ihre Antworten darauf im Kontakt mit den Kundinnen und Kunden spürbar machen.

PRAXISBEISPIEL

Schlechte Äpfel?

Auch Unternehmen, die in Sachen Marketing immer wieder als Paradebeispiele genannt werden, müssen sich zunehmend die Frage nach ihrer Markenintegrität stellen. Apple hat den Markt gleich mehrmals revolutioniert: erst mit dem Mac, später mit dem iPod, zuletzt mit dem iPhone. Zwar ist Apple mit Stand 2021 das wertvollste Unternehmen der Welt, aber aus früheren Fans sind teilweise Gegner geworden. Die strikte, monopoloartige Unternehmenspolitik bei Software-Lizenzen im App-Store, Umweltskandale, wie ein mit Kohlestrom betriebenes Rechenzentrum, oder die vielen offenen Fragen rund um das Thema Datenschutz haben Apple wohl umdenken lassen. In diesen und anderen Bereichen versucht Apple, klar Farbe zu bekennen: So soll beispielsweise bis 2030 die gesamte Wertschöpfungskette klimaneutral sein und in Sachen Datenschutz will man den Konsumenten mehr Freiheiten einräumen, als der Wettbewerb es tut (Nezik/Coenenberg, 2021).

Übung 24: Touchpoint-Analyse

Mit den beschriebenen Suchspuren möchten wir klarmachen, dass Kundenorientierung für resiliente Organisationen stark von der Branche, den Zielgruppen, der Unternehmensstrategie und dem Anspruch der Akteure in einer Organisation abhängt. Die Kundinnen und Kunden werden ins Zentrum der Überlegungen integriert. Die Suchspuren sollen dabei helfen, haben aber nicht den Anspruch auf Vollständigkeit.

Wir möchten dich aber einladen, dich selbst aktiv auf die Suche zu begeben. Die Touchpoint-Analyse ist eine Methode, die zunächst qualitativ angewendet werden kann und später durch quantitative Zugänge ergänzt wird. Selbstverständlich kannst du diese Liste mit weiteren Fragestellungen ergänzen.

Schritt 1: Wähle einen bestimmten Kunden-Touchpoint aus, den du analysieren möchtest:

- Zum Beispiel: Reklamationen, spezifische Aftersales-Leistungen, Verkaufsgespräche usw.

Schritt 2: Beantworte die folgenden Fragen zum Touchpoint aus der Perspektive der Kundinnen und Kunden:

- Welches Versprechen haben wird den Kundinnen und Kunden an diesem Touchpoint gegeben? Was erwarten die Kundinnen und Kunden von uns?
- Welche Ziele, Bedürfnisse und Emotionen spielen für die Kundinnen und Kunden eine Rolle?
- Womit können wir die Kundinnen und Kunden potenziell begeistern?
- Womit laufen wir Gefahr, die Kundinnen und Kunden zu enttäuschen?

Schritt 3: Folge den Suchspuren:

- Suchspur 1: Wie können wir durch Einbeziehung von Mitarbeiterinnen und Mitarbeitern, die den Touchpoint besonders gut kennen, mehr darüber erfahren und Ideen für die Weiterentwicklung sammeln?
- Suchspur 2: Wo gibt es Möglichkeiten, es den Kundinnen und Kunden noch einfacher zu machen? Wie können wir sie entlasten?
- Suchspur 3: Gibt es an diesem Touchpoint durch die Digitalisierung Möglichkeiten zur Weiterentwicklung?
- Suchspur 4: Haben wir für die hinter dem Touchpoint liegenden Prozesse genügend und passende Standards definiert? Gibt es umgekehrt Regeln und Vorgaben, die wir streichen sollten?
- Suchspur 5: Wie und wodurch spüren die Kundinnen und Kunden an diesem Touchpoint unsere Haltung, unsere Werte – insgesamt das, wofür wir als Organisation stehen wollen?

Schritt 4: Leite die nächsten Schritte ab:

- Lassen sich aus der Analyse erste Ideen für die Weiterentwicklung ableiten? Was können wir schon morgen anders oder besser machen?
- Ergeben sich weitere Suchspuren?
- Wer sollte nun eingebunden werden?

Eine abschließende Bemerkung zum Vorgehen: In einem ersten Schritt kann die Analyse intern für einzelne Touchpoints erfolgen. Schritt für Schritt kann die Analyse dann auf die gesamte Customer Journey ausgeweitet werden. Zum passenden Zeitpunkt bietet es sich auch an, die Kundinnen und Kunden aktiv einzubeziehen, etwa über Befragungen oder Kundenkonferenzen.

Fassen wir zusammen:

- Resilienz bedeutet auch Sparsamkeit. Bevor Organisationen danach streben, ihre Kundinnen und Kunden zu begeistern, sollten sie zunächst deren Erwartungen erfüllen.
- Reklamationen sind Geschenke und bieten wertvolle Anhaltspunkte für die Entwicklung einer Organisation.
- Fünf Suchspuren können helfen, mehr Kundennähe zu leben:
  - POS-Erfahrungen nutzen
  - Einfachheit
  - Digitalisierung
  - Spannungsfeld Standards vs. Freiräume
  - Glaubwürdigkeit

3.4.2 Schwache Signale erkennen

Organisationale Resilienz wird häufig damit verbunden, dass es genügend Ressourcen gibt, um mit Krisen besonders gut umgehen zu können. Das ist jedoch nur ein Kriterium, an dem man resiliente Organisationen erkennt. Eine wesentliche weitere Fähigkeit resilienter Organisationen ist: Sie hören tatsächlich das Gras wachsen. Im Laufe der Zeit wurden gute Antennen entwickelt, mit denen die schwachen Signale der zukünftigen Entwicklungen bewusst – und vor allem frühzeitig – wahrgenommen werden. Diese Fähigkeit zur Antizipation ist ein Frühwarnsystem für Risiken einerseits und ein Radar für Chancen andererseits.

»Auf schwache Signale achten« klingt zugegebenermaßen abstrakt. Anhand der folgenden Beispiele wird es vielleicht greifbarer:

- Ein bestimmtes Produkt wird zuletzt nicht mehr so gut angenommen wie in den Jahren zuvor. Stammkunden bleiben, neue Kundinnen und Kunden zu akquirieren wird jedoch schwieriger. Aber eigentlich läuft es noch gut …
- Ein Kollege erzählt von einem neuen Start-up. Die Idee klingt absurd, irgendwie aber auch genial.

- Eine langjährige und geschätzte Mitarbeiterin deutet bei einem gemeinsamen Mittagessen an, dass sie in letzter Zeit wenig Neues gelernt habe. Sie mache ihren Job aber gern und denke eigentlich nicht über einen Jobwechsel nach.
- Bereits der dritte Kunde innerhalb kurzer Zeit fragt nach einem spezifischen Feature, das derzeit niemand anbietet. Eine Marktlücke? Oder Zufall?

Plötzlich auftretende Krisen, neue Chancen auf Märkten, verändertes Kundenverhalten, Ressourcenknappheit, insolvente Zulieferer oder Top-Talente, die zur Konkurrenz wechseln – Veränderungen kommen meistens nicht so plötzlich, wie es der Schock im ersten Moment vermuten lässt. Menschen beteuern dann oft: »Damit habe ich jetzt nicht gerechnet«, »Wenn ich das gewusst hätte«, oder Ähnliches. Auf den zweiten Blick zeigt sich aber, dass es im Vorfeld viele Signale und Hinweise gegeben hat, mit denen sich die Entwicklung angekündigt hat. Manchmal wurden sie sogar wahrgenommen und es wurde darüber gesprochen. Aber niemand hat sie ernst genug genommen, oder sie wurden nicht in den richtigen Kontext gesetzt. Vielleicht sind alle davon ausgegangen, dass es schon gut gehen wird, so wie in der Vergangenheit, oder sie haben sich mit den aktuellen Erfolgen beruhigt. Nach dem Motto: »Wir haben schon so viel gemeistert, uns kann nichts unterkriegen.«

Schon bei Individuen ist das Bewusstsein für schwache Signale oft wenig bis gar nicht vorhanden. Individuen wie Organisationen tappen deshalb in ähnliche Fallen:

- Erfolgsverwöhntheit und überhöhtes Selbstvertrauen;
- der Glaube, aus der Vergangenheit auf die Zukunft schließen zu können;
- es allen recht machen wollen;
- zu wenig Bezug zu den eigenen Wahrnehmungen und Gefühlen.

Das zugrunde liegende Phänomen hat einen Namen: Der Confirmation Bias bezeichnet einen in der Kognitionspsychologie gut erforschten Denkfehler, dem wir alle jeden Tag erliegen. Gemeint ist damit unsere Neigung, Informationen so zu selektieren, zu ermitteln und zu interpretieren, dass diese unsere Erwartungen erfüllen. Umgekehrt werden Informationen, die im Gegensatz zu unseren Erwartungen oder Überzeugungen stehen, eher ausgeblendet oder so verzerrt, dass sie wieder in unser Bild passen.

Schwache Signale heißen schwache Signale, weil sie eben nicht stark genug sind, um sofort alle Warnlampen aufleuchten zu lassen. Was nicht in unser kognitives Beuteschema passt, wird ausgeblendet. Schwache Signale tauchen aber plötzlich auf und erzeugen im Moment eine kurze Irritation. Genau dieser Moment ist entscheidend: Wie gehe ich mit dieser Irritation um? Nehme ich sie bewusst an und gehe ihr auf den Grund, oder schiebe ich sie weg?

Schwache Signale als Geschenk für die Entwicklung verstehen

Schwache Signale haben auf den ersten Blick nur begrenzte Folgewirkungen. Bei der Evaluierung erscheinen die damit verbundenen Chancen nicht attraktiv genug, denn noch ist nicht klar, wie breit das Interesse der Kundinnen und Kunden sein wird. Risiken zeigen sich in kleinen

Teilbereichen als Fehler, die vielleicht nur eine Kundin oder einen Kunden betreffen, als Ausfall eines Teilmarktes oder Ähnliches.

Schwache Signale fallen also durch das Parameternetz von Screeninganalysen, Business Cases und Kennzahlensystemen, da sie keine kritische Masse erreichen. Sie zeigen sich nämlich singulär, nicht kombiniert, und außerdem in unterschiedlichen Situationen und Settings. Durch die Unberechenbarkeit des Marktumfelds kann die Auswirkung schwacher Signale auch schwer eingeschätzt werden. Doch Achtung: Die nicht antizipierten Folgen sind oft beachtlich. Schwache Signale sind ein entscheidender, wenn nicht sogar **der** entscheidende Faktor dafür, ob wir Krisen frühzeitig erkennen können, ob wir in der Lage sind, Opportunitäten zu nutzen und die Zukunft aktiv zu gestalten.

In größeren Unternehmen gibt es in der Regel etablierte Systeme, um Erkenntnisse zum Markt, zu den Kundinnen und Kunden, zum Wettbewerb oder zu Trends systematisch zu erfassen: zum Beispiel durch Mitarbeiter- und Kundenbefragungen, Marktstudien oder Trendanalysen. Geachtet wird bei diesen Instrumenten vor allem auf Wissenschaftlichkeit – und das ist gut so. Evidenzbasierte Entscheidungen zu treffen, gehört zur erfolgreichen und professionellen Unternehmensführung.

Was dabei allerdings auf der Strecke bleiben kann, ist das, was zwischen den Zeilen steht. Wir begleiten regelmäßig Organisationen bei der Durchführung und Interpretation von Befragungen. Traditionell wird der Fokus auf die Analyse der quantitativen Ergebnisse gelegt, und dabei stoßen wir immer wieder auf ein Phänomen: Die Auftraggeberinnen und -geber suchen nach der Bestätigung ihrer impliziten Hypothesen.

- Wie schneiden die Regionen im Vergleich zueinander ab? Wusste ich es doch! England performt wieder unterdurchschnittlich.
- Wo liegen wir im Vergleich zum externen Benchmark? Klar, in der Serviceorientierung sind wir nicht gut.
- Welche Items haben sich im Vergleich zur letzten Befragung besonders verbessert? Logisch, die Produktqualität ist wieder deutlich gestiegen.

Wichtig ist aber, auch nach Ergebnissen zu suchen, die nicht erwartet oder gewünscht werden. Die ganze Wahrheit läuft sonst Gefahr, nicht berücksichtigt zu werden. Sie versteckt sich zum Beispiel in den Textkommentaren zum Analyseergebnis: Gibt es einzelne oder vielleicht sogar mehrere Aussagen, die im Widerspruch zur Mehrheitsmeinung stehen? Woran liegt das? Solche Auffälligkeiten mit jenen Personen zu diskutieren, die im direkten Kundenkontakt stehen, kann völlig neue Perspektiven eröffnen.

Einen Nährboden für schwache Signale schaffen

Die Fähigkeit von Organisationen, schwache Signale wahrzunehmen, hängt stark davon ab, auf welchen »Boden« die Information fällt. Ohne Anspruch auf Vollständigkeit versucht die folgende Grafik, das Prinzip zu veranschaulichen.

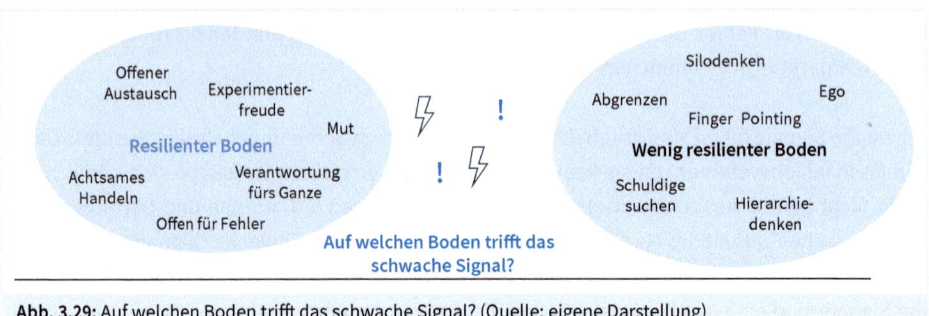

Abb. 3.29: Auf welchen Boden trifft das schwache Signal? (Quelle: eigene Darstellung)

Wenn die Kompetenzen der Resilienz, die wir bisher beschrieben haben, gut ausgeprägt sind, verstärken diese auch die Fähigkeit, schwache Signale wahrzunehmen, sie zu kombinieren und daraus Handlungen abzuleiten.

Eigenverantwortung und Achtsamkeit bewusst kultivieren

Die Wahrnehmung wird geschärft, wenn die handelnden Personen den Sinn ihrer Arbeit erkennen und eine unternehmerische Verantwortung für das Ganze spüren. **Das dezentrale Übernehmen von Verantwortung** hebt den Blick über den Tellerrand und schärft die Wahrnehmung schwacher Signale, eine **konstruktive Fehler- und Lernkultur** gibt den handelnden Personen die Sicherheit, dass ihr Bemühen erkannt und sich niemand angegriffen fühlt. **Achtsames Tun im Hier und Jetzt** stärkt die Fähigkeit, Wahrnehmungen intuitiv zu bewerten und ihre Relevanz einzuordnen.

Einen Rahmen schaffen, in dem der Austausch über unterschiedliche Wahrnehmungen systematisch kultiviert wird – transparent, klar und realistisch

Natürlich ist es wichtig, nicht gleich in jedem schwachen Signal den Untergang des Unternehmens oder die einzige Chance für die nächsten Jahre zu erkennen. Für eine breite Bewertung sollten unterschiedliche Perspektiven und Wahrnehmungen eingeholt und mit einer diversen Gruppe diskutiert werden. »**Diversität**« in den Wahrnehmungen kann also bewusst genutzt werden. Ehrliche – auch unangenehme – Einmeldungen und ein transparenter, offener Austausch werden dabei nur möglich sein, wenn die handelnden Personen auf eine **vertrauensvolle Dialogkultur** setzen können, die den Mitarbeiterinnen und Mitarbeitern psychologische Sicherheit gibt. Organisationen brauchen institutionalisierte Räume, die den Austausch über singuläre Wahrnehmungen und Erkenntnisse ermöglichen und für Initiativen oder völlig neue Richtungen offen sind. Durch den **Freiraum für Experimente** bekommen diese Erkenntnisse die Möglichkeit, radikale Veränderungen und ihre Auswirkungen zu »üben« – abteilungsübergreifend, hierarchieübergreifend, systemübergreifend. So können **Systemblockaden entfernt und Reserven für Risikotreiber** aufgebaut werden.

Vergangenheitsorientierte Egodynamiken und die Tendenz zur Vereinfachung bremsen

Dieser Punkt ist entscheidend für die Frage, ob schwache Signale eine Chance haben, gehört zu werden, oder ob sie so schnell ignoriert werden, wie sie gekommen sind. Eine menschliche, aber wenig hilfreiche Reaktion ist es, sofort nach Schuldigen oder einem Fehler in den Signalen zu suchen. Die Tendenz zum Ignorieren besteht auch dann, wenn die alten Muster immer wieder zum Erfolg geführt haben – das kann Menschen überheblich werden lassen. Nicht zuletzt geht es oft auch darum, die eigene Machtstellung oder die eigenen Erfolge vor Gefahren zu schützen, dabei wird dann gerne eine Mauer aus egoistischem Verhalten und Silodenken gebaut. In einer Kultur, die der Prämisse **Teamerfolg vor Einzelerfolg** folgt, fällt es oft leichter, schwachen Signalen Raum zu geben. Das Üben von **emotionaler Selbststeuerung** ermöglicht dabei, sich mit den eigenen inneren Dynamiken bewusst auseinanderzusetzen und neue Perspektiven einzunehmen. Eine weitere Gefahr bei der Einschätzung schwacher Signale ist die menschliche Tendenz zur Vereinfachung und Konsolidierung. Wie gesagt haben schwache Signale keine kritische Masse – umso wichtiger ist es, auch irritierende Einzelereignisse wirken zu lassen und bewusst wahrzunehmen. Nur so können sie die nötige Aufmerksamkeit erreichen und Folgen antizipiert werden.

Mutig zukunftsweisende Weichenstellungen ermöglichen

Schwache Signale für zukunftsweisende Weichenstellungen zu nutzen, bedeutet vor allem, **mutig zu entscheiden**. Das verlangt von den entscheidenden Personen ab, auf die Zukunft zu vertrauen, die sich in der Gegenwart zeigt und auf das kreative Potenzial der Gruppe. Im Moment der Entscheidung besitzt niemand rationales Wissen über die Folgen. Man kann kombinieren, erspüren, erahnen – also antizipieren – und auf dieser Basis die Weichen stellen.

Übung 25: Schwache Signale reflektieren

Ja, es stimmt. Eine Schwalbe macht noch keinen Sommer. Aber nur, weil du erst **eine** Schwalbe gesehen hast, heißt das nicht, dass nicht schon mehrere unterwegs sind.

Wir empfehlen dir, gemeinsam mit drei bis fünf Kolleginnen und Kollegen etwa eine Stunde Zeit in diese Übung zu investieren. Den Schwerpunkt könnt ihr beliebig setzen und Informationen zu den Themen Mitarbeiter, Kunden, Wettbewerb, Trends etc. erfassen.

1. Schritt: Sammlung schwacher Signale
- Welche ungewöhnlichen Ereignisse hat es zuletzt gegeben?
- Hat es seltsame Zufälle gegeben?

2. Schritt: Verdichtung
- Lassen sich Muster erkennen?
- Gab es spezifische Häufungen?

3. Schritt: Ableitungen
- Wo lohnt es sich, genauer hinzuschauen (Analyse, Datensammlung etc.)?
- Mit wem sollten wir weitere Gespräche führen?
- Lassen sich konkrete Schritte oder Handlungen ableiten?

Grundsätzlich lässt sich das Format auch institutionalisieren und zum Beispiel alle sechs Monate zu unterschiedlichen Schwerpunkten durchführen. Aus dieser Längsschnittbetrachtung über einen längeren Zeitraum können sich ebenfalls neue Erkenntnisse ergeben.

Fassen wir zusammen:

- Viele wichtige Botschaften und Signale erreichen Individuen wie Organisation zunächst singulär, unauffällig und sie passen oft nicht zur bisherigen Denklogik. Deshalb neigen wir dazu, sie auszublenden.
- Resilienz bedeutet nicht nur, an stärkenden Ressourcen zu arbeiten. Parallel dazu sollte die Wahrnehmungsfähigkeit der Organisation für schwache Signale geschärft werden.
- Schwache Signale sind Geschenke, die mit standardisierten Instrumenten der Wahrnehmung (z. B. Befragungen, Marktbeobachtung, Trendanalysen) kombiniert werden sollten.

3.4.3 Intelligent vernetzen

Du kennst diese Situationen bestimmt aus dem privaten Bereich: Man braucht einen Termin bei einem Facharzt, möchte einen Tisch in einem exklusiven Lokal reservieren oder plant eine Urlaubsreise und hätte gern ein paar Insider-Informationen zum Reiseziel. In solchen oder ähnlichen Situationen hilft oft das persönliche Netzwerk weiter und das Problem ist rasch gelöst. Auch bei längerfristigen privaten Projekten, wie dem Bau des eigenen Hauses, ist ein gutes Netzwerk Gold wert.

Was im Privaten gilt, gilt umso mehr für Organisationen. Mit anderen Unternehmen und Institutionen, mit Wettbewerbern, aber auch mit Kundinnen und Kunden gut vernetzt zu sein, ist ein wichtiger Schlüssel, der bei vielen Aufgaben und Herausforderungen wichtige Türen öffnen kann. Das gilt für gut planbare Aktivitäten wie die Produktentwicklung und bis zu einem gewissen Grad auch für Innovationen. Wie uns zuletzt die COVID-19-Pandemie gelehrt hat, ist es vor allem bei unvorhersehbaren Ereignissen extrem hilfreich, auf ein Netzwerk zurückgreifen zu können.

Vernetzung ist also kein Selbstzweck. Blickt man etwas systematischer auf das Thema, werden zumindest drei triftige Gründe für Kooperationen deutlich, die allesamt einen positiven Einfluss auf die Resilienz einer Organisation haben können:

- **Netzwerke der komplementären Leistungen.** Manchmal lohnt es sich nicht, ein ganzes Leistungsspektrum oder die gesamte Wertschöpfungskette abzudecken. Stattdessen werden Aufgaben ausgelagert oder Leistungen zugekauft. Es ist wohl kein Zufall, dass das erste selbstfahrende Auto nicht von einem klassischen Automobilhersteller entwickelt wurde, sondern von Google, das Spezialistinnen und Spezialisten aus den verschiedensten Wissensbereichen zusammengebracht hat – Automobilingenieure waren nur ein Teil des Entwicklungsteams. »Kooperieren, um zu innovieren« ist das Motto. Das Erschließen eines neuen Feldes ist oft nur in Netzwerken möglich. Allerdings sollte darauf geachtet werden, dass solche Kooperationen nicht den eigenen Kompetenzen schaden.

- **Netzwerke für die Entwicklung und Positionierung eines strategischen Geschäftsfelds.** Oft ist es für ein Unternehmen alleine schwierig, sich in einem neuen Geschäftsfeld als relevanter Player zu positionieren und regional, national und auch international eine Relevanz zu entwickeln. In diesem Fall ist es sinnvoll, sich mit Konkurrenten und weiteren Organisationen entlang der Wertschöpfungskette zu vernetzen, um diese Relevanz durch die Kooperation zu entwickeln. Die Beispiele dafür sind vielfältig und haben eine lange Tradition: Die Baubranche lebt von Kooperationen, um Projekte umzusetzen, die Star Alliance ist eine Kooperation von Fluggesellschaften, die dadurch international an Marktmacht gewonnen haben, das Biokisterl entsteht durch eine Kooperation von Landwirten, die unterschiedliche Bioprodukte liefern und den Vertrieb über die Kooperation gemeinsam organisieren. Der relativ kleine Standort Graz in Österreich konnte sich in den letzten 20 Jahren zum Beispiel nur deshalb zum Automotive-Standort entwickeln, weil unterschiedliche Organisationen, Unternehmen, die örtliche Politik, Universitäten und andere Bildungseinrichtungen intensiv kooperierten und die gesamte Region neu positionierten. So wurde der Standort auch für weitere Unternehmen in diesem Sektor attraktiv. Nun wird versucht, die Weiterentwicklung zum Mobilitätsstandort zu schaffen. Solche Formen von Kooperation für die rasche Entwicklung von Produkten und für die Neupositionierung werden in den nächsten Jahren mit Sicherheit häufiger werden und eine besonders intelligente Form sein, um rasch in relevante Märkte einzutreten und Chancen zu nutzen. Ein innovatives Beispiel aus der Praxis (Karner, 2017): Aus einer Vernetzungs- und Ausbildungsinitiative eines österreichischen Bundeslandes zum Thema »Clean Production« entwickelte sich ein Kooperations-Start-up aus sechs Unternehmen. Gemeinsam bieten sie den Kundinnen und Kunden ein Full-Service-Paket an – von der Produktion von Produkten und Anlagen für industrielle Kundinnen und Kunden mit Reinraumanforderungen bis zu den damit verbundenen Planungs- und Wartungsarbeiten. In kürzester Zeit konnten erste gemeinsame Kundenprojekte akquiriert und umgesetzt werden und man konnte sich als relevanter Player für dieses Thema neu in Industriekreisen positionieren. Im Rahmen der Kooperation sollen die Kompetenzen der Gruppe konsequent weiterentwickelt werden.
- **Netzwerke im Sinne der gesellschaftlichen Verantwortung.** Großes lässt sich oft nicht im Alleingang umsetzen. Will eine Organisation bei großen gesellschaftlichen Aufgaben wie Bildung, Energiewende, Bewältigung von Flüchtlingskrisen oder Schutz der Biodiversität einen Beitrag leisten, schafft sie das am ehesten im Verbund mit Gleichgesinnten. Eine kritische Masse zu erreichen, ist in diesem Fall notwendig.
- **Netzwerke als Versicherung für das, was noch kommt.** Hier kommen wir einem Grundgedanken in den Konzepten zur individuellen Resilienz recht nahe, die häufig von Netzwerkorientierung sprechen. Gemeint ist damit, Kontakte zu pflegen und sich bei Herausforderungen Unterstützung von außen zu holen oder um Hilfe zu bitten. Was für das Individuum gilt, gilt genauso für Organisationen – frei nach dem Motto: »Knüpfe deine Kontakte, bevor du sie brauchst.«

Die Begriffe »Netzwerk« und »Kooperation« werden häufig synonym verwendet, sollten aber unterschieden werden. Netzwerke sind unüberschaubarer und weniger organisiert als Kooperationen. Die jeweiligen Akteure im Netzwerk verfolgen individuelle Ziele, aber das Netzwerk bildet ein Umfeld, in dem Kreativität, Dialog und Experimente gefördert werden können. Dort, wo Erfolgreiches entsteht, wächst auch die Chance, dass in weiterer Folge gezielte Kooperationen oder sogar neue Organisationen entstehen (Payer, 2008).

Sich aktiv um ein Netzwerk zu bemühen, kann in fruchtbaren Kooperationen münden. Je größer das Netzwerk, desto höher ist die Wahrscheinlichkeit, dass das gelingt. Wie Netzwerke gepflegt und ausgebaut werden können, ist von Gruppe von Gruppe recht unterschiedlich.

Für Organisationen geht es also darum, Kooperationen aktiv zu managen, bei Bedarf zu erweitern und regelmäßig bestehende Verbindungen neu zu bewerten. Was heute passt, muss nicht für alle Ewigkeit passen. Auch bei bestehenden Kooperationen sollte Veränderung zugelassen werden, um immer wieder eine dynamische Balance zu suchen. Bei neuen wie bestehenden Kooperationen sollten dementsprechend vier wesentliche Fragen geklärt werden:

- Was ist das Ziel der Kooperation?
- Was kann unsere Organisation in die Kooperation einbringen?
- Was erwarten wir von dem Kooperationspartner?
- Welche Spielregeln und Vereinbarungen sind für eine erfolgreiche Kooperation wichtig?

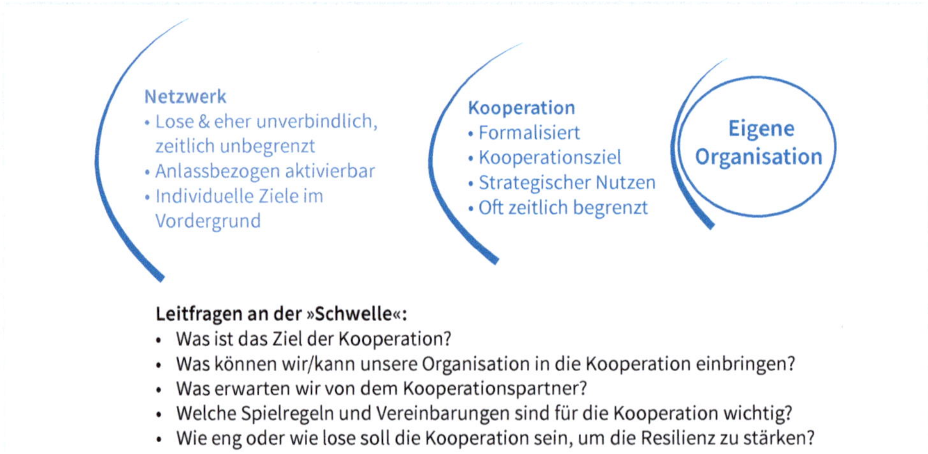

Abb. 3.30: Aktives Management von Zusammenarbeit (Quelle: eigene Darstellung)

Wie sich aus den Fragestellungen ableiten lässt, ist es zentral, in einer Kooperation nicht nur den eigenen Vorteil zu suchen, sondern aktiv zu überlegen, welcher Mehrwert dem potenziellen Partner – freiwillig – geboten werden kann. In neuen Beziehungen, in denen Vertrauen erst aufgebaut werden muss, ist dieser Aspekt zentral und es bedeutet, aktiv über die Spielregeln der Zusammenarbeit zu sprechen. Geht ein Unternehmen beispielsweise eine Partnerschaft im Bereich F&E

ein, müssen die jeweiligen finanziellen, personellen und wissensbezogenen Beiträge der Akteure abgesteckt werden. Genauso muss geklärt werden, wie Erfolge und Misserfolge bewertet werden und wie damit umgegangen wird, wenn etwa das angestrebte Patent bewilligt wird.

Das ist nur möglich, wenn beide Seiten offen und vertrauensvoll in den Austausch gehen. Eine möglichst offene Phase des Kennenlernens, in der für alle ein verlustarmer Ausstieg möglich ist, kann hier hilfreich sein. Wenn aber schon über Vertragsklauseln und Deadlines verhandelt wird, bevor das Grundvertrauen und ein Gespür für die Möglichkeiten der Kooperation aufgebaut werden konnten, wird das kein guter Start in eine Partnerschaft sein.

Grundsätzlich empfiehlt es sich für Unternehmen, darauf zu achten, dass die Kooperationen nicht zu lose werden, sodass Beliebigkeit entsteht und der Kooperationspartner jederzeit neue Wege gehen kann. Andererseits gilt es darauf zu achten, dass die Abhängigkeiten nicht zu groß werden, sodass sich die einzelnen Organisationen weiterhin flexibel bewegen können.

Die Prinzipien resilienter Kooperationen

Es ist einfach: Die Prinzipien für resiliente Organisationen gelten genauso für resiliente Kooperationen – wenn man sie so nennen will. Einige Aspekte halten wir für besonders wichtig.

- **Möglichst früh scheitern.** Gute Kooperationen fallen nicht vom Himmel. Manchmal passt man einfach nicht zusammen. In diesen Fällen ist es besser, sich das möglichst früh einzugestehen. Kleine Experimente und erste Versuchsballons helfen zu erkennen, ob man zueinanderpasst. Hier entscheidet sich, ob aus einem losen Netzwerkkontakt ein echter Kooperationspartner wird, oder eben nicht.
- **Offene Fehlerkultur und hohe Lernbereitschaft.** Klar, eine offene Fehlerkultur ist schon in der eigenen Organisation schwer genug zu leben. Andererseits ist sie in frischen und dynamischen Kooperationen die Voraussetzung, um Vertrauen aufzubauen und an Fehlern zu wachsen.
- **Spannungsfelder ansprechen und balancieren.** Spannungen ergeben sich in Netzwerken und Kooperationen fast zwangsläufig, weil die Interessen und Bedürfnisse der Akteure nie zu 100 Prozent deckungsgleich sind. Dementsprechend lassen sich Spannungen selten zur Gänze ausräumen. Umso wichtiger ist es, sie aktiv anzusprechen und damit handhabbar(er) zu machen.
- **Gemeinsamen Purpose suchen.** Eine Sache, an die man gemeinsam glaubt, kann oft mehr Verbindlichkeit und Vertrauen erzeugen als der bis ins letzte Detail definierte Vertrag. Grundsatzdiskussionen zu größeren und kleineren Fragestellungen rund um die Kooperation bleiben einem damit weitestgehend erspart und man kann die verschiedenen Themen aus einer anderen Perspektive betrachten.
- **Nur was ich in der eigenen Organisation lebe, kann in der Vernetzung gelingen.** Abschließend möchten wir noch darauf hinweisen, dass für den Erfolg von Kooperationen natürlich auch ausschlaggebend ist, wie Zusammenarbeit innerhalb der eigenen Organisation gelebt wird. Haben Macht, Hierarchie und Wettbewerb einen hohen Stellwert, wird man sich mit Kooperationen eher schwertun.

Übung 26: Die eigenen Stärken kennen

Viele Organisationen sind daran gescheitert, dass sie ihre Kernkompetenzen aufgegeben und Teile davon ausgelagert haben. Es gilt also darauf zu achten, dass in einer Organisation das Bewusstsein für die eigenen Stärken und Kompetenzen vorhanden ist und sorgsam damit umgegangen wird. Wer stark defizitorientiert denkt, läuft Gefahr, sich in Kooperationen weiter zu schwächen, statt daran zu wachsen. Bevor eine Kooperation eingegangen wird, sollte daher zunächst klar beantwortet werden, wo die Organisation echte Stärken hat. Erst danach kann nach fehlenden Kompetenzen oder komplementären Stärken des möglichen Kooperationspartners gefragt werden.

Eigene Stärken/Kompetenzen

- Was ist unsere Kernkompetenz? Was können wir, was andere nicht können?
- Was dürfen wir auf keinen Fall outsourcen? Was darf in einer Kooperation nicht abgegeben werden?

Fehlende Kompetenzen/komplementäre Stärken des potenziellen Kooperationspartners

- Welche Bereiche können oder wollen wir selbst nicht abdecken?
- Was sind (vermutete) komplementäre Kernkompetenzen des Kooperationspartners?

Ziel der Kooperation

- Was wollen wir mit der Kooperation erreichen?
- Was ist ein erster Schritt in Richtung Kooperation?
- Welche Institutionen/Unternehmen können wir in einem ersten Schritt ansprechen?

Wenn diese Fragen klar beantwortet sind, spricht nichts dagegen, Ausschau nach erfolgs- und resilienzsteigernden Kooperationen und Netzwerken zu halten.

Fassen wir zusammen:

- Fruchtbare Kooperationen müssen aktiv gemanagt werden.
- Nur mit Win-win-Denken und einem gesunden Maß an Vertrauen können Netzwerke und Kooperationen abheben.
- Die Prinzipien der resilienten Organisation gelten auch für resiliente Kooperationen.
- Intelligente Kooperationen bieten die Möglichkeit, rasch neue Märkte zu erschließen und sich in völlig neuen Feldern in kurzer Zeit zu einem relevanten Player zu entwickeln.

3.4.4 Unmögliche Szenarien denken

Die Reise einer Organisation ist in der viel zitierten VUCA-Welt schwer vorherzusehen. Wie wir inzwischen wissen, steht VUCA für volatility (Volatilität), uncertainty (Unsicherheit), complexity (Komplexität) und ambiguity (Mehrdeutigkeit) und in der in Kapitel 1 vorgestellten BANI-Welt sind die Herausforderungen nicht kleiner. Die Ausprägung dieser Merkmale ist in der letzten Zeit noch stärker geworden, als viele es vielleicht noch vor ein paar Jahren für möglich gehalten haben. Die Summe dieser Entwicklungen führt unweigerlich zu der Frage: »Ist es überhaupt möglich und sinnvoll, für einen längeren Zeithorizont in aller Detailliertheit zu planen? Planung ist in unserem Verständnis auch weiterhin sinnvoll und notwendig. Gleichzeitig muss man mit mehr Unschärfen leben als früher, und das gilt sowohl für die Risiken als auch für die Chancen. Eine neue Art der Planung ist also nötig.

Schauen wir zunächst auf die Risiko-Seite: Warum es sich dennoch lohnt, auch in vermeintlich unmöglichen Szenarien zu denken, ist durch die COVID-19-Pandemie wohl kaum noch erklärungsbedürftig. Mit Ausnahme der sogenannten »Prepper«, die sich in Bunkern auf alles vom Atomkrieg bis zur Zombie-Apokalypse vorbereiten, waren wohl wenige Individuen und Organisationen für die Bewältigung einer Pandemie gerüstet. Die Erfahrungen zeigen deutlich, wie gut es sein kann, die laufende Auseinandersetzung mit vermeintlich (un-)möglichen Szenarien zu kultivieren. Sich immer wieder bewusst zu machen, dass die Welt in ihren Grundfesten erschüttert werden kann, kann für die geistige und kulturelle Beweglichkeit einer Organisation nur gut sein. Eine Pandemie ist nur eines von vielen Ereignissen, das uns aus der Bahn werfen kann. Technologische, politische, gesellschaftliche oder wirtschaftliche Entwicklungen können sich mannigfaltig auf eine Organisation und ihr Geschäftsmodell auswirken. Man kann hier von echten Albtraumszenarien sprechen.

Nicht selten entstehen diese Albtraumszenarien aber gar nicht durch einen externen Schock oder Ereignisse, die ganz plötzlich eintreten. Vielfach kündigen sich die Probleme lange an. Unser Unterbewusstsein spürt, dass da etwas im Busch ist, unser Intellekt unterdrückt aber die Eindrücke, da die Auseinandersetzung zu schmerzvoll sein kann. Hier ein kurzer Auszug aus einem Gespräch mit dem Topmanager eines großen Unternehmens, wenige Monate nach dem Bankrott des Unternehmens. Sinngemäß meinte er: »Rückwirkend gesehen habe ich es gespürt, dass das nicht gut gehen kann. Ich traute mich jedoch nicht, es mir bewusst vorzustellen, geschweige denn, es gegenüber anderen anzusprechen. Wahrscheinlich hatten die Kollegen ähnliche Gedanken.«

Aber bevor das jetzt alles zu bedrohlich wird: In den Umbrüchen bzw. Krisen stecken natürlich genauso die Chancen. Es geht also nicht nur um dystopische Szenarien, auch positive Utopien kann man sich gemeinsam für die Zukunft ausmalen. Träumen soll explizit möglich sein, denn in der heutigen Welt stecken unglaubliche Möglichkeiten für uns als Individuen, für Organisationen und für unsere ganze Gesellschaft. »Windows of Opportunity« können sich öffnen, vermeintlich unrealistische »Träumereien« können plötzlich wahr werden.

Eine entscheidende, resiliente Qualität ist also die fundierte Auseinandersetzung mit – aus heutiger Sicht – unmöglichen Szenarien. In erfolgreichen Phasen ist nämlich die Gefahr groß, den eingeschlagenen Weg unreflektiert weiterzuführen. Ein externer Schock trifft einen dann umso härter und gleichzeitig werden die Chancen übersehen, die sich ergeben.

Pfadabhängigkeiten erkennen und überwinden

Was in Organisationen passiert, die nur den bisher eingeschlagenen und lange erfolgreichen Weg sehen, lässt sich anhand vieler Beispiele nachvollziehen. Kodak dominierte jahrzehntelang den Markt der analogen Fotografie. Das Szenario, in dem die digitale Fotografie die Analogfotografie so gut wie völlig ablöst, wurde schlichtweg ignoriert. Schließlich musste Kodak den Insolvenzantrag stellen. In der Automobilindustrie sind ähnliche Muster erkennbar: Bis vor Kurzem setzten die etablierten Hersteller auf den Verbrennungsmotor und beachteten alternative Antriebskonzepte kaum. Selbst die Premiumhersteller wagten den Einstieg in die E-Mobility erst, als ihnen Tesla in den eigenen Zielgruppen beinahe den Rang abgelaufen hatte. Ob sie technisch noch aufholen können, was sie lange versäumt haben, wird die Zukunft zeigen.

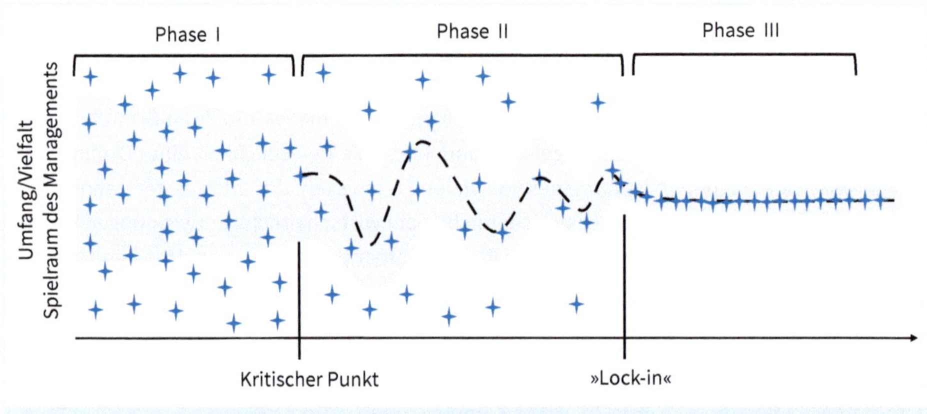

Abb. 3.31: Verlauf pfadabhängiger Prozesse (Quelle: eigene Darstellung in Anlehnung an Schreyögg et al. 2003)

Doch welche Mechanismen führen dazu, dass es selbst Konzernen, die schon viele Entwicklungssprünge miterlebt haben, extrem schwerfällt, den eingeschlagenen Wachstumspfad zu verlassen? Zweifellos arbeiten dort erfahrene, intelligente Managerinnen und Manager, und auch an Marktforschungsdaten und externen Ideenlieferanten wird es kaum mangeln. Wie die Abbildung zeigt, stoßen die Entscheidungen und Schwerpunktsetzungen in einer frühen Phase der Organisation einen sich selbst verstärkenden Prozess an. Man fokussiert sich auf bestimmte inhaltliche Felder, spezialisiert sich und entwickelt gut funktionierende, effiziente Prozesse. In den meisten Fällen werden Individuen und Organisationen dadurch immer besser in dem, was sie tun. Es gibt aber eine Schattenseite: Die Auswahlmöglichkeiten schränken sich zunehmend ein und ein »Pfad« bildet sich heraus – das passiert nicht unbedingt bewusst. Dieser eingeschlagene Pfad kann schlussendlich auch ins Aus führen. Organisationen, die in der Pfadabhängigkeit gefangen sind, geraten in einen »Locked-in«-Zustand. Dann wird es schwierig, mutige Entscheidungen zu treffen, selbst dann, wenn die Organisation schon mit dem Rücken zu Wand steht oder sich die Rahmenbedingungen durch den technologischen oder gesellschaftlichen Wandel komplett verändert haben. Es gibt in diesem Zusammenhang drei typische Haltungen, die einer Organisation gefährlich werden können:

- **»Läuft doch«:** Man kann oder will Alternativen nicht sehen und übersieht überfällige Weiterentwicklungsnotwendigkeiten, weil im Moment noch alles wunderbar ist. Typische Aussagen, bei denen du hellhörig werden solltest:

  »Läuft doch alles super … wir sind immer noch Marktführer!«
  »Never change a running system.«
  »Wir sind doch super effizient und haben tolle Routinen entwickelt.«
  »Wir sollten uns auf das Kerngeschäft konzentrieren.«

- **»Lohnt sich nicht«:** Eine andere Falle tut sich auf, wenn man den Aufwand scheut, neue Wege zu gehen, weil Aufwand und erwarteter Nutzen scheinbar in keinem guten Verhältnis zueinander stehen. Das Entwickeln von etwas Neuem und das Lernen benötigen entsprechende Ressourcen, aber die Versuchung ist groß, sich von ersten Misserfolgen abschrecken zu lassen. Typische Aussagen:

  »Das kann sich doch nie rechnen …«
  »Unsere Routinen funktionieren doch, neue Wege lohnen sich doch nicht.«
  »Das haben wir schon probiert … funktioniert nicht.«

- **»Schockstarre«:** In Krisen sinkt paradoxerweise die Risikobereitschaft sogar noch. Das kann dann gefährlich werden, wenn man bereits unter Zugzwang steht, eigentlich Risiken eingehen müsste, sich aber an bestehende Muster klammert, weil man glaubt, dass das bekannte Vorgehen letztlich doch einen sicheren Hafen bietet. Der Denkfehler liegt hier darin, dass wir von der Vergangenheit auf die Zukunft schließen. Aber nur weil etwas in der Vergangenheit erfolgreich war, muss es das nicht auch in der Zukunft noch sein. Es gilt hier schlichtweg, zwischen Optimismus und Realitätsverweigerung zu unterscheiden.

  »Wir haben zwar Marktanteil verloren, aber das wird sich schon wieder legen …«
  »Nach Corona ist wieder alles wie vorher …«
  »Das wird schon wieder …«

Und nun? Gezielte Szenarioarbeit kann einen Weg aus der Gefangenschaft im bestehenden System schlagen.

Szenarien – die gezielte Auseinandersetzung mit der Zukunft

Szenarien fassen eine große Menge an Informationen kurz, prägnant und in durchdachter Form zusammen. Es handelt sich dabei aber um wesentlich mehr als eine reine Zusammenschau und Extrapolation von Trends: Bildhafte Geschichten sollen zum Denken und Handeln einladen. Seine stärkste Wirkung entfaltet ein Szenario dort, wo es über die schlichte Analyse externer Einflussfaktoren hinausgeht und mögliche Zukunftszustände plastisch ins Bild setzt. In Summe bietet die Szenarioarbeit folgenden Nutzen:

- Szenarien verbessern die Zukunftsfähigkeit einer Organisation maßgeblich.
- Entscheidungen werden auf Basis mehrerer Alternativen und deren jeweiligen Konsequenzen getroffen.
- Szenarien können helfen, die Trägheit zu überwinden und stattdessen Energien und kreative Potenziale freizusetzen.

Im Wesentlichen unterschieden wir drei Arten von Szenarien: Schon die ehrliche Auseinandersetzung mit **Realszenarien** kann dabei helfen, die beschriebenen Fallen zu vermeiden und sich neuen Chancen für die Weiterentwicklung zu öffnen. Gleichzeitig kann die Auseinandersetzung mit echten **Traumszenarien** positive Energien und Kreativität freisetzen, und schließlich kann die Auseinandersetzung mit Problem- oder sogar **Albtraumszenarien** wichtig sein, um auf Krisen vorbereitet zu sein.

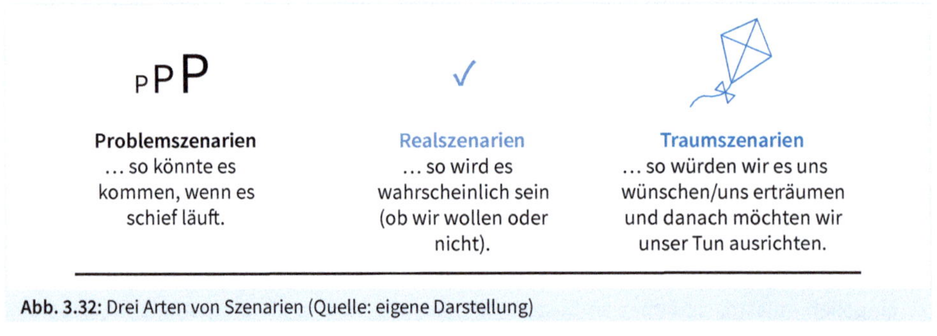

Abb. 3.32: Drei Arten von Szenarien (Quelle: eigene Darstellung)

In den ersten Kapiteln haben wir uns intensiv mit der Frage beschäftigt, wie ein »Sowohl-als-auch« von Flexibilität und Effizienz möglich werden kann. Ambidextrie beschreibt die Fähigkeit von Organisationen, zur selben Zeit sowohl effizient als auch flexibel zu sein. Dabei hilft auch die Auseinandersetzung mit den beschriebenen drei Arten von Szenarien. Das Realszenario unterstützt den Effizienzgedanken. Die Auseinandersetzung mit dieser »wahrscheinlichen« Zukunft ist wichtig für jede professionell agierende Organisation. Sie fördert die Pflege des Kerngeschäfts und hilft, zu stabilisieren und in einem bestimmten Ausmaß auch zu dynamisieren.

Albtraum- bzw. Traumszenarien haben mehr Potenzial, um die Organisation in Bewegung zu versetzen. Traumszenarien haben eine starke Sogwirkung und können extrem motivierend wirken. Die Auseinandersetzung damit ist mittlerweile aber nichts Untypisches mehr: Auf Managementklausuren beschäftigt man sich gern damit und es spornt zur Weiterentwicklung an. Weniger gern wird über die über Albtraumszenarien gesprochen. Diese können zwar irritieren, gleichzeitig aber auch ungeahnte Kräfte freisetzen. Sich mit der Frage zu beschäftigen, was eine Organisation mit den vorhandenen Kompetenzen tun könnte, wenn alles wegbricht, kann erleuchtend sein. Stichwort Pandemie: Es ist noch nicht allzu lange her, dass Spirituosenhersteller Desinfektionsmittel produziert und Modedesigner Schutzmasken geschneidert haben. Die klare Empfehlung lautet also: Beschäftige dich mit allen drei Arten von Szenarien. Beschäftige dich auch mit den Albtraumszenarien, selbst wenn es zunächst ungewöhnlich anmutet.

Alle drei Szenarien sind wichtig und hilfreich. Wenn man so will, begegnet man der Zukunft mit drei Mindsets: einmal optimistisch, einmal realistisch und einmal pessimistisch. Resiliente Organisationen gehen besonders ausgewogen vor:

- Die Auseinandersetzung mit Albtraumszenarien schafft Aufmerksamkeit und ermöglicht eine gute Vorsorge.
- Realszenarien helfen, die Kräfte zu bündeln und auszurichten.
- Traumszenarien schärfen Purpose und Sinnfindung und helfen, das Unmögliche möglich zu machen.

Noch eine Bemerkung zu den Traumszenarien: Diese werden besonders plastisch, wenn sie aus Bezügen zum Purpose und den Unternehmenswerten genährt werden. Dann macht das Träumen auch Spaß und ist richtig produktiv. In der nachstehenden Übung laden wir zur Erarbeitung eines Traumszenarios und eines Albtraumszenarios ein.

Übung 27: Prototyping eines Traumszenarios und eines Albtraumszenarios

Teil 1: Unser Traum wird wahr

Diese Übung kann bewusst sehr rasch durchgeführt werden. Nimm dir mit einem kleinen Team traumbereiter Kolleginnen und Kollegen aus deiner Organisation 60 Minuten Zeit. Ihr werdet überrascht sein, wie schnell ein erster Wurf für ein Traumszenario entstehen kann.

1. Trends & Entwicklungen

- Vergangenheit (5 Jahre): Welche wesentlichen Veränderungen zeigen sich rückblickend?
- Zukunft (in 10 Jahren): Welche wesentlichen Veränderungen werden sich voraussichtlich ergeben?

2. Was »stört« uns an diesen vermuteten Trends und Entwicklungen in der Welt? Welche Trends wollen wir beeinflussen (umlenken – bremsen – beschleunigen – verstärken – stoppen)?

- Was wollen wir in die Welt bringen? Worauf haben wir richtig Lust?
- Was soll unser Beitrag für eine bessere Welt sein?

3. Fiktiver Medienbericht

Stellt euch vor, dass ihr in 10 Jahren einen Bericht über die tatsächlich erreichten Verbesserungen/Entwicklungen schreibt, die ihr jetzt anstrebt.

- Was habt ihr tatsächlich erreicht? Was ist in dieser Zukunft anders/besser?
- Welche Hürden habt ihr überwunden? Was waren Wendepunkte? Wie habt ihr das geschafft?
- Was möchtet ihr euren Enkelkindern/Kindern über diese Zeit erzählen?

Beschreibt alles so, als könntet ihr diese Ergebnisse jetzt tatsächlich »anfassen«, sehen, konkret beschreiben!

Teil 2: Unser Albtraum wird wahr

Auch dieses Gedankenexperiment lässt sich rasch und in der gleichen Konstellation durchspielen. Hier kann echte Betroffenheit entstehen. Umso wichtiger ist, zum Ende der Übung wieder konsequent in die Handlungsorientierung zu kommen und positiv abzuschließen.

1. Den Teufel an die Wand malen

Diskutiert in der Runde, welche negativen Ereignisse möglich bzw. denkbar sind. Was kann alles schiefgehen? Diskutiert vor allem möglichst offen, was euch latent immer wieder Sorgen bereitet, auch wenn ihr es in der Regel wieder wegwischt nach dem Motto: »Wird schon klappen. Ich bin Optimist.«

2. Konsequenzen beschreiben

Beschreibt möglichst plastisch, welche Auswirkungen die Ereignisse haben:

- auf euer Geschäftsmodell
- auf euch als Individuen
- auf euch als Team bzw. Organisation

3. Was bedeutet das im Hier und Jetzt?

Was könnt ihr tun, um vorzubeugen? Welche Vorsorgemaßnahmen können helfen, um den Worst Case abzuschwächen und die negativen Konsequenzen zu mildern? Gibt es vielleicht sogar Auswirkungen auf euer aktuelles Geschäftsmodell oder eure Arbeitsweisen? Was sind die positiven Learnings aus dem Durchspielen des Albtraumszenarios?

Fassen wir zusammen:

- Auch in einer schwierigen, vermeintlich unplanbaren Welt wird Planung gebraucht – wobei damit nicht die klassische Mehrjahresplanung gemeint ist.
- Durch die Auseinandersetzung mit scheinbar unmöglichen Szenarien kann die Organisation ihre Pfadabhängigkeit überwinden.
- Es lohnt sich, zu träumen!

4 Transformation als Prozess verstehen

Die Transformation des wirtschaftlichen und gesellschaftlichen Umfeldes hat zwangsläufig die Transformation von Organisationen zur Folge – diese verläuft aber immer individuell. Strukturen, Vorgehensweisen und Methoden, die für alle passen und einfach kopiert werden können, gibt es nicht. Was wir in Kapitel 3 aufgezeigt haben, sind Gestaltungsfelder, die für die Transformation zu einer resilienten Organisation besonders relevant sind. Die Betonung liegt auf »Gestaltung«: Zwar liegen hier die Erfolgspotenziale, aber um wirksam zu werden, müssen sie in jeder Organisation auf eigene Art und Weise erschlossen werden (wollen).

Unser Eindruck ist: Nach vielen Jahren oder gar Jahrzehnten des stabilen und erfolgreichen Wachstums ist es nun in Organisationen – und dort vor allem auf der Ebene des Managements – an der Zeit, die Fähigkeit zur Transformation wieder zu erlernen. Echte Transformation passiert nicht nebenher oder durch externe Beraterinnen und Berater. Sie braucht die volle Aufmerksamkeit des Managements, die Bereitschaft, auch Bewährtes – vielleicht sogar sich selbst – radikal zu hinterfragen und sich auf das Unbekannte und Unplanbare einzulassen.

In diesem Kapitel möchten wir mit dir erkunden:

- die Nutzung der Kraft von Hebelpunkten, um Organisationen in Bewegung zu bringen;
- welche allgemeingültigen Prinzipien der Gestaltung den Verlauf des Transformationsprozesses positiv beeinflussen können;
- welche Rolle und Funktion die Führung im Transformationsprozess hat;
- mit welchen entwicklungsorientierten Formaten man die Menschen in einer Organisation durch den Transformationsprozess führen und begleiten kann.

4.1 Hebel und Prinzipien für die Transformation

Donella Meadows, Biophysikerin und Umweltwissenschaftlerin, Gründerin des Sustainability Institute (heute »Academy for Systems Change«) und Mitglied des Club of Rome, beschäftigte sich intensiv damit, welche »Leverage Points«, also Ansatzpunkte, eine besonders große Hebelwirkung bei der Veränderung komplexer Systeme entfalten (Meadows, 1999). Der passende Umgang mit diesen Hebelpunkten liegt aber nicht immer auf der Hand, sie sind manchmal sogar kontraintuitiv. Warum sollten zum Beispiel Fehler positiv sein? Menschen neigen laut Meadows daher dazu, die Hebel so zusagen falsch zu betätigen. Ziehen wir als Beispiel den Umgang mit Fehlern heran: Wenn man Fehler vermeiden will, ist es in den meisten Kontexten kontraproduktiv, die vermeintlichen Schuldigen zu suchen und auf extreme Kontrolle zu setzen. Dadurch wird das Problem möglicherweise noch größer. Um in Zukunft Fehler zu vermeiden, ist es in der Regel besser, aus bereits passierten Fehlern zu lernen, sie offen anzusprechen und auf der kulturellen Ebene am offenen Umgang mit Fehlern zu arbeiten.

Andere Beispiele, die Meadows nennt, ist der Umgang mit Arbeitslosigkeit, wirtschaftlicher Stagnation oder Umweltverschmutzung. Bereits 1972 zeigte Meadows als Co-Autorin von »The Limits to Growth«, dass ein Leverage Point für nachhaltige Entwicklung darin liegen könnte, die Grenzen des Wachstums zu akzeptieren. Beinahe 50 Jahre später wird trotzdem noch alle Kraft in das Wirtschaftswachstum gelegt, weil darin das Allheilmittel für die Probleme dieser Welt gesehen wird. Aus der Sicht von Meadows sind folgende Leverage Points besonders effektiv:

- **The power to transcend paradigms:** In der Organisation gibt es das Bewusstsein, dass manche Wahrheiten oder Paradigmen in der Vergangenheit zwar geholfen haben, aber dass sie keine absoluten Wahrheiten sind. Sie können verändert werden und es besteht auch die Bereitschaft dazu.
- **The mindset out of which the system arises:** Eine kraftvolle Transformation gelingt mit den richtigen Mindsets. Dieser Entwicklungsschritt in den Köpfen braucht Zeit, ist aber die wesentliche Voraussetzung.
- **The goals of the system:** Wenn Transformation gewünscht ist, müssen die übergeordneten Unternehmensziele stimmig dazu sein. Möglicherweise klingt das trivial, sehr oft fördern die Unternehmensziele aber eher das Beharren als das Transformieren. Soll eine Organisation also resilienter werden, müssen die Unternehmensziele auch so ausgerichtet werden, dass die langfristige Überlebensfähigkeit als Ziel definiert und nicht durch kurzfristige Gewinnoptimierung ausgebootet wird.

In diesem Buch postulieren wir den Leverage Point »Vertrauen und Achtsamkeit«. Auch dieser ist offensichtlich kontraintuitiv, denn viele Systeme versuchen mit voller Kraft, Kontrolle und Governance zu verstärken, um die gewünschten Effekte zu erzielen. Meadows' Konzept der Leverage Points hat uns deshalb sehr inspiriert, da es sehr deutlich darauf hinweist, was wir selbst immer wieder betonen: Die stärksten Hebel für die Transformation zu mehr Resilienz sind im herkömmlichen Managementverständnis nicht immer logisch **und** die Transformation zu mehr Resilienz braucht zukunftsfähige Mindsets sowie die Bereitschaft, vorherrschende Wahrheiten radikal infrage zu stellen!

Zehn Prinzipien für erfolgreiche Transformationen

Transformationsprozesse laufen selten linear ab, sondern gestalten sich meist in Sprüngen. Einen idealen Transformationsprozess kann man daher zwar beschreiben – in der Realität wird man ihn aber so gut wie nie antreffen. Was wir dir jedoch aus langjähriger Erfahrung versichern können, ist, dass die Berücksichtigung einiger Prinzipien die Transformation mit höherer Wahrscheinlichkeit erfolgreich macht. Diese Prinzipien sind an die Trigon-Basisprozesse der Organisationsentwicklung angelehnt (Glasl et al., 2005). Wir haben sie um jene Herausforderungen ergänzt, die gerade zu bewältigen sind und stark mit der Entwicklung einer Organisation zu mehr Resilienz in der heutigen Zeit verbunden sind.

1. **Prinzip Klarheit:** Nur ein ehrlicher, schonungsloser, jedoch potenzialorientierter Blick ermöglicht die Transformation zu mehr Resilienz.
2. **Prinzip Purpose:** Mit einem starken Purpose können sich Mindset und Verhalten leichter und schneller verändern.

3. **Prinzip Hebelpunkte:** Resilienz zeigt sich durch klaren Fokus und das Bewusstsein, an welchen Stellen mit großer Wirkung gestaltet werden kann.
4. **Prinzip Fitness & Readiness:** Stärke die Fitness und Readiness gezielt an den Hebelpunkten.
5. **Prinzip Energiequellen:** Suche Energiequellen, um die Transformationen in Gang zu bringen.
6. **Prinzip Tun:** Setze schnell erste, mutige Schritte – weniger reden, mehr tun und ausprobieren.
7. **Prinzip Reflektieren & Lernen:** Lerne aus Fehlern und gehe mit den Erkenntnissen daraus den nächsten Schritt.
8. **Prinzip Lösungsfokussierung:** Nicht jeder Widerstand kann aufgelöst werden und nicht alle Menschen im Arbeitsprozess können gleich viel leisten.
9. **Prinzip Partizipation:** die Menschen nicht nur über die Transformation informieren, sondern sie wirklich beteiligen.
10. **Prinzip Steuerung & Formatgestaltung:** Unterstütze den Transformationsprozess laufend durch Begegnungsräume und Instrumente, die zur aktuellen Dynamik in der Organisation und im Umfeld passen.

1. Prinzip Klarheit

Klarheit klingt nach Einfachheit, doch das ist damit nicht gemeint. Wir glauben nicht daran, dass sich die vorherrschende Komplexität und Unplanbarkeit reduzieren lässt. Wir halten allerdings auch nichts davon, sich deshalb der Realität nicht zu stellen, im Sinne von »Augen zu und durch« – dadurch entsteht nur Ohnmacht, und oft auch Angst. Resilient zu agieren, bedeutet in diesem Zusammenhang, sich der Komplexität zu stellen, sie wahrzunehmen, auszusprechen, was ist und aktiv nachzuforschen, wie es andere sehen. Die in Abbildung 4.1 dargestellten vier Perspektiven können dabei hilfreich sein.

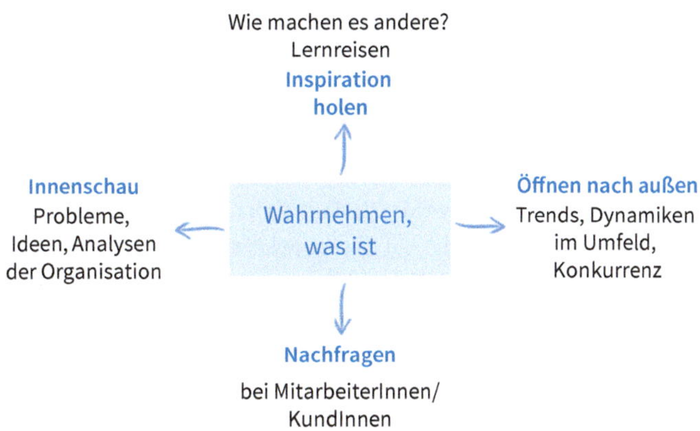

Abb. 4.1: Diagnose der aktuellen Dynamiken (Quelle: eigene Darstellung)

So entsteht eine erste Vorstellung von dem, was gut läuft, was sich am Markt tut, wo sich die größten Probleme zeigen, wie andere vorgehen und wie das Fremdbild aussieht. Aus der undefinierten Masse der Komplexität hebt sich sukzessive ein erstes Bild der tatsächlichen Handlungsfelder ab. Der Fragebogen zu unserem Modell der organisationalen Resilienz (siehe Abschnitt 4.3.1) ist für diesen Zweck ein hilfreiches Instrument. Auf Basis der Fragestellungen für jedes Feld kannst du eine erste Bewertung vornehmen und anschließend im Team durch konkrete Beispiele mit Bezug zum Unternehmen vertiefen. So könnt ihr bestehende Stärken erkennen, Problemfelder benennen sowie Chancen und Risiken diskutieren. Von Kundinnen und Kunden, Mitarbeiterinnen und Mitarbeitern ein Fremdbild einzuholen, ist für die Klarheit meist unabdinglich, weil Menschen oft die Tendenz haben, Dinge schönzureden. Mit bester Absicht begegnen sie sich dann zwar wertschätzend, aber wirkliche Problemfelder werden gleichzeitig nur schonend angesprochen und deshalb können sie sich immer weiter ausbreiten. Auch in diesem Punkt kann die Arbeit mit dem Fragebogen eine gute Orientierung geben.

2. Prinzip Purpose

Etwas radikal neu zu tun, bedeutet völlig neue Zugänge zu finden: Wir machen die Dinge anders, als wir sie bisher gemacht haben und gewohnt waren. Da genügt es nicht, seinen Willen zu bekunden und ständig das Mantra zu wiederholen, dass Veränderung wichtig ist. Viele Managerinnen und Manager sind erstaunt, dass die Verkündigung eines Ziels oft wenig Wirkung zeigt – selbst, wenn alle zustimmend genickt haben. Die Vereinbarung »ab nun agieren alle eigenverantwortlich und treffen mutige Entscheidungen« hält meist nur auf dem Papier, denn die Realität des Alltags wird von den gelernten Verhaltensweisen aus der Vergangenheit überlagert. Dieses Verhalten zu ändern, ist dann leichter, wenn klar ist, **wofür** das neue Verhalten gebraucht wird. Ist es nur eine weitere Laune des Managements, weil es jetzt alle tun, oder steckt mehr dahinter? Was ist der Sinn?

Wenn wir beim Beispiel »Stärkung der Eigenverantwortung« bleiben, könnte das **Wofür** in folgenden Punkten stecken:

- Eigenverantwortung schafft im eigenen Verantwortungsbereich mehr Kundennähe. Die Kundenbedürfnisse können besser erfüllt werden und die Kundenzufriedenheit steigt.
- Eigenverantwortung mit Blick auf das Ganze sichert unser Überleben – nur so können wir mit der Komplexität umgehen.

Je stärker das gemeinsam getragene **Wofür** ist, desto leichter gelingt eine Transformation der Mindsets und des konkreten Verhaltens. Auf Basis dieses Wofürs stellt sich nun die Frage, mit welchen Mindsets und Verhaltensweisen das Ziel erreicht werden kann. Wenden wir es wieder auf das konkrete Beispiel der Eigenverantwortung an:

Eigenverantwortung bedeutet für uns,

- so zu entscheiden, als ob es mein eigenes Geld wäre.
- mich darauf verlassen zu können, dass Zusagen eingehalten werden.
- Verzögerungen rechtzeitig anzukündigen.
- Entscheidungen im jeweiligen Verantwortungsbereich voll mitzutragen.
- mit den betroffenen Personen zu sprechen und ihren Rat einzuholen, bevor ich entscheide.
- dass Entscheidungen in einem Bereich auf Kosten eines anderen Bereichs nur dann getroffen werden, wenn es eine gemeinsam getragene Entscheidung ist.
- Risiken einzugehen, wenn die Chancen überwiegen.

Wenn nun neben dieses Bild der gewünschten Verhaltensweisen die aktuell gelebte Praxis dazugestellt wird, ergibt das vielleicht ein anderes Bild. Je prägnanter die aktuellen Wahrheiten ausgesprochen werden, desto besser wie zum Beispiel:

- Die Entscheidungen von Verantwortungsträgerinnen und -trägern können jederzeit vom Management ausgehebelt werden.
- Ich warte lieber ab, es passt dann sowieso nie.
- Wir definieren ambitionierte Ziele, aber dann nehmen wir es damit doch nicht so genau.
- Eigenverantwortung bedeutet, dass ich mich voll um meinen Bereich kümmere und ihn absichere – Hauptsache, wir erreichen **unsere** Ziele.

Manche dieser bereits vorherrschenden Mindsets und Verhaltensweisen können vielleicht auch in der Zukunft hilfreich sein. Wenn das nicht der Fall ist, werden sie aktiv umformuliert. Dieser Prozess des gemeinsamen Formulierens eines zukunftsfähigen Mindsets zeigt, wie sehr Worte, die wir verinnerlicht haben, unser Handeln steuern.

3. Prinzip Hebelpunkt

Transformation funktioniert dann nachhaltig, wenn sich das Mindset mitverändert. Unterstützt wird das durch bewusste Interventionen im System, also im Kontext, damit die Wahrscheinlichkeit steigt, dass es zu einer Änderung des Verhaltens kommt. Viele Themen müssen dabei radikal neu gedacht und getan werden. Alles gleichzeitig zu beginnen, würde jedoch die Menschen (inklusive Management) in jeder Organisation völlig überfordern. Auch in unserem Modell zur organisationalen Resilienz gibt es viele Hebel, mit denen sich der Kontext verändern ließe. Wenn wir aber die Hypothese der Leverage Points ernst nehmen, dann müssen wir in diesen vielen Möglichkeiten zur Veränderung die wenigen Hebelpunkte finden, die eine besonders große Wirkung entfalten können.

An diesen Punkten gilt es radikal und konsequent zu transformieren – abhängig von der aktuellen Ausgangslage in der Organisation. Die bewusste und fokussierte Auswahl der Hebelpunkte ist jedoch ein essenzieller Erfolgsfaktor für die Wirksamkeit der Transformation.

Auf das Beispiel der Eigenverantwortung bezogen, könnten viele Zugänge die gewünschte Wirkung zeigen:

- Reduzierung der Hierarchieebenen;
- radikales Delegieren von Entscheidungsbefugnissen in Bezug auf Mitarbeiterinnen und Mitarbeiter, Budget und inhaltliche Ausgestaltung;
- Lösung von Problemen und Fragestellungen nicht von der Führungskraft – die Mitarbeiterinnen und Mitarbeiter müssen selbst Lösungen entwickeln;
- Abschaffung von Richtlinien und komplizierten Kontrollen, damit unternehmerisches Handeln gefördert wird – Vertrauen aktiv leben;
- konsequente Stärkung der Fehlerkultur und Feedbackprozesse, damit Eigenverantwortung schnell erlernt werden kann.

Allein für dieses Thema könnten wir die Liste unendlich fortsetzten – trotzdem werden nur wenige wirksame, parallele Interventionen auf unterschiedlichen Ebenen gebraucht. Diese werden aber radikal und konsequent umgesetzt und im Fokus behalten. Gleichzeitig wird bewusst entschieden, andere Themen zum aktuellen Zeitpunkt nicht anzugreifen.

4. Prinzip Fitness & Readiness

Wer im Sport etwas erreichen will, braucht die richtige Einstellung – das wissen wir. Das allein reicht aber nicht für den Sieg. Sportlerinnen und Sportler investieren viel Zeit und Energie, um spezielle Techniken zu erlernen, gezielte Kompetenzen zu entwickeln und Altes loszulassen. Sie erkennen, wo für sie die wirksamsten Hebelpunkte liegen, und schaffen sich einen fördernden Kontext – die optimalen Trainingsbedingungen, das perfekte Material, die mentale Fitness, den Teamspirit –, um über sich hinauszuwachsen zu können. In ähnlicher Weise gilt das auch für die Transformationen in einer Organisation: Um eine Transformation an den definierten Hebelpunkten tatsächlich zu erreichen, muss es möglich sein, jene Fähigkeiten (Skills) und Werkzeuge (Tools) zu verinnerlichen, die das neue Mindset im täglichen Verhalten unterstützen. Ob die Skills und Tools wirksam werden können, wird vom Kontext bestimmt.

Abb. 4.2: Handlungskompetenz erlangen (Quelle: eigene Darstellung)

Die Stärkung der Fitness durch Werkzeuge und Fähigkeiten fördert das Selbstvertrauen und das Zutrauen. Wer auf die eigene Kompetenz vertraut, kann sich dem öffnen, was kommt und sich zeigt. Erst dadurch entsteht »Readiness«: Der und die Einzelne ist bereit zu handeln und ist in der Lage, den richtigen Zeitpunkt dafür zu erkennen. Dieses Bereitsein wird an vielen Punkten gebraucht: Readiness, um Chancen zu nützen; Readiness, um Krisen zu erkennen und umgehend zu handeln; Readiness, um mit voller Kraft loszulassen; Readiness, um die im Moment richtigen Entscheidungen zu treffen.

5. Prinzip Energiequellen

Energiequellen sind die wichtigsten Verstärker und Ermöglicher einer Transformation. Der Wille kann tatsächlich Berge versetzen und umgekehrt scheitert oft das kleinste Vorhaben, weil niemand konsequent dranbleibt, weil man sich auf die anderen verlässt und zu sehr auf die Kritiker hört. Energiequellen schaffen ein »Window of Opportunity«, also einen besonders guten Rahmen, um etwas zu erreichen, wobei diese Möglichkeit meist nur für einen kurzen Zeitpunkt offensteht. Entweder ist man in der Lage, dieses Momentum zu nutzen, damit der Hebel seine Wirkung entfalten kann und Flow entsteht, oder das Fenster schließt sich wieder.

Förderliche Energiequellen treten in unterschiedlicher Form in Erscheinung:

- ein Managementteam, für das der Blick nach vorne und das gemeinsame, vertrauensvolle und mutige Gestalten für das große Ganze im Vordergrund stehen;
- Mitarbeiterinnen und Mitarbeiter, die Lust haben, zu gestalten und etwas Neues auszuprobieren, und die schon darauf warten, dass sich endlich etwas verändert;
- Kundinnen und Kunden, die gemeinsam mit der Organisation ein Pilotprojekt wagen und gerne etwas ausprobieren wollen;
- unterstützende Rahmenbedingungen: Chancen, die sich am Markt zeigen, gesetzliche Möglichkeiten, gesellschaftliche Krisen, technische Neuerungen etc.;
- Zufälle.

Wenn also eine Organisation nach Punkten sucht, an denen eine Transformation ansetzen könnte, sind die vorhandenen Energiequellen eine äußerst wichtige Entscheidungsgrundlage für die Prioritätensetzung. Wurden die Energiequellen identifiziert, sollte alles dafür getan werden, damit sie auch strukturelle Unterstützung finden – zum Beispiel durch Freiräume, Ressourcen, Budget, die Aufmerksamkeit des Managements und Unterstützung im Sinne von »den Rücken freihalten«.

Sehr wahrscheinlich werden beim Versuch, eine Veränderung anzustoßen, auch negative Energiequellen in Erscheinung treten, meistens in Form von Widerstand. Das ist in Ordnung: Man muss nicht immer alle mitnehmen, um in die Gänge zu kommen. Meistens zeigen sich die Widerstände vor allem an jenen Hebelpunkten, die das System stark verändern. Oft ist es dann besser, sich auf die Personen mit positiver Energie zu fokussieren, nach positiven Verstärkern Ausschau zu halten und nicht zu versuchen, die stärksten Kritikerinnen und Kritikern sofort zu überzeugen. Jede Veränderung schafft Widerstand – warum also nicht gleich mutig und radikal verändern?

6. Prinzip Tun

Für mehrere Jahre im Voraus zu planen, ist zunehmend schwierig. Wenn wir das Momentum nutzen wollen, also mit dem Flow gehen und dem Zufall eine Chance geben, müssen wir rasch herausfinden, ob der gewählte Hebel auch seine Wirkung entfalten kann. Dies funktioniert weniger durch Planung als durch Tun und Ausprobieren. Mit ersten Schritten wird das Feld erkundet, um ein Gespür dafür zu entwickeln, was sich hier alles an Chancen und Risiken verbirgt. Dafür braucht man das Vertrauen in die eigene Fähigkeit, mit den Erkenntnissen entsprechend umgehen zu können.

Mit dem groben Ziel vor Augen kann probiert und pilotiert werden. Das bedeutet, nicht gleich alles zu verändern, sondern in einem ersten Schritt die Transformation zwar radikal, aber nur in einem kleinen Bereich mit First Movers umzusetzen. Resilienz bedeutet in diesem Fall, nicht alles auf eine Karte zu setzen, sondern an unterschiedlichen Stellen Pilotprojekte durchzuführen, vielleicht auch mit unterschiedlichen Themen. So kann die Wirksamkeit breiter geprüft werden, und wenn ein Versuch scheitert, scheitert nicht gleich alles.

Ganz ohne Ziele geht es also nicht, wir müssen uns jedoch die Frage stellen, wie und an welcher Stelle Ziele hilfreich sind. Ziele sind aus unserer Sicht dann hilfreich, wenn sie Orientierung schaffen und somit die Wirksamkeit der gesetzten Maßnahmen stärken, ohne dass die Beweglichkeit verloren geht. In diesem Zusammenhang haben sich agile Methoden bewährt. Zu den Funktionsweisen und Prinzipien hinter diesen Methoden gibt es viele Bücher, daher möchten wir an dieser Stelle nur festhalten: Agilität ist kein Selbstzweck, die Methoden können in dynamischen Zeiten jedoch unglaublich dabei helfen, sich an Veränderungen anzupassen und Chancen zu nützen, wenn das **Wofür** klar ist.

7. Prinzip Reflektieren & Lernen

Lernen hat in den letzten Jahren für Organisationen eine neue Bedeutung bekommen. Darunter verstehen wir eben nicht nur, Fitness zu entwickeln, neue Werkzeuge anzuwenden und Fähigkeiten zu trainieren, sondern vor allem das Tun und Ausprobieren im Feld. Durch dieses Lernen werden die Werkzeuge und Fähigkeiten weiter geschärft und für den nächsten Einsatz optimiert.

Der Lernprozess beinhaltet deshalb immer folgende Elemente:

- Tun
- Reflexion: Was hat gut funktioniert, worauf können wir bauen, was war schwierig, was wollen wir verbessern und anpassen?
- Feedback einholen: Kunden und Kundinnen sowie Stakeholder nach ihrer Sichtweise auf den gewählten Lösungsansatz bzw. die Ergebnisse und Ziele fragen.
- Erkenntnisse ableiten: etwas nicht mehr tun, neu tun oder unbedingt beibehalten

Auf jeden Fall sollte von Anfang an klar sein, dass ein erstes Scheitern ein Aufruf zum Lernen und Anpassen ist, und nicht zum Abbruch. Für viele ist es entlastend, wenn von vornherein klar ist, dass es sich um eine Testphase handelt, die nach einem definierten Zeitraum evaluiert wird. Dadurch steigt die Bereitschaft, mitzugehen und der Lernprozess wird zu einer Selbstverständlichkeit, also einer Routine.

8. Prinzip Lösungsfokussierung

Transformation bedeutet immer auch Widerstand und Konflikt. Ein kompetenter Umgang damit ist in Transformationsprozessen ein äußerst wertvolles Asset. Wer sich zu diesem Thema genauer informieren möchte, dem seien die Werke von Friedrich Glasl und Peter Röhrig/Martina Scheinecker ans Herz gelegt. Hier möchten wir beleuchten, wie man mit Konflikten im Rahmen eines Transformationsprozesses vom Standpunkt der Resilienz aus umgehen kann. Wir haben bereits mehrfach betont, dass am Beginn eines Transformationsprozesses nicht alle mitgenommen werden können, die dagegen Widerstand leisten. Der Fokus sollte auf jenen Personen liegen, die mitmachen wollen und die entsprechende Energie haben.

- Ein starkes **Wofür** hilft beim Umgang mit Konflikten und kann schwierige Situationen überbrücken.
- In manchen Fällen kann es notwendig sein, klare Grenzen zu ziehen und sich von jenen zu trennen, die klar gegen eine neue Kultur arbeiten.
- Auf der anderen Seite sollte Großzügigkeit gegenüber jenen gezeigt werden, die sich zwar auf einen neuen Weg einlassen wollen, aber damit noch ihre Schwierigkeiten haben.

Die letzten zwei Prinzipien möchten wir an dieser Stelle nur kurz anreißen. Detailliert setzen wir uns damit in Abschnitt 4.2 zur Führung und in Kapitel 5 auseinander.

9. Prinzip Partizipation

Früher hieß es oft: »Wenn du einen Change planst, achte auf eine saubere Info-Kampagne und mache den Leuten den Veränderungsdruck deutlich. Dann gehen sie schon mit.« Wir denken, dass bei dieser Vorgehensweise viel Potenzial auf der Strecke bleibt. Wenn Menschen mit ihrem Wissen und ihren Erfahrungen tiefgreifend in den Veränderungsprozess integriert werden, wird der Prozess ein deutlich besseres Ergebnis erzielen. Gemeint ist damit echte Partizipation im Sinne eines gemeinsam getragenen Purpose und Zukunftsbildes – und nicht nur das Recht auf Mitsprache, damit die Veränderung halbwegs akzeptiert wird. Gelingen kann diese Partizipation mit den richtigen Formaten.

10. Prinzip Steuerung & Formatgestaltung

Ein guter Prozess gibt Sicherheit in der Unsicherheit und schafft Räume für Reflexion, Anpassung und mutige nächste Schritte. Eine gelungene Transformation braucht also einen Rahmen, der einerseits Freiräume und andererseits ein hilfreiches Maß an Struktur Orientierung und Sicherheit gibt. Dieser Rahmen kann durch unterschiedliche Steuerungswerkzeuge und Formate entstehen, die wir noch vorstellen werden. Klar ist, dass die Prozessgestaltung und das intelligente und zielgerichtete Verknüpfen von Formaten, angepasst an die jeweilige Situation, ein wesentliches Erfolgskriterium für Transformationen sind.

Prinzipien sind gut und hilfreich, doch wie werden sie lebendig? Wer fühlt sich dafür verantwortlich, diese Transformationsprinzipien zu leben und die Transformationsprozesse zu gestalten? Damit landen wir unweigerlich bei der Frage: Wie sieht Führung aus, die Transformation fördert und kultiviert?

4.2 Führung, die Transformation unterstützt

Eigentlich ist es ganz einfach: **Führung ist dann hilfreich, wenn sie den einzelnen Menschen und die Organisation darin unterstützt, das zu tun, wozu sie fähig sind.** Das eigene Mindset und das Menschenbild beeinflussen die Art und Weise, wie jemand Führung versteht. Führung, die auf einem Growth Mindset basiert, geht davon aus, dass sich Menschen weiterentwickeln können und wollen. Dazu passt ein Menschenbild, in dem Menschen Freude an ihrer Arbeit haben und gerne ihren Beitrag zur Weiterentwicklung der Organisation leisten. Somit wird die Frage zentral, wie Menschen in Führungspositionen ihre Kolleginnen und Kollegen gut darin unterstützen können, in ihren Funktionen und Rollen möglichst eigenverantwortlich zu agieren. Bei der folgenden modellhaften Darstellung möchten wir dich dazu einladen, diese Unterstützung auf drei Ebenen zu betrachten.

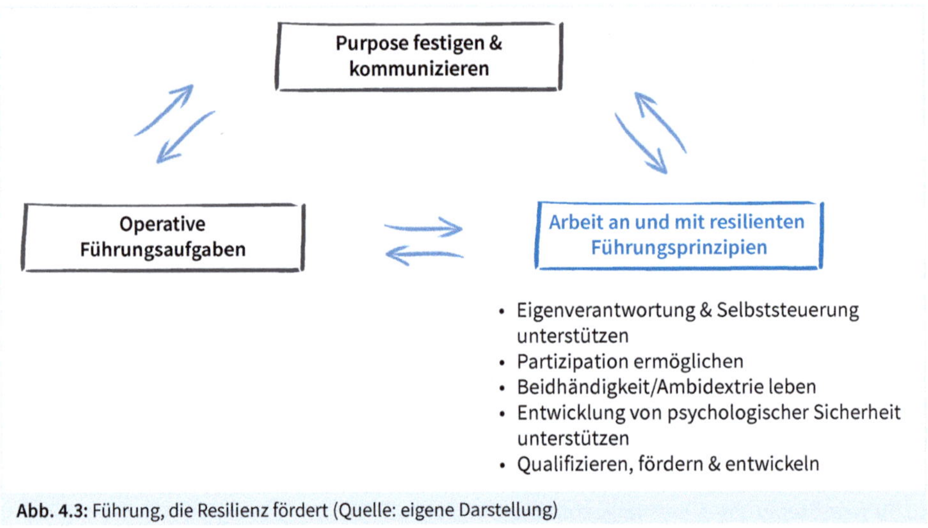

Abb. 4.3: Führung, die Resilienz fördert (Quelle: eigene Darstellung)

- **Operative Führungsaufgaben:** The show must go on. Natürlich sind jeden Tag viele Aufgaben zu erfüllen, wenn man einen Geschäftsbereich verantwortet – die sogenannten operativen Führungsaufgaben. Auch in Phasen der Transformation kann man diese Aufgaben nicht einfach vernachlässigen: Schließlich sind weiterhin Kundinnen und Kunden zu betreuen, Leistungsprozesse zukunftsorientiert zu gestalten und Aufgaben zu verteilen, die Zusammenarbeit ist zu organisieren, Spannungen und Konflikte wollen gelöst und Entscheidungen getroffen werden. Auch im Wandel sind Führungskräfte weiterhin für das Ergebnis und die Kosten verantwortlich.
- **Purpose festigen und kommunizieren:** Das ist ein wesentlicher, übergeordneter Hebel der Führung am Weg zur resilienten Organisation. Warum der Purpose der Transformation, das Wofür, wichtig ist, haben wir schon eingehend beleuchtet. Kernaufgabe der Führung ist dabei, sicherzustellen, dass dieser Purpose erlebbar wird – in der Organisation genauso wie in der Begegnung mit Kundinnen und Kunden und dem Umfeld. Es geht darum, die »Story« des Purpose authentisch zu erzählen und gemeinsam zu spüren.
- **Arbeit an und mit resilienzfördernden Führungsprinzipien:** Unabhängig von der konkreten Richtung einer Transformation und auch unabhängig von Branchen und Geschäftsmodellen haben sich in unserer Erfahrung einige Führungsgrundsätze besonders bewährt,

und wir empfehlen auch eine intensive Auseinandersetzung damit. Es geht darum, die Rolle der Führungskraft als Gestalter oder Gestalterin zu konkretisieren, das Übernehmen von Verantwortung für die Zukunft der Organisation zu fördern und Prozesse mit genügend Raum für den Austausch zu gestalten.

Diesen dritten Punkt möchten wir noch etwas weiter ausführen.

Eigenverantwortung und Selbststeuerung unterstützen

Eigenverantwortung und Selbststeuerung lassen sich weder delegieren noch verordnen. Menschen in die Organisation zu holen, die eigenverantwortlich arbeiten wollen, also »hire for attitude«, ist eine Möglichkeit. Doch genauso müssen jene Menschen in ihrer Eigenverantwortlichkeit unterstützt werden, die schon in der Organisation sind. Ein klarer Purpose gibt Orientierung und Entscheidungshilfe: »**Was** können und möchten wir in Eigenverantwortung tun?« Beim **Wie** helfen wiederum die Werte: Empowerment zu leben, bedeutet zum Beispiel, Regeln und Einschränkungen nur für wenige, gesetzlich und sicherheitstechnisch relevante Themen zu setzen. Ansonsten werden die Menschen ermutigt, ihren Funktionsrahmen möglichst umfassend zu nützen und gegebenenfalls darüber hinauszugehen, wenn es im Sinne der Sache ist.

Die unabdingbare Basis, um Eigenverantwortung übernehmen zu können und zu wollen, ist das wechselseitige Vertrauen und Zutrauen: in die eigenen Möglichkeiten sowie in die Fähigkeiten, Möglichkeiten und das Wohlwollen der anderen. Wenn sich Menschen in einem Umfeld bewegen, wo alles vorhersehbar und sicher ist, ist nur wenig Vertrauen nötig. In einem dynamischen Umfeld und in Zeiten von Unsicherheit wird davon umso mehr gebraucht. Vertrauen und Zutrauen wachsen in kleinen Schritten. Führung bedeutet daher, Vorbild zu sein, indem Vertrauen und Zutrauen geschenkt werden.

Partizipation ermöglichen

In manchen Organisationen reicht die Partizipation bis zur gesellschaftsrechtlichen Beteiligung von Mitarbeiterinnen und Mitarbeitern. Doch auch in konventionellen Organisationsformen ist mit Partizipation keine Alibibeteiligung gemeint. Partizipation bedeutet, Möglichkeiten und Begegnungsflächen zu schaffen, damit die Menschen in der Organisation gemeinsam Perspektiven entwickeln können. Im eigentlichen Sinn geht es also darum, die Zukunft der Organisation narrativ und in Projekten mit mehr als einer Handvoll von Ausgewählten zu gestalten. Führung heißt in diesem Kontext, die Rahmenbedingungen zu schaffen und Orte für einen generativen Dialog bereitzustellen. Klar sein dürfte, dass damit nicht die jährliche Strategieklausur im engsten Kreis gemeint ist. Vielmehr werden die Mitarbeiterinnen und Mitarbeiter permanent als – manchmal auch unbequeme – Partnerinnen und Partner in die Entwicklung von Produkten, Dienstleistungen und Prozessen eingeladen. Lieferanten, Stakeholder und Kundinnen und Kunden werden zu Lern- und Entwicklungspartnern.

Beidhändigkeit (Ambidextrie) leben

Beidhändigkeit in der Führung ist in der Transformation in mehrfacher Hinsicht gefragt. Unter »Ambidextrie« wird oft gefordert, Kerngeschäft und Innovation gleichermaßen zu pflegen – aber das ist aus unserer Sicht nur ein Aspekt. Das gleichzeitige Stabilisieren und Dynamisieren trifft auf viele Bereiche zu. In Transformationen ist das gleichzeitig evidenzbasierte wie intuitiv-empathische Steuern hilfreich und durch die Pandemie haben wir gesehen, dass zugleich analog und remote geführt werden kann – diese hybriden Formen werden uns weiter begleiten.

Die Entwicklung von psychologischer Sicherheit unterstützen

Menschen beteiligen sich dann gerne, wenn sie sich im entsprechenden Umfeld sicher fühlen und nicht hinter jedem Angebot einen zwischenmenschlichen Fallstrick vermuten müssen. In einer Atmosphäre des gegenseitigen Respekts und Vertrauens stellen Menschen Fragen, hinterfragen, suchen und geben Feedback. Sie haben kein Problem damit, auch mal Fehler zu machen und sich unvollkommen und verletzlich zu zeigen.

Qualifizieren, fördern und entwickeln

Das große Ziel ist natürlich, die Organisation als Ganzes weiterzubringen und zu »qualifizieren«. Doch Führung hat im Kontext der Transformation auch einen sehr individuellen Auftrag: Um die Transformation weiterzubringen, sind Kompetenzen in der Kommunikation und im Dialog, beim Geben und Annehmen von Feedback, in der Konfliktfähigkeit- und Konfliktfestigkeit unabdingbar. Da es im Kern um die Gestaltung der Zukunft geht, geht es auch um die gezielte Förderung des Querdenkens, von Kreativtechniken und Neugierde, und schließlich des kompetenten Umgangs mit der Ambiguität.

Diese Grundprinzipien resilienter Führung sind aus unserer Sicht Haltungen, die notwendig sind, um Organisationen heute zu nachhaltigem und ganzheitlichem Unternehmenserfolg zu führen. Sie sind Basis und Hebel unseres Resilienz-Modells in Kapitel 3 und für die Gestaltung von Transformationsprozessen in der eigenen Organisation. Dies kann radikaler oder weniger radikal erfolgen. Im folgenden Gastbeitrag zeigt Michael Fleischmann von der metafinanz im Detail auf, wie radikal Führungskräfte ihre Gestaltungsrolle im Transformationsprozess wahrnehmen können, mit dem Ziel, ein nachhaltig erfolgreiches Unternehmen zu formen.

Fallbeispiel

»Gastbeitrag von Michael Fleischmann, metafinanz«

metafinanz – Daten und Fakten

Digitale Transformationen sind das Kerngeschäft von metafinanz Business & IT Consulting. Das Unternehmen berät Kundinnen und Kunden unter anderem in den Themenfeldern digitale Business-Modelle, Business Analytics, IT-Transformation, Risk und Security und begleitet sie mit interdisziplinären Teams über die gesamte Wertschöpfungskette in die digitale Welt. Das in München, Stuttgart und Frankfurt ansässige Beratungshaus schöpft aus 30 Jahren Business-Erfahrung. metafinanz ist fast ausschließlich in den komplexen Abläufen und Veränderungsprozessen von Großkonzernen zu Hause. Das Unternehmen selbst erzielt einen Umsatz von 236 Millionen Euro (2020) und zählt rund 800 Mitarbeitende mit einem Durchschnittsalter von 38 Jahren. Als Tochterunternehmen eines weltweit agierenden Versicherungskonzerns vereint es die Vorteile des Konzernumfeldes mit einer lebendigen Start-up-Kultur, die stets den Menschen in den Mittelpunkt stellt. Das sind die Facts im Jahr 2022, doch dem ging ein intensiver Transformationsprozess voran:

Radikale Veränderung bei metafinanz

Woher wissen wir, was unsere Kundinnen und Kunden wirklich brauchen? Wie können wir unsere Wettbewerbsfähigkeit erhalten? Wie unsere Reaktionsfähigkeit erhöhen und flexibel auf die Bedürfnisse unserer Kundinnen und Kunden eingehen? Das waren die entscheidenden Fragen, vor denen die IT- und Business-Beratung metafinanz, eine Gesellschaft der Allianz Gruppe, stand. Damals, 2016, waren die Wirtschaft und insbesondere die IT-Branche in enormer Bewegung. Zwar wuchs metafinanz, doch die Kundenzufriedenheit sank und wir hatten mit einem relativ starren Apparat zu kämpfen.

Nun standen wir also vor der großen Herausforderung: Der Markt drehte sich immer schneller, die Ansprüche der Kundinnen und Kunden wuchsen, Flexibilität und Geschwindigkeit waren gefragt, aber wir wurden gefühlt eher langsamer und weniger innovativ. Zum Glück brummte das Business weiterhin, wirtschaftlich hatten wir also keine Sorgen. Noch nicht. Uns war aber klar: Wir konnten nicht dauerhaft erfolgreich sein, wenn wir einfach weitermachten. Das aktuelle Unternehmens-Set-up funktionierte nicht mehr. Wir mussten **jetzt** loslegen und uns neu erfinden. Schließlich wollten wir noch weitere 30 Jahre erfolgreich am Markt sein und wir waren überzeugt davon, dass wir das Potenzial dazu hatten.

Unsere Antwort war radikal: Innerhalb weniger Monate stellten wir die Organisation auf den Kopf und schufen aus einer klassisch-hierarchischen Struktur ein flaches Modell, mit dem Ziel, ein agiles Unternehmen zu werden, das auf Selbstorganisation und Eigenverantwortung basiert. Mit diesem Vorhaben folgten wir nicht blind dem agilen Trend, vielmehr hatte sich angesichts der beschriebenen Veränderungen ein agiles Set-up der Organisation als das richtige Mittel herausgestellt. Wir wollten schnell agierende Einheiten mit vielen starken Teams und unternehmerisch handelnden Mitarbeitenden etablieren. Um diese Ziele zu erreichen, mussten und müssen wir fundamental anders arbeiten. Wir brauchen nicht nur kundenorientierte Prozesse, sondern eine kundenorientierte Organisation. Das bedeutete, Abschied zu nehmen von klassischen, hierarchischen Unternehmensstrukturen.

Radikale strukturelle und kulturelle Veränderung

Ende 2016 fiel die Entscheidung, die Struktur des Unternehmens zu verändern. Das Ergebnis ist eine Organisationsstruktur ohne mittleres Management, aber mit eigenverantwortlich arbeitenden Teams. Alle orientieren sich ausschließlich an vier Kenngrößen: Mitarbeiterzufriedenheit, Kundenzufriedenheit, Umsatz und Profitabilität.

Bereits am 1. Mai 2017 führten wir eine neue Struktur in Form eines integrierten Business Target Modells (iBTM) ein: Statt in Abteilungen ist unser Unternehmen heute in circa 60 Business Areas gegliedert. Jede Area arbeitet autonom und das oberste Ziel ist, unsere Kundinnen und Kunden bestmöglich zu unterstützen. Diverse Serviceeinheiten wie HR oder IT, die wir als Shops bezeichnen, unterstützen wiederum die Business Areas bei ihrer Arbeit.

Diese radikale strukturelle Veränderung erforderte auch eine radikale kulturelle Veränderung. Da die Hierarchien weggefallen waren, wurde Führung im klassischen Sinn obsolet. Im Fokus stehen stattdessen Leadership durch Könnerschaft, die Befähigung von Teams zur Selbstorganisation und die Förderung jedes einzelnen Mitarbeitenden darin, unternehmerisch und eigenverantwortlich zu handeln. Diese Radikalität war natürlich nicht ganz unproblematisch. Während die neue organisatorische Struktur schnell umgesetzt werden konnte, brauchte die Umstellung des Mindsets und der Wunsch nach mehr Eigenverantwortung und Selbstorganisation viel mehr Zeit. Den bisherigen Führungskräften im mittleren Management beispielsweise wurde die Kernidentität genommen, nämlich das »Führen« von Teams. Für viele war es nicht leicht, die neuen Voraussetzungen zu akzeptieren und eine neue Identität zu entwickeln, die auf Vertrauen und Leadership ohne formale Führungsfunktion basierten. Es erforderte von den einzelnen Kolleginnen und Kollegen eine massive Veränderung des persönlichen Mindsets.

Das Prinzip von Business Areas und Shops

Die Business Areas, die in der metafinanz seit 2017 gegründet wurden, bestehen jeweils aus 5 bis 15 Mitarbeitenden. Diese verantworten ein selbst gewähltes Businessthema. Ihr Erfolg wird dabei an den vier Kern-KPIs der metafinanz gemessen: an der Zufriedenheit der Mitarbeitenden, an der Zufriedenheit der Kundinnen und Kunden und am Umsatz und Profit der Area. Für finanzielle Fragen, für Stellenbesetzungen oder den Vertrieb sind die Areas selbst verantwortlich – das Unternehmen gibt nur bestimmte Rahmenbedingungen vor. Dazu gehören die Grundsätze einer ordentlichen Geschäftsführung, das Corporate Design oder allgemeine Unternehmensprinzipien. Fundamental für die Areas ist, dass sowohl alle Finanzkennzahlen als auch die Stellenbesetzungen für alle Mitarbeitenden transparent sind. Funktioniert ein Business-Modell nicht mehr, dann löst sich die Area wieder auf. Damit verschwindet ihr Thema – die Menschen bleiben. Alle Mitarbeitenden haben aufgrund ihrer Selbstbestimmung auch die Möglichkeit und das Mandat, jederzeit in eine andere Area zu wechseln oder mit Gleichgesinnten mit einem neuen Business-Modell eine neue Area zu gründen.

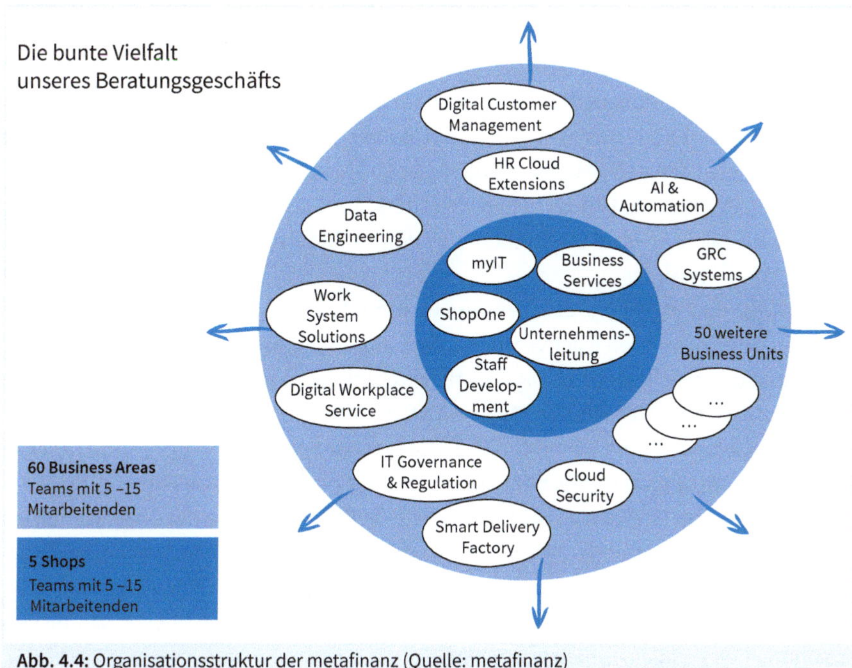

Abb. 4.4: Organisationsstruktur der metafinanz (Quelle: metafinanz)

Unterstützt werden die Areas durch sogenannte Shops – unsere internen Serviceeinheiten: Diese begreifen die Mitarbeitenden und die Areas als ihre Kundinnen und Kunden. Entscheidend sind auch für sie das Verständnis für Unternehmertum und die Ausrichtung an den Bedürfnissen ihrer internen Kundinnen und Kunden. Daher haben sich in der metafinanz interne Einheiten, wie HR und die IT, zu Kundencentern einwickelt, die ihre Leistung in Form von Produkten anbieten und nachfrageorientiert agieren. Beispielsweise bietet der HR-Shop heute Produkte wie Karriereberatung, Team Empowerment, Personalsuche oder Dienstleistungen wie die Erstellung von Arbeitszeugnissen an. Die klassische HR-Administration wurde weitestgehend automatisiert und kann von den Mitarbeitenden in Form von Selfservices abgerufen werden.

Leadership: Unternehmertum etablieren

Die einzelnen Mitarbeitenden der metafinanz übernehmen heute Verantwortung und leben Intrapreneurship. Sie handeln wie Unternehmerinnen und Unternehmer im Unternehmen. Das bedeutet auch: Der oder die Mitarbeitende »gehört« sich selbst – nicht einer Führungskraft. Sie kümmern sich also eigenverantwortlich um Gehalt, Karriere und Weiterentwicklung, immer unterstützt vom HR-Shop, sofern gewünscht. So wird Unternehmertum im Unternehmen gefördert, und damit wird auch schon klar, wie sehr sich die Welt der Mitarbeitenden in der metafinanz verändert hat.

Das bringt uns zu der Frage: Was ist mit dem mittleren Management passiert? Mehr als 70 ehemalige Managerinnen und Manager standen mit der Transformation vor der Aufgabe, neue Betätigungsfelder zu finden. Das gelang in vielen Fällen nur durch das Denken in Ambitionen statt in Positionen. Die Möglichkeit, durch Expertentum und Könnerschaft entweder bekannte oder neue Business-Modelle selbstbestimmt in Business Areas aufzubauen, wurde von vielen dieser Kolleginnen und Kollegen als spannende Herausforderung angenommen. Statt uns zu verlassen und woanders eine klassische Karriereleiter zu finden, blieben daher viele an Bord und stellten sich den Veränderungen.

Von Kontroll- zu Führungsprozessen, von Push zu Pull

Da unsere Mitarbeitenden eigenverantwortlich und selbstorganisiert arbeiten, sind Kontrollprozesse nicht mehr gefragt. Damit verabschieden wir uns aber nicht von der Fürsorgepflicht als Unternehmen. Diese wird von HR sehr ernst genommen, denn selbstbestimmtes Arbeiten birgt zum Beispiel die Gefahr der Selbstausbeutung. Doch auch hier geht es nicht um Vorgaben, vielmehr kommt es auf ein hohes Maß an Fürsorge für die Mitarbeitenden an: Früher wurde beispielsweise lediglich im Sinne der Organisation und Lohnverrechnung kontrolliert, wann die Mitarbeitenden wie viel Urlaub nehmen – heute sorgen wir dafür, dass die Mitarbeitenden in ihrem eigenen Sinne regelmäßige Erholungszeiten einplanen, sie tatsächlich in Anspruch nehmen und in dieser Zeit von sämtlichen Arbeitsthemen wirklich unbehelligt bleiben.

Beteiligungsprozesse spielen in der metafinanz heute eine große Rolle. Durch unsere partizipative Arbeitsweise werden die Kundinnen und Kunden und Teams in die Entwicklung interner Produkte, wie zum Beispiel von HR Selfservices oder Vertrauensarbeitszeit 2.0, sehr früh eingebunden und/oder zu Reviews eingeladen. Entstandene Produkte werden im Anschluss nicht propagiert und zu den Mitarbeitenden getragen, vielmehr kommen Mitarbeitende von sich aus auf die Shops zu, sofern sie einen Bedarf haben.

Vertrauenskultur schaffen

Wie bereits erwähnt: Die Mitarbeitenden gehören sich selbst! Dieser Gedanke prägt die Kultur der metafinanz ganz wesentlich. Wir glauben, dass unter den richtigen Rahmenbedingungen Mitarbeitende in der Lage sind, sich selbst zu führen und Verantwortung zu übernehmen. Selbstbestimmtes Arbeiten sowie Vertrauen und Transparenz als Basis dafür stehen bei uns im Fokus: Es ist essenziell, auf die Fähigkeiten, das Engagement und den Willen der Mitarbeitenden zu vertrauen – und das Risiko einzugehen, dass manchmal auch etwas danebengeht. Das Arbeiten auf Augenhöhe, das Treffen gemeinsamer Entscheidungen sowie die ressourcen- und kompetenzbasierte Projektaufteilung sind heute das Fundament unserer Arbeitsweise.

Radikale Kundenzentrierung

Von Kundinnen und Kunden her zu denken – und das in aller Konsequenz vom Anfang bis zum Ende – ist unserer Erfahrung nach der Schlüssel zur resilienten Organisation. Beschäftigt man sich einmal mit echter Kundenzentrierung, dann merkt man, dass vieles, was zuvor getan wurde, eigentlich nur dem Selbstzweck der Organisation oder der Abteilung diente. Die Debatte über Kundenzentrierung wird viel zu oft aus der eigenen Perspektive heraus geführt, gerne aus der Perspektive des Topmanagements oder Sales Leads. Genau das hat sich geändert, da die Entscheidungen jetzt in den Teams getroffen werden, die vor Ort mit den Kundinnen und Kunden arbeiten und viel besser erkennen, was ihnen echten Nutzen bringt. Und genau das war es, was wir wollten: Kundennähe.

Der Mitarbeitende gehört sich selbst

Die Mitarbeitenden der metafinanz sind in hohem Maße selbst verantwortlich, ihren Beitrag zum Erfolg der metafinanz zu leisten. Sie stoßen Weiterbildungsmaßnahmen über ihre Business Area selbst an und haben das Mandat, einen Teamwechsel selbst voranzutreiben. Für die Mitarbeitenden besteht dadurch die Möglichkeit, sich im besten Sinne ihrer beruflichen Wunschvorstellungen selbst zu verwirklichen. Für das Unternehmen entsteht dadurch eine hohe Veränderungsdynamik. Da die Entwicklung der Teams und ihrer Mitarbeitenden am wirtschaftlichen Erfolg gemessen wird, ist sichergestellt, dass die Veränderungsideen und Wünsche der Mitarbeitenden marktorientiert sind und das Unternehmen dadurch wettbewerbsfähig halten.

Mutig sein

Wer eine so eine umfassende Transformation in Angriff nimmt, braucht Mut, denn es müssen viele alte Zöpfe abgeschnitten werden. Viele Prozesse, Tools und Angebote, die wir in der Vergangenheit etabliert hatten, haben wir im Zuge der Transformation wieder aufgegeben. Bereits getroffene Entscheidungen mussten revidiert werden. Wie erklärt man, dass Dinge, die man jahrelang gemacht hat, als nicht mehr hilfreich erkannt wurden? So erging es uns zum Beispiel mit unseren internen Budgetierungs- und Planungsrunden, den Mitarbeitergesprächen oder unseren Fortbildungskatalogen. Vieles davon existiert heute nicht mehr oder wird in einem Shop pragmatisch vorangetrieben, gezielt auf den jeweiligen Markt ausgerichtet und permanent hinterfragt und optimiert.

Erfahrungen und Empfehlungen

Sich auf den Weg zu einer agilen, anpassungsfähigeren und somit auch resilienteren Organisation zu machen, bedeutet meistens eine Kompletterneuerung – so war es zumindest für die metafinanz. Das ist kein leichtes Vorhaben, und uns war nicht klar, wo es hingehen würde – und schon gar nicht, wo und wie der Weg endet. Natürlich gab es Schmerzen, Tränen und Widerstände. Aber es hat sich gelohnt. Inzwischen wissen wir, dass der eingeschlagene Weg niemals zu Ende ist. Wir befinden uns in einer ständigen Testversion und haben erkannt, dass die Reise der Veränderung und Transformation nie wirklich abgeschlossen wird. Das heißt: Wir brauchen Geduld, Ausdauer und Zuversicht.

Fazit

Wenn wir heute auf den Start im Jahr 2017 zurückblicken, wird die Entwicklung der metafinanz mehr als sichtbar: Innerhalb kürzester Zeit haben wir unser Unternehmen komplett auf den Kopf gestellt. Heute ist das gesamte Organisationsmodell agil, sodass wir uns rasch auf Veränderungen und Krisen einstellen und Chancen nutzen können. Die Veränderung wird dabei in allen Bereichen im Grunde von einem Gedanken getragen: Der Kunde soll im Mittelpunkt aller Prozesse stehen. Marktorientierung und Unternehmertum auf allen Ebenen sind die Folge. Durch die Shops, die sich an den Bedürfnissen ihrer Kundinnen und Kunden, den Mitarbeitenden, ausrichten, haben sich weitere prägende Veränderungen für die metafinanz ergeben: Wir legen Wert auf Fürsorge für unsere Mitarbeitenden statt auf Kontrolle. Vorschriften gehören der Vergangenheit an. Wir befähigen unsere Mitarbeitenden, eigenverantwortlich zu handeln – indem wir großen Wert auf Transparenz legen. Geheimniskrämereien und Machtspiele sind tabu.

4.3 Resilienz mit passenden Formaten gezielt weiterentwickeln

Vielleicht sind in deiner Organisation viele Bereiche gut im Fluss und es geht um eine sehr gezielte, punktuelle Weiterentwicklung in einzelnen Themen. Es kann aber auch sein, dass durch die Umbrüche der letzten Zeit deutlich geworden ist, dass eine radikale Erneuerung ansteht, um die Überlebensfähigkeit zu sichern. Wir haben in den letzten Kapiteln viele Ansatzpunkte und Hebel aufgezeigt, mit denen die organisationale Resilienz gestärkt werden kann. Wir gehen also davon aus, dass du schon darüber nachgedacht hast, wo du starten könntest. Doch wie kannst du es konkret angehen? Auch hier müssen wir wieder vorausschicken, dass es keine allgemeingültigen Rezepte gibt – also Formate, die für jede Organisation in jeder Situation passen. Ein stimmiges Vorgehen musst du für deine Organisation spezifisch entwickeln. Für bestimmte Fragestellungen haben sich aber bestimmte generische Zugänge bewährt:

- Wenn du wissen willst, wie es aktuell um die Resilienzkraft der Organisation oder eines Teams bestellt ist, setzt du am besten ein **Diagnoseformat** ein.
- Wenn du mit breiter Partizipation anhand konkreter Hebelthemen die Resilienz einer Einheit weiterentwickeln willst, empfiehlt sich ein **Großgruppenformat**.
- Wenn du über einen längeren Zeitraum bei möglichst vielen Menschen in der Organisation das Bewusstsein und die Kompetenz für Resilienz in der Organisation fördern willst, kannst du aus Formaten für die **längerfristige Resilienzentwicklung** wählen.
- Wenn speziell ein Team weiterentwickelt werden soll oder sich entwickeln will, stehen dir Werkzeuge für die **Entwicklung der Teamresilienz** zur Verfügung.

- Wenn die gesamte Organisation stärker in Richtung Resilienz ausgerichtet werden soll und mehrere große Veränderungen angestoßen werden sollen, kann diese Transformation durch einen **rollierenden Managementzyklus im Jahreskreis** gesteuert werden.

4.3.1 Diagnoseformate

Mit Diagnoseformaten kannst du Klarheit über das gewinnen, was sich derzeit in der Organisation abspielt. Das geht am einfachsten, indem man die Menschen fragt, die genau dies wissen und dabei das evidenzbasierte Sammeln und Analysieren von Daten und Fakten mit intuitiven Methoden mischt.

Systematische Online-Befragung

Wir haben auf Basis unseres Resilienzmodells von Kapitel 3 einen Fragebogen zu den vier Gestaltungsfeldern entwickelt, mit dem du gezielt der Frage nachgehen kannst: »Wie resilient ist unsere Organisation aktuell?« Führungskräfte sowie Mitarbeiterinnen und Mitarbeiter in Schlüsselpositionen und Expertenfunktionen für das Kerngeschäft beantworten die Fragen und nehmen so eine erste Standortbestimmung aus unterschiedlichen Perspektiven vor.

GESTALTUNGSFELD ICH	Bewertung (1 = gar nicht erfüllt 10 = voll erfüllt)	Was gelingt gut? Was weniger?
Sinn & Balance Ich finde Sinn und Erfüllung in meinem Leben. Mehrere Standbeine verleihen mir Unabhängigkeit.	1 2 3 4 5 6 7 8 9 10	
Achtsames Handeln im Hier und Jetzt Ich nehme aktiv meine Umwelt wahr und kann im Vertrauen auf meine Ressourcen handeln.	1 2 3 4 5 6 7 8 9 10	
Emotionale Selbststeuerung Bei Schwierigkeiten erlebe ich mich nicht als Opfer, sondern erkenne und nutze meine Möglichkeiten.	1 2 3 4 5 6 7 8 9 10	
Umgang mit Spannungsfeldern In schwierigen Situationen denke ich nicht schwarz oder weiß, sondern kann Zwischenpositionen einnehmen.	1 2 3 4 5 6 7 8 9 10	

GESTALTUNGSFELD TEAM	Bewertung (1 = gar nicht erfüllt 10 = voll erfüllt)	Was gelingt gut? Was weniger?
Dialogkultur Wir pflegen einen vertrauensvollen Austausch und geben uns ehrliches Feedback.	1 2 3 4 5 6 7 8 9 10	
Diversität Wir nutzen unterschiedliche Positionen und Meinungen für die gemeinsame Weiterentwicklung.	1 2 3 4 5 6 7 8 9 10	
Teamerfolg vor Einzelerfolg Wir schätzen Einzelleistungen nur, wenn sie dem Gesamterfolg zuarbeiten.	1 2 3 4 5 6 7 8 9 10	
Mutig entscheiden Wir treffen mutige Entscheidungen mit Blick auf das Ganze und vollem Commitment.	1 2 3 4 5 6 7 8 9 10	

GESTALTUNGSFELD ORGANISATION INNEN	Bewertung (1 = gar nicht erfüllt 10 = voll erfüllt)	Was gelingt gut? Was weniger?
Fehler- und Lernkultur Wir scheuen uns nicht, über Fehler zu sprechen und nutzen sie für das gezielte Lernen.	1 2 3 4 5 6 7 8 9 10	
Freiräume für Experimente Wir stellen Freiraum zur Verfügung, um Neues auszuprobieren – mit der Möglichkeit des Scheiterns.	1 2 3 4 5 6 7 8 9 10	
Systemblockaden entfernen Reserven aufbauen Wir trennen uns von Altlasten und aktivieren gezieltes »Verlernen« und Loslassen. Wir kennen unsere kritischen Risikotreiber und bauen dort Reserven auf.	1 2 3 4 5 6 7 8 9 10	

GESTALTUNGSFELD ORGANISATION INNEN	Bewertung (1 = gar nicht erfüllt 10 = voll erfüllt)	Was gelingt gut? Was weniger?
Dezentrale Verantwortung Wir vertrauen den Mitarbeitenden und haben flexible Einheiten, die mit vollen Kompetenzen für selbstständige Entscheidungen ausgestattet sind.	1 2 3 4 5 6 7 8 9 10	

GESTALTUNGSFELD ORGANISATION AUSSEN	Bewertung (1 = gar nicht erfüllt 10 = voll erfüllt)	Was gelingt gut? Was weniger?
Kundennähe leben Wir nutzen aktiv das Wissen, das unmittelbar im Kundenkontakt entsteht, für die Weiterentwicklung unserer Organisation.	1 2 3 4 5 6 7 8 9 10	
Schwache Signale erkennen Wir beschäftigen uns systematisch mit individuell wahrgenommenen Marktsignalen bezüglich Chancen und Risiken.	1 2 3 4 5 6 7 8 9 10	
Intelligent vernetzen Wir vernetzen uns gezielt mit Stakeholdern (Lieferanten, Kundinnen und Kunden, Wettbewerbern etc.) und versuchen dabei, Abhängigkeiten zu vermeiden.	1 2 3 4 5 6 7 8 9 10	
Unmögliche Szenarien denken Wir setzen uns mit – aus heutiger Sicht – eher unwahrscheinlichen Szenarien auseinander.	1 2 3 4 5 6 7 8 9 10	

Tab. 14: Fragebogen zur aktuellen organisationalen Resilienz

Die Ergebnisse der Standortbestimmung zeigen auf, wie Führungskräfte und Schlüsselpersonen die aktuelle Situation der Organisation einschätzen. Diese Kernergebnisse werden in einem nächsten, dialogischen Schritt reflektiert, vertieft und konkrete Ansatzpunkte abgeleitet.

- Wo liegen unsere Stärken? Wie zeigen sie sich? Was müssen wir unbedingt beibehalten und weiter ausbauen?
- Wo haben wir Handlungsbedarf? Wie zeigt sich das im täglichen Wirken?
- Welche Handlungsfelder lassen sich konkretisieren, welche Maßnahmen sind nötig?

Im Austausch zwischen Führungsteam und Schlüsselpersonen kann Handlungsbedarf deutlich werden. Dann lohnt es sich, bei diesen Aspekten zusätzlich bei den Mitarbeiterinnen und Mitarbeitern im Kernprozess nachzufragen – durch eine schriftliche Befragung, Tiefeninterviews oder Fokusgruppen. Auf Basis dieser Erkenntnisse kann dann ein Transformationsprozess gestaltet werden.

Online-Puls-Check zu den 16 Resilienzdimensionen

In manchen Organisationen gibt es bereits einen recht guten Überblick darüber, wie es um die Resilienz insgesamt bestellt ist. Bestimmte Dimensionen der Resilienz stechen oft heraus und es besteht der Wunsch, die Entwicklungen in diesen Bereichen im Auge zu behalten und das Bewusstsein dafür zu fördern. Für diesen Zweck bietet sich ein niederschwelliger Online-Puls-Check an: 16 Mal im Abstand von je vier Wochen wird eine Online-Abfrage zu einer Dimension durchgeführt.

Dieser Puls-Check ist am effizientesten, wenn nicht nur der Ist-Zustand abgefragt wird, sondern zugleich Anregungen für eine positive Weiterentwicklung in Form von Textkommentaren gesammelt werden.

Die Resilienzgeschichten der Organisation sammeln

In jeder Organisation gibt es positive Geschichten, die als Metaphern für eine Transformation genutzt werden können. Wir möchten dich ermutigen, diese Geschichten zu identifizieren und weiterzuerzählen. Genau so gibt es Wahrnehmungen zu Risiken und Engpässen, manches bereitet den Menschen Sorgen. In diesen Fällen geht es nicht nur um die Fakten, sondern um die mit der Geschichte verbundene Emotionalität und um das Mindset, das transportiert wird.

Wie sieht das Sammeln der Geschichten in der Praxis aus? Oft wird eine Kerngruppe zusammengestellt, die einen Leitfaden für Gespräche erstellt und überlegt, mit wem Interviews geführt werden sollen. Personen in Schlüsselfunktionen, Expertinnen und Experten bieten sich ebenso an wie Menschen, die unmittelbar im Kernprozess stehen. Es ist durchaus auch sinnvoll, die Geschichten ausgewählter Kundinnen und Kunden und Lieferanten festzuhalten. Die Mitglieder der Kerngruppe führen die Interviews und tragen die Ergebnisse zusammen. Daraus entsteht ein gemeinsames Resilienz-Storybook, anhand dessen die Storys gezielt weitererzählt werden können. Das passt in eine Strategieklausur genauso wie in eine Weihnachtsfeier.

4.3.2 Großgruppenformate

Wenn es darum geht, mit breiter Partizipation anhand konkreter Hebelthemen die Resilienz einer Organisation oder einer Einheit weiterzuentwickeln, empfehlen wir den Einsatz eines Großgruppenformates. Großgruppenformate bieten die Chance, viele Mitarbeiterinnen und Mitarbeiter gleichzeitig im Raum zu haben und die Dynamik und die Energie zu nutzen, die sich aus der gemeinsamen Arbeit ergibt. In Anlehnung an die Real Time Strategic Change Conference (RTSC) bezeichnen wir diese Veranstaltung als »RTRTC« – Real Time Resilience Transformation Conference.

Das Format der RTSC-Konferenz wurde federführend von Kathleen Dannemiller entwickelt und von Matthias zur Bonsen um die 2000er-Jahre im deutschsprachigen Raum bekannt gemacht. Die Idee hinter einer RTSC-Konferenz ist, dass hohe Wandelbereitschaft entsteht, wenn Menschen die Engpässe einer aktuellen Situation deutlich erleben und es schaffen, gemeinsam konkrete Lösungen zu entwickeln, durch die sich die Ausgangssituation verbessert. Das sollte in einem Rahmen passieren, in dem die Richtung der Veränderung bereits vorgegeben ist.

Für die angestrebte Transformation zur Resilienz übernehmen wir diese Logik und ergänzen sie an zwei wesentlichen Punkten:

- Wir empfehlen, nicht nur die Engpässe der Ausgangssituation zu verdeutlichen, sondern auch die bestehenden Potenziale der Organisation. Dazu eignen sich die Resilienzgeschichten, die wir bereits beschrieben haben, ganz hervorragend.
- Die zweite Ergänzung betrifft die Frage, wie im Rahmen der Großveranstaltung entschieden wird, welche der erarbeiteten möglichen Maßnahmen tatsächlich umgesetzt werden.

Bei einer klassischen RTSC gibt das Topmanagement das Thema, den Rahmen und die Entwicklungsrichtung vor und entscheidet dann live in der Veranstaltung über die Umsetzung. In unserer »resilienzfördernden« Form wird in der Vorbereitung großer Wert darauf gelegt, dass die Frage, wer entscheidet und welche Formen der Entscheidungsfindung angewendet werden, Raum bekommt. Gerade, weil meist Eigenverantwortlichkeit und Selbstorganisation angestrebt werden, kommen Formen wie der konsultative Einzelentscheid besonders zum Tragen (siehe Abschnitt 3.2.4). Gemeint ist damit, dass sich die Entscheiderinnen und Entscheider auf eine fundierte, ehrliche und ernsthaft gemeinte Auseinandersetzung mit den Meinungen und Wünschen der Teilnehmerinnen und Teilnehmer der Konferenz einlassen.

Vorbereitung und Abwicklung einer RTRTC-Konferenz

Eine Gruppe von Schlüsselpersonen aus der Organisation bereitet die Konferenz vor. Das genaue Thema und damit indirekt der Grad der Radikalität der notwendigen Transformation werden dabei abgesteckt. So könnte ein Arbeitstitel lauten: »Wir müssen und wollen krisenfester werden. Wir möchten die Resilienz der Gesamtorganisation deutlich erhöhen.« Andere mögliche Themenstellung wären zum Beispiel: »Wir setzen auf mehr Eigenverantwortung und wollen Selbstorganisation fördern« oder: »Unsere Lieferkette hat sich als volatil erwiesen – wir wollen dieses Risiko entschärfen.«

Die leitenden Prämissen der RTRTC lauten:

- Die Teilnehmerinnen und Teilnehmer der Konferenz werden so ausgewählt, dass diese für die konkrete Themenstellung möglichst das gesamte System repräsentieren. Je nach Thema kann es auch sinnvoll sein, Schlüsselkunden und Kooperationspartner einzuladen.
- Es soll möglichst breite Partizipation möglich sein.
- Wie sich ein verändertes Mindset auswirkt, wird deutlich erlebbar gemacht.
- Die Entscheidungslogik in der Konferenz wird daran angepasst, wie viel Verantwortung die Teilnehmerinnen und Teilnehmer übernehmen sollen.

- Am Ende der Konferenz soll es klare Entscheidungen und Maßnahmenpläne geben.
- Es wird gemeinsam die Verantwortung für die Umsetzung der Maßnahmen getragen und geklärt, wer für welchen Teil der Umsetzung verantwortlich ist.

Tag 1	Tag 2	Tag 3
Ausgangssituation verstehen und aufrütteln	**Entwicklungsrichtung festigen**	**Entscheiden und Maßnahmen planen**
• Zahlen, Daten und Fakten verstehen • Spannungsdelder im IST deutlich machen • Storys von Potenzialen und Herausforderungen erzählen	• mit Purpose und Zukunftsbild identifizieren, • Werte und Mindset verdeutlichen • Schlüsselprojekte identifizieren • Kooperation und Partizipation stärken	• Ziele konkretisieren • Maßnahmen konkretisieren • Entscheiden • Umsetzung planen • Kommunikation in die Organisation vereinbaren

Tab. 15: Phasen der Konferenz

Was sind der Nutzen und die Ergebnisse einer RTRTC-Konferenz?

- Die vorhandenen Potenziale werden fokussiert.
- Die Transformation wird durch Partizipation unterstützt.
- Die Teilnehmenden werden darin bestärkt, Verantwortung zu übernehmen.
- Durch die Kombination von umfassender Analyse und konkreten Entscheidungen, die wirklich die Umsetzung von Maßnahmen zum Ziel hat, ergibt sich eine starke Hebelwirkung.

4.3.3 Formate für die langfristige Resilienzentwicklung

Das Ziel dieser Formate ist, bei möglichst vielen Menschen in der Organisation das Bewusstsein, die Kompetenzen und die Fitness für Resilienz zu fördern. Wenn möglich, soll also die gesamte Organisation gezielt erreicht werden. Das funktioniert durch niederschwellige Impulse über einen längeren Zeitraum, in Kombination mit einer vertieften Auseinandersetzung zu spezifischen Themen. Die drei Formate, die wir dazu gleich beschreiben werden, können einzeln eingesetzt werden – sinnvoll ist aber meistens eine schlaue Kombination.

Resilienz-Fitnesstage

Der Zweck von Fitnesstagen ist, möglichst vielen Menschen in der Organisation niederschwellig zu ermöglichen, sich mit wesentlichen Themen auseinanderzusetzen, die für Resilienz in der Organisation wichtig sind. Sie sollen dabei ins Tun kommen und so einen Beitrag zur Stärkung der organisationalen Resilienz leisten.

- Zielgruppe: die gesamte Organisation
- Form: 18 Monate lang gibt es jeden Monat einen moderierten Fixtermin

- Dauer: je 60 Minuten
- Ablauf: Ein Kurzimpuls wird durch ein bis zwei Übungen vertieft. Themenmäßig kann das Resilienzmodell als Anhaltspunkt dienen.

Resilienz – Deep Dive

Deep Dives sind themenspezifische Veranstaltungen, bei denen gezielt bestimmte Hebel der Resilienzentwicklung betätigt werden. Die Deep-Dive-Themen werden entweder durch eine Resilienzdiagnose oder im Rahmen einer RTRTC als besonders relevant erkannt. Dabei kann es sich zum Beispiel um Hebelthemen aus den 16 Feldern handeln, um Produkte und Zielgruppen, Customer Touchpoints, schwache Signale etc.

- Zielgruppe: Mitarbeiterinnen und Mitarbeiter sowie Stakeholder, die inhaltlich zum Deep-Dive-Thema beitragen können
- Form: moderierte Workshops
- Dauer: 0,5 Tage
- Ablauf: Standpunktbestimmung zum Hebelpunkt, Handlungsbedarf feststellen, Ansatzpunkte für die Weiterentwicklung sichtbar machen, Vereinbarungen treffen, Evaluierungsmöglichkeiten fixieren

Gezielte Entwicklung persönlicher Resilienzkompetenzen

Den Menschen in der Organisation soll es ermöglicht werden, gezielt Resilienzkompetenzen aufzubauen und weiterzuentwickeln. Wie führt man zum Beispiel einen konstruktiven Dialog? Welche Form der Führung unterstützt die organisationale und persönliche Resilienz? Wie können wir mit Spannungsfeldern umgehen? Solche Fragen können der Inhalt spezifischer Formate sein, die in erster Linie den persönlichen Umgang mit besonderen Herausforderungen adressieren. Das kann etwa im Rahmen einer »Resilienzwerkstatt« passieren.

- Zielgruppe: (Führungs-)Teams, einzelne Mitarbeiterinnen und Mitarbeiter
- Form: 4 bis 5 Module mit integrierter Selbstdiagnose
- Dauer: pro Modul 1–1,5 Tage, aufgeteilt auf etwa 18 Monate
- Ablauf: die Module werden ergänzt durch Feedbackgespräche und Einzelcoaching, Erfahrungsaustausch im Team, Impulse durch Good Practices und Lernreisen

Selbstverständlich gibt es noch viele andere Methoden, die in bestimmten Abwandlungsformen einen wertvollen Beitrag zur langfristigen Resilienzentwicklung leisten können. Spannende und auch effiziente Zugänge können von den agilen Methoden abgeleitet werden, zum Beispiel Design Thinking oder Scrum.

4.3.4 Formate für die Entwicklung der Teamresilienz

Die bisher beschriebenen Formate zielen weitgehend darauf ab, die gesamte Organisation im Transformationsprozess zu mehr Resilienz zu unterstützen. Natürlich gibt es immer wieder den klaren Wunsch, speziell ein Team in seiner Resilienz weiterzuentwickeln. Unsere Erfahrung ist, dass es sich nachhaltig positiv auswirkt, wenn dieses Vorhaben als längerer Prozess angelegt wird und man das Fokusthema »Resilienz im Team« konsequent in wesentliche Elemente eines Jahreskreises der Teamentwicklung integriert.

Was meinen wir mit dem »Jahreskreis«? Für fast jedes Team gibt es Themen und Meetings, die in einem bestimmten Rhythmus über das Jahr verteilt stattfinden. Zum Beispiel finden die Entwicklungsgespräche für Mitarbeiterinnen und Mitarbeiter in einem regelmäßigen Zyklus statt, für manche Teams gehört eine Teamklausur zum Jahreszyklus. Meist gibt es eine bestimmte Meetingstruktur, die einem Rhythmus folgt, der für das Team passt. Also kann überlegt werden, wie diese bestehende Struktur gezielt durch das Thema Resilienzentwicklung angereichert und ergänzt werden kann.

Auch für ein Team kann die Diagnose der aktuellen Resilienz der Ausgangspunkt sein, um später in einer Teamklausur vertiefend auf die Potenziale und Entwicklungsfelder zu schauen. Dafür eignet sich der bereits vorgestellte Fragebogen zur aktuellen organisationalen Resilienz (siehe Tab. 14) in einer leicht abgewandelten Form. In der Teamklausur selbst bietet es sich an, für das kommende Jahr zwei oder drei Resilienzschwerpunkte zu vereinbaren, in denen sich die Teammitglieder gemeinsam gezielt weiterentwickeln möchten. Häufig handelt es sich dabei um Themen wie die Weiterentwicklung der Dialog- und Feedbackkultur, der Kooperation und Zusammenarbeit im Team, die Entwicklung einer echten Fehler- und Lernkultur oder den lösungsorientierten Umgang mit konkreten Spannungsfeldern. Eine vertrauensvolle Basis der kollegialen Zusammenarbeit vorausgesetzt, kann die Teamklausur auch ein Raum sein, in dem die Teammitglieder reflektieren, welche persönlichen Resilienzressourcen der und die Einzelne mitbringt und wie es gegebenenfalls möglich ist, sich gegenseitig zu unterstützen.

Auf jeden Fall wird in der Teamklausur besprochen und vereinbart, wie die gewünschte gemeinsame Entwicklungsrichtung aussieht. Dazu wird gezielt überlegt, wie das Lernen zu diesen Themen in die Teamroutine integriert werden kann. Eine gute Möglichkeit ist, die bestehende Meetingstruktur dafür zu nutzen: Zum Beispiel können bei jedem zweiten Meeting fünf Minuten für eine gezielte Mini-Reflexion der Dialog- und Feedbackkultur eingebaut werden, oder es wird einmal im Quartal gemeinsam reflektiert, wie sich der Umgang mit den bestehenden Spannungsfeldern entwickelt hat. Ein Teil dieser Themen kann gut in den Zyklus der Mitarbeitergespräche eingebaut werden und hat dann klar einen individuellen Fokus.

Wir halten es für wichtig, zu den offiziellen, formalen Begegnungen auch einen informellen Teil mitzudenken. Das kann zum Beispiel ein Teamfrühstück sein, das einmal im Monat an einem fixen Tag stattfindet, oder eine andere, gemeinsame Unternehmung.

4.3.5 Rollierender Prozess für die Transformation zu mehr Resilienz

Eine zentrale Aufgabe von Führung ist es, Zukunftsbilder zu entwerfen und einen Prozess zu organisieren, mit dem eine zukunftsfähige Entwicklung möglich ist, mutige Schritte gesetzt werden und die Umsetzung eigenverantwortlich erfolgen kann. Schafft es eine Organisation, diese Prozesse gut zu organisieren, entstehen Agilität, Flexibilität und Orientierung. Dann ist nicht für jedes Thema ein umfangreiches Transformationsprojekt mit eigener Organisation notwendig, das als Parallelstruktur große Schritte setzt. Die Transformation ist dann vielmehr Teil der laufenden Steuerungslogik in der Organisation und Teil der zentralen Aufgaben der Verantwortungsträgerinnen und -träger. So werden Empowerment und Vertrauen im Führungsteam gestärkt, da die Akteure Teil des Prozesses sind. Die kulturelle Ebene ist daher immer Teil des Weges. Auf diese Weise können im Rahmen des Prozesses nicht nur inkrementelle Weiterentwicklungen berücksichtigt werden. Auch große Change-Vorhaben werden commitet und für die Umsetzung vorbereitet. Die großen Veränderungsvorhaben werden ergänzend organisiert, sind aber Teil einer rollierenden Prozesslogik.

Eine sehr erfolgreiche Methode für diesen Prozess stellt unser Kollege Mario Weiss in seinem Gastbeitrag dar. Mario beschäftigt sich wie wir seit vielen Jahren mit der Strategieentwicklung sowie der Zukunfts- und Veränderungsfähigkeit von Organisationen. Dabei ist es ihm ein besonderes Anliegen, die Veränderungskraft der Organisation zu stärken und die unternehmerische Kraft breit anzulegen.

»Gastbeitrag von Mario Weiss«

ISPP® – Integrierter Strategie- und Planungsprozess

Betrachtet man Resilienz aus einer Strategie- und Steuerungsperspektive, geht es um drei Themenbereiche:

- Wie wird eine Organisation strategisch geführt und gesteuert?
- Wie wirkungsvoll wird Strategie durch die Organisationsstruktur unterstützt?
- Welche Kultur lässt das System und die Menschen zu?

Eine der größten Herausforderungen in der Strategieentwicklung ist das Zusammenspiel zwischen den unterschiedlichen Ebenen einer Organisation. Um eine Organisation strategisch zu führen, müssen Eigentümer, Management, Führungskräfte, Mitarbeiterinnen und Mitarbeiter ähnlich strategisch denken und abgestimmt vorgehen. Die einzelnen Systemebenen sollten gut ineinandergreifen, sodass die Organisation als Ganzes und die einzelnen Menschen mit ihren Aufgaben Orientierung erhalten.

Nicht selten erleben wir aber Situationen, in denen die strategische Ausrichtung und das operative Tagesgeschäft wenig miteinander zu tun haben. Das strukturierte und geplante Zusammenwirken von Unternehmensleitung, einzelnen Bereichen und Abteilungen ist jedoch entscheidend für einen nachhaltigen und stabilen Erfolg einer Organisation. Ebenso bedeutend ist die Abstimmung zwischen den einzelnen Bereichen und Abteilungen.

Im ISPP geht es um einen Prozess der Strategieentwicklung und Umsetzungsplanung, bei dem mehrere System- und Führungsebenen inhaltlich miteinander verbunden werden. Alle Beteiligten, von den Eigentümervertretern über die Geschäftsführung, die Führungskräfte bis hin zu den Mitarbeiterinnen und Mitarbeitern werden aktiv und konsequent eingebunden. Dies geschieht vertikal, also über die einzelnen Systemebenen hinweg, ebenso wie horizontal – also zwischen den einzelnen Personen oder Abteilungen auf der gleichen Systemebene.

Zusammenspiel der Hierarchieebenen

Strategiearbeit kann man nie losgelöst von strukturellen Themen und kulturellen Voraussetzungen betreiben. Daher erhalten im Rahmen des ISPP diese Themen Raum. Ausgehend von der inhaltlichen Orientierung werden Organisations- und Strukturfragen adressiert und parallel dazu wird daran gearbeitet, welche kulturelle Spielregeln und Verhaltensweisen gebraucht werden.

Ein wirkungsvolles Zusammenspiel zwischen den Führungsebenen bei der Entwicklung von Strategien und Plänen ist daher die Voraussetzung dafür, dass diese später auch gelebt und umgesetzt werden. Indem mehrere Ebenen integrierend einbezogen werden, wird eine vertiefte Qualität in den Planungsprozessen möglich. Orientierung für eine Organisation entsteht nicht nur durch Top-down-Ansagen. Viel Know-how über die Möglichkeiten der Zukunft liegt in den einzelnen Abteilungen und Bereichen. Auf dieses Wissen wird im ISPP nicht verzichtet, vielmehr wird es durch die Bottom-up-Integration abgeholt. Daher sind die Vorgehensweise und die Prozessgestaltung, wie sie in Abbildung 4.5 dargestellt wird, besonders wichtig. Statt der meist üblichen »Wasserfall-Strategieprozesse« nutzt der ISPP das Bild eines »Gegenstrom-Strategieprozesses«.

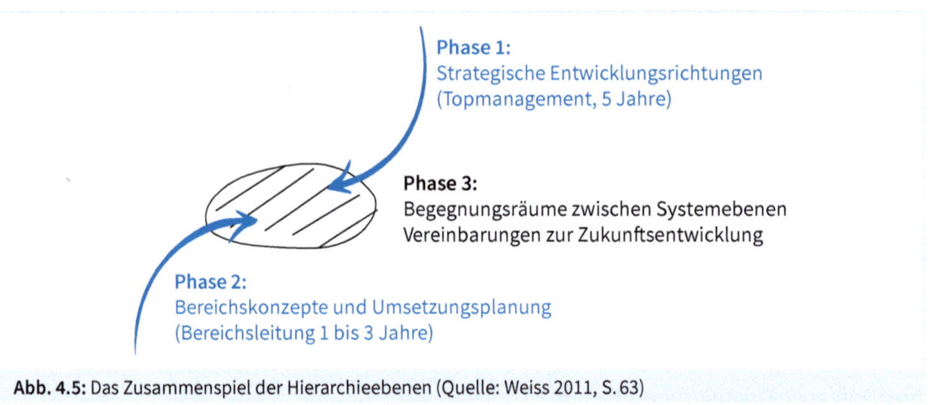

Abb. 4.5: Das Zusammenspiel der Hierarchieebenen (Quelle: Weiss 2011, S. 63)

Der Integrierte Strategie- und Planungsprozess sieht folgende sechs Phasen vor:

Phase 1: Richtungsaussagen durch Eigentümer, Aufsichtsrat und erste Führungsebene

Phase 2: Teilkonzepte und Umsetzungspläne aus den Abteilungen und Bereichen

Phase 3: Abstimmung und Vereinbarungen im Gegenstromprinzip

Phase 4: Abbildung der Strategie und Meilensteine im Budgetprozess

Phase 5: Zielvereinbarungen mit den Führungskräften sowie Mitarbeiterinnen und Mitarbeiter

Phase 6: Wirkungscontrolling sowie operative Aussteuerung innerhalb der Bereiche

In Phase 1 (Strategieklausur) werden politisch die zentralen Weichenstellungen aus Sicht des Topmanagements vorbereitet und vorgestellt. Es entsteht ein erster Entwurf der strategischen Orientierung, der noch nicht verbindlich ist. In Phase 2 entwickeln die Bereiche und Abteilungen ihre Teilkonzepte nach gemeinsam festgelegten, relativ einfach strukturierten Instrumenten. In der dritten Phase findet eine Planungs- und Integrationsklausur im Rahmen von etwa zwei Tagen statt, bei der das Topmanagement und die Führungskräfte ihre Konzepte zur Zukunft der Organisation abstimmen und die Bereiche und Abteilungen ihre Konzepte vorstellen. Die Vereinbarungen zur Strategie erfolgen erst hier. In den Schritten 4 und 5 geht es um die konsequente Umsetzung der strategischen Themen in den Budgetprozess sowie in die Zielvereinbarungen. Dabei ist eine agile und anpassungsfähige Vorgehensweise wichtig. Die Planung darf nicht stärker sein als die entgegenkommende Realität.

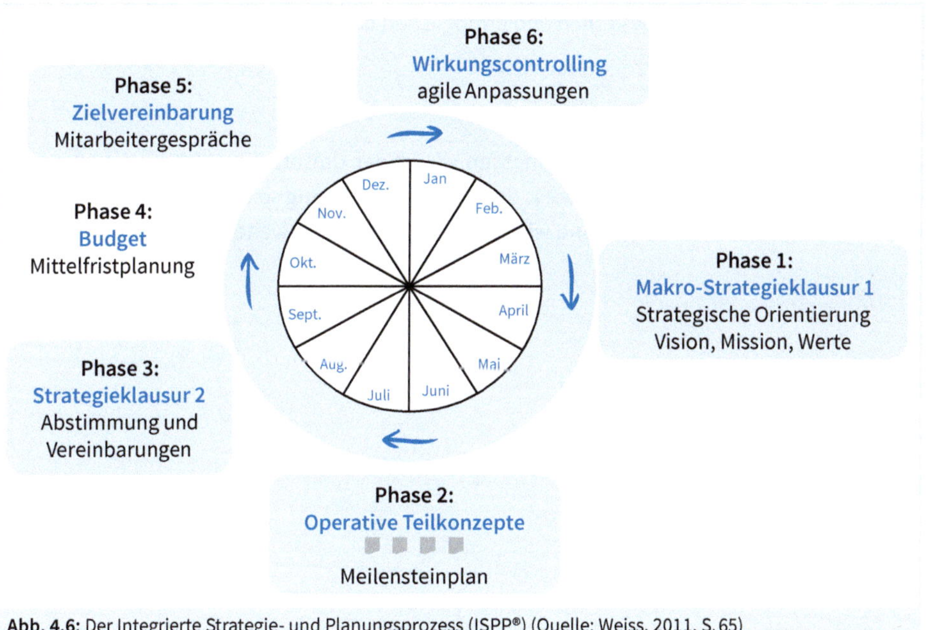

Abb. 4.6: Der Integrierte Strategie- und Planungsprozess (ISPP®) (Quelle: Weiss, 2011, S. 65)

Wie hilft der ISPP, eine belastbare, widerstandsfähige und damit resiliente Organisation zu gestalten?

Orientierung

Orientierung wird durch die Auseinandersetzung mit den eigenen Handlungsnotwendigkeiten auf allen relevanten Ebenen der Organisation erarbeitet. Sowohl Eigentümer und Eigentümerinnen, Geschäftsführer und Geschäftsführerinnen, Führungskräfte, Mitarbeiterinnen und Mitarbeiter arbeiten mit abgestimmten Instrumenten in einem in sich verbundenen Prozess. Bei allen Beteiligten entsteht Bewusstsein für die Situation und Orientierung, wohin und wie sich das Unternehmen weiterentwickeln will und muss.

Alignment

Der Aufwand des Nicht-Alignments entsteht dadurch, dass im Tagesgeschäft permanent Meinungsverschiedenheiten abgestimmt und geklärt werden müssen und dabei der Fokus und die Prioritäten verloren gehen. Oft existieren bei Schlüsselpersonen ganz unterschiedliche und verdeckte Vorstellungen darüber, wie sich die Organisation weiterentwickeln soll. Der ISPP fördert die Transparenz und damit das gemeinsame Denken und abgestimmte Handeln. Transparenz über das, was gewollt und geplant ist, schafft Vertrauen.

Lernen auf allen Ebenen

Die Zukunftsfähigkeit eines Unternehmens hängt maßgeblich davon ab, ob selbstständiges Lernen im Unternehmen auf allen Ebenen gelingt. Die eingesetzten Prozesse, Methoden und Instrumente unterstützen das Lernen und ermöglichen dadurch strategische, strukturelle und kulturelle Weichenstellungen.

Empowerment

Die Qualität eines Strategieprozesses messen wir an der Umsetzung. ISPP bindet Menschen unterschiedlicher Ebenen in den Prozess der Zukunftsgestaltung so ein, dass sie erkennen, wo ihre Handlungsspielräume liegen und wie sie diese sukzessive erweitern können.

5 Den Umgang mit Krisen lernen

Mit diesem Buch wollen wir aufzeigen, welche persönlichen und organisationalen Kompetenzen der Resilienz aufgebaut werden können, um möglichst gestaltend und agil in dynamischen Zeiten den eigenen Weg zu finden. Wir sind überzeugt davon, dass dadurch viele Krisen in Organisationen entweder gar nicht auftreten, früher erkannt werden oder in abgeschwächter Form stattfinden. Trotzdem werden sich selbst verhältnismäßig resiliente Organisationen immer wieder mitten in echten Krisen wiederfinden. Wenn wir uns in der Organisation, wie in Abbildung 5.1 dargestellt, eben nicht in einer Phase der Vorsorge, sondern mitten in einer Krise befinden, ist die entscheidende Frage: Wie gelingt uns eine resiliente Reaktion?

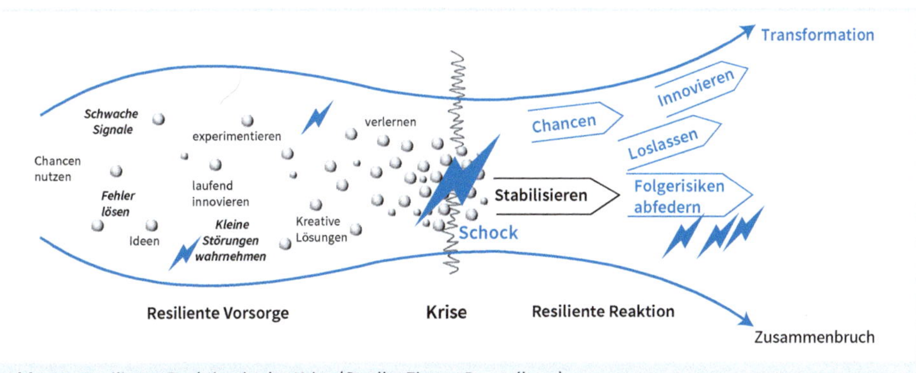

Abb. 5.1: Resiliente Reaktion in der Krise (Quelle: Eigene Darstellung)

In diesem abschließenden Kapitel möchten wir uns deshalb mit solchen Extremsituationen beschäftigen und nochmals kompakt aufzeigen, wie sich die Eskalationsniveaus von Krisen in Organisationen entwickeln. Wir sprechen hier nicht mehr von Signalen, die eine Krise ankündigen, sondern von dem Moment, in dem die Krise mit voller Kraft auf das Unternehmen trifft, wenn alles kopfsteht und rasches Handeln gefragt ist. Es geht um Antworten auf die Fragen:

- Welche Reaktion ist in diesen Extremsituationen angemessen?
- Gelingt es, mutige Entscheidungen zu treffen?
- Gelingt es, das Momentum der Instabilität zu nutzen, um auch Potenziale zu heben?
- Gelingt es, nicht mehr Passendes und Dienliches loszulassen?

5.1 Krise und Erneuerung gleichzeitig bewältigen

Im persönlichen wie im organisationalen Bereich ist die erste Reaktion auf ein krisenhaftes Ereignis meistens die Erstarrung. Wichtig ist, diesen Schock nicht zum Dauerzustand werden zu lassen und so rasch wie möglich wieder handlungsfähig zu werden. Was dabei helfen kann, aus der Schockstarre herauszukommen, ist die bewusste Wahrnehmung des Spannungsfeldes von

Risiko und Chance. Der Umgang mit diesen beiden Polen braucht jeweils ganz konkrete Maßnahmen, Aufmerksamkeit und bewusste Entscheidungen.

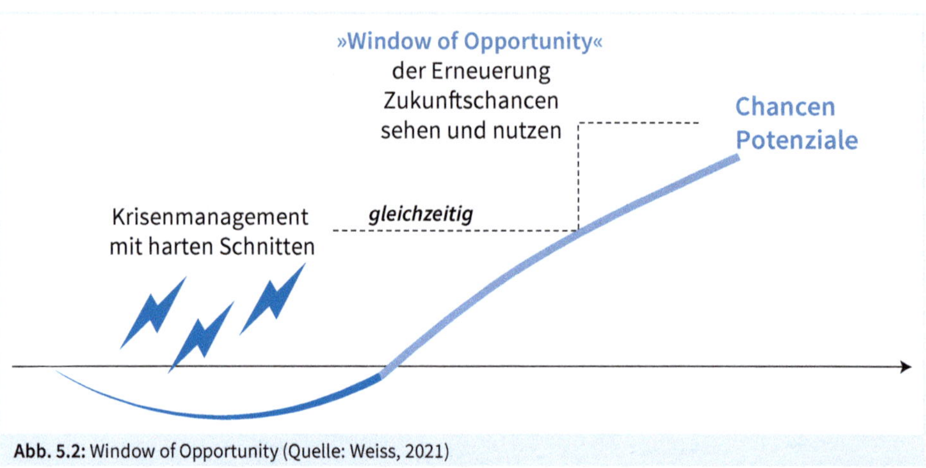

Abb. 5.2: Window of Opportunity (Quelle: Weiss, 2021)

Die erste, grundlegende Stabilisierung in der Krise passiert am besten durch die klare Fokussierung auf das Wesentliche, durch mutige Entscheidungen und eine aktive, transparente Kommunikation. Was oft unterschätzt wird, ist der zweite stabilisierende Blick: nämlich die aktive und bewusste Absicherung von Folgerisiken und Folgekrisen. Auch hier gilt es wieder, erste Signale und Fehler früh zu erkennen, um einer weiteren Eskalation frühzeitig entgegenzuwirken.

In der Krise die Chancen, das Transformationspotenzial und die Innovationsmöglichkeiten zu suchen und mit entsprechenden Maßnahmen zu initiieren, ist kein Kalenderspruch, sondern eine reale Perspektive: Gerade diese Momente eignen sich hervorragend für die schöpferische Neuordnung, um die Entwicklung der Zukunft (die vor der Krise vielleicht gar nicht so gut ausgesehen hat) in eine positive Richtung zu lenken. Das hat auch die Eigentümerin eines internationalen Gewerbebetriebs erkannt, mit der wir arbeiten durften: »Wir führen unsere Reorganisation im Shutdown mit voller Energie weiter, auch digital. Jetzt ist alles in Bewegung, jetzt können wir mutig verändern. Nach der Krise werden wir es brauchen!«

Loszulassen und etwas mitunter sterben zu lassen, ist eine weitere Qualität krisenhafter Momente: Produkte, die nur mehr aus Nostalgie mitgezogen werden, geplante Neuentwicklungen, für die im Moment das Geld fehlt, überholte Prozesse und Technologien, zu starke Abhängigkeiten in den Lieferketten, starre, kleinteilige Führungsstrukturen – die Liste ließe sich endlos fortführen. Unverblümte Ehrlichkeit und konsequentes Handeln sind dabei wichtige Qualitäten. Meist schärft das Erleben in der Krise den Blick für das, was zu tun ist. Der Natur gelingt diese Reaktion in Krisen immer wieder vorbildlich. Menschen und Organisationen mit großer Resilienzkraft auch.

In den ersten Tagen nach einem krisenhaften Ereignis müssen natürlich die Vitalfunktionen stabilisiert werden, aber davon abgesehen geht es in der Zeit danach um eine Balance von stabilisierenden und dynamisierenden Aktionen in verschiedenen Handlungsfeldern.

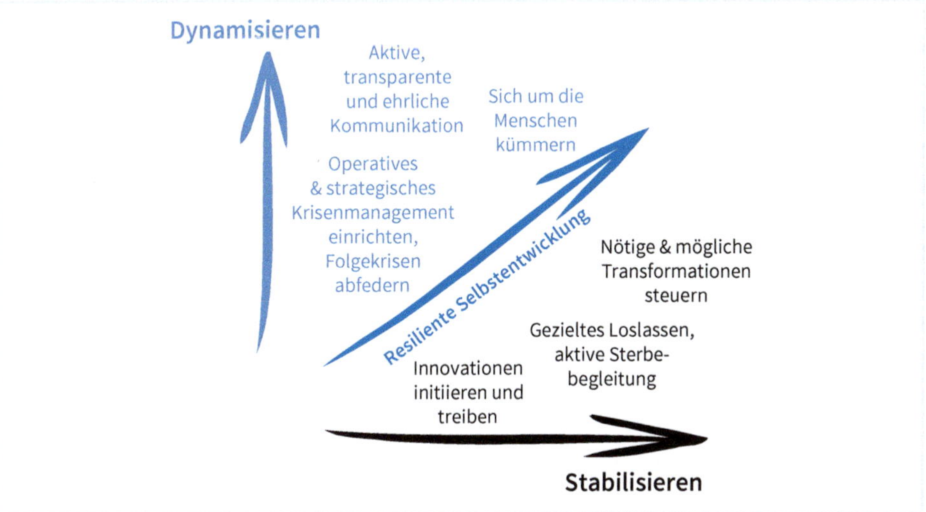

Abb. 5.3: Stabilisieren und gleichzeitig dynamisieren – Handlungsfelder für Führungskräfte in turbulenten Zeiten (Quelle: eigene Darstellung)

Handlungsfelder für die Stabilisierung

Operatives & strategisches Krisenmanagement einrichten, Folgekrisen abfedern

In der Akutphase sollte unter anderem Folgendes passieren: die Einrichtung eines Krisenstabs aus Management sowie Expertinnen und Experten, die umgehende Ausarbeitung von Aktionsplänen, um die Kernprozesse und die Liquidität abzusichern, Festhalten von Regeln für die Entscheidungsfindung und laufende Adaptierungen. Sobald die erste Stabilisierung geglückt ist, muss die Organisation bewusst vor Folgerisiken und Folgekrisen abgesichert werden, um einer weiteren Eskalation konsequent entgegenzuwirken. Das strategische Krisenmanagement umfasst auch gezielte Szenarienarbeit – inklusive Worst-Case-Szenarien.

Aktive, transparente und ehrliche Kommunikation

Gezielte, offensive und vor allem abgestimmte Kommunikation ist gefragt: mit den Mitarbeiterinnen und Mitarbeitern, mit den Kundinnen und Kunden und gegebenenfalls mit der breiteren Öffentlichkeit. Im Mittelpunkt stehen dabei Orientierung, Glaubwürdigkeit und Vertrauen, denn klare Informationen und der Ausblick auf verbindliche nächste Schritte geben Sicherheit und Perspektive – und sie verschaffen den Entscheidungsträgerinnen und -trägern zugleich den nötigen Handlungsspielraum.

Sich um die Menschen kümmern

In vielen Ländern werden nach schweren Unfällen, Amokläufen oder Naturkatastrophen die Betroffenen in den ersten Tagen nach dem Ereignis von »Kriseninterventionsteams« darin unterstützt, mit dem Erlebten umzugehen. Eine solche Notversorgung ist auch in Organisationen wichtig. Damit ist nicht nur gemeint, genau darauf hinzusehen, wer aufgrund der direkten Auswirkungen der Krise ganz offensichtlich akute Unterstützung braucht. Aus der Resilienz- und Krisenforschung weiß man, dass es Menschen leichter gelingt, gut durch krisenhafte Ereignisse zu kommen, wenn sie zeitnah nach dem Schock die Möglichkeit bekommen, darüber zu reden. Das beugt posttraumatischen Belastungsstörungen vor und erhält die Arbeitsfähigkeit.

Handlungsfelder für die Dynamisierung

Nötige und mögliche Transformationen steuern

Die Stabilisierung der Kernprozesse ist essenziell, sie reicht aber meistens nicht aus. Es gilt auch, diese Wendepunkte in der Entwicklung gezielt zu nützen: Prozesse zu optimieren, Lieferketten abzusichern, die Organisationsstrukturen an flexible Anforderungen anzupassen oder Risikotreiber gezielt zu entschärfen, sind einige von vielen Themen, die meist schon vor der Krise angedacht, aber nicht angepackt wurden. Wenn sich die Organisation ohnehin gerade neu orientieren muss, können diese Transformationen gleich konsequent vorangetrieben werden – auch, um dadurch Kraft für das Neue zu bekommen, das sich aus der Krise entwickelt.

Innovationen initiieren und treiben

Resilienten Systemen gelingt es nicht nur, mit eingeschränkten Ressourcen während einer Krise zu überleben. Vielmehr entwickeln sie ausgerechnet in Engpasssituationen eine erstaunliche Kreativität. Die sprichwörtliche Not, die erfinderisch macht, wird gezielt genützt. Diese innovativen Ideen und Ansätze gibt es in jedem Unternehmen – sie gezielt zu sichten und zu entscheiden, was tatsächlich umgesetzt werden sollte, ist ein weiteres dynamisierendes Handlungsfeld.

Gezieltes Loslassen, aktive Sterbebegleitung

Ressourcenengpässe sind oft eine Konsequenz von Krisen. Transformationen und Innovationen brauchen allerdings Energie, und manchmal ist diese Energie in Produkten, Prozessen und Dienstleistungen gebunden, die am Ende ihres Lebenszyklus angelangt sind. In diesem Fall ist es oft besser, vom »toten Pferd« abzusteigen und die Ressourcen für das Neue freizumachen. Das verlangt Mut und mitunter unliebsame Entscheidungen, die nicht jedem passen. Deshalb muss dieses Sterben durch Loyalität gegenüber den betroffenen Mitarbeiterinnen und Mitarbeitern abgefedert werden.

Resiliente Selbstentwicklung

Nicht ganz zufällig steht in der Mitte der stabilisierenden und dynamisierenden Handlungsfelder die resiliente Selbststeuerung. Selbst die erfahrensten und erfolgreichsten Führungskräfte dürfen nicht völlig darauf vergessen, auf sich selbst und ihre eigenen Kräfte zu achten, wenn sie ihre Organisation gerade durch turbulente Zeiten führen. Um langfristig Höchstleistungen erbringen zu können, müssen sich Anspannung und Entspannung die Waage halten. Wenn schon nicht eine völlige Entspannung möglich ist, sollte zumindest die partielle Entspannung von Körper, Geist und Seele versucht werden. Bewegung zum Beispiel gibt zugleich Kraft und entspannt – genauso wie der ehrliche Austausch über Sorgen und Perspektiven in einem vertrauensvollen Gespräch.

Wenn wir uns die Handlungsfelder der Stabilisierung und Dynamisierung ansehen, dann steckt dahinter nicht der Anspruch, dass jede Führungskraft jedes Handlungsfeld in perfekter Weise allein bespielen muss. Wesentlich erfolgversprechender ist es aus unserer Sicht, die Aufgaben auf mehrere Kompetenzträgerinnen und -träger zu verteilen und das Zusammenwirken als Team eng abzustimmen. Natürlich braucht es dafür einen klaren Blick darauf, wer in der Lage ist, in Ausnahmesituationen nach vorne zu blicken, stabilisierend und gestaltend zu agieren und so an der Zukunftsausrichtung aktiv mitzuwirken. Meist zeigt sich, dass Menschen viel zugemutet werden kann, wenn es gelingt, sie kraftvoll in diesen Prozess zu integrieren. Nur so kann die Selbsterneuerungskraft der Organisation aktiviert und genutzt werden.

Natürlich gilt für das resiliente Agieren in einer Krise noch viel radikaler, was auch sonst im dynamischen Umfeld gilt: Gefragt sind permanente Achtsamkeit und Beweglichkeit im Team. Achtsam zu sein bedeutet, permanent sich selbst, das Umfeld und mögliche neue Signale wahrzunehmen und diese reflektierend in einen Kontext zu setzen. Sind es Signale, die Chancen erkennen lassen oder weisen sie auf weitere Risiken hin? Agil zu handeln bedeutet, in kurzen Zyklen mutige Schritte zu setzen, die Wirksamkeit nach ein bis zwei Wochen ehrlich zu bewerten und dieses Lernen inklusive der neuen Wahrnehmungen für weitere Schritte zu nutzen. So zeigt sich rasch, worauf aufgebaut werden kann, was angepasst werden muss und was nicht mehr gemacht werden soll.

5.2 Systematische Vorbereitung auf Krisen

Es klingt wie ein Paradoxon: Ständig sprechen wir über richtige Mindsets, über die Macht des Wofür und Selbstorganisation – und trotzdem fordern wir Prozesse und Systematiken als Vorbereitung auf die nächste Krise. Da können wir uns nur wiederholen: Beides ist notwendig – die Stabilisierung einerseits und die Dynamisierung andererseits. Klare Prozesse und Abläufe für Ausnahmesituationen zu haben, gibt Orientierung, schafft Klarheit und ermöglicht die Vorbereitung auf den Notfall. Weniger ist dabei mehr, denn nicht jede Eventualität lässt sich in Listen und Prozessvorgaben definieren. Zusätzlich zu den Prozessen sind die richtigen Mindsets an den Interventionspunkten gefragt, um diese Prozesse in der Situation passend anzuwenden – das ist der dynamische Teil daran.

Krisen können in unterschiedlichen Formen und Eskalationsniveaus auftreten. Will man in einer Organisation diesen Mustern gezielt entgegenwirken und weiter eskalierenden, krisenhaften Entwicklungen vorbeugen, sollten – mit breiter Beteiligung – entsprechende Interventionen und Haltungen für die unterschiedlichen Niveaus entwickelt werden. Essenziell ist es, dafür eine einheitliche Sprache zu finden: Was ist wann gemeint und welche Interventionen müssen in welcher Situation gesetzt werden?

Die Tabelle zeigt, welche Eskalationsniveau es in der Entwicklung von Krisen in Organisationen gibt. Wird bereits auf dem niedrigsten Eskalationsniveau aktiv interveniert, kann das oft einer weiteren Eskalation entgegenwirken. Wenn aber versäumt wird, die entsprechenden Kompetenzen zu entwickeln, verschlechtert sich die Regenerations- und Entwicklungsfähigkeit der Organisation. Gleichzeitig steigt hingegen die Krisenanfälligkeit deutlich, ebenso die Wahrscheinlichkeit eines Zusammenbruchs des Systems. Gelingt es jedoch, Kompetenzen für den Umgang mit den einzelnen Eskalationsniveaus systematisch und konsequent aufzubauen, erhöhen sich die Belastbarkeit und die Entwicklungsfähigkeit der Organisation nachhaltig.

	Interventionspunkte	**Mindsets & Kulturmuster**
Eskalationsstufe I Signale + Fehler im Routinebetrieb	Permanentes Monitoring/ Risikomanagement	Achtsam sein, bereit sein, Umgang mit Diversität kennen
Eskalationsstufe II Störung/Notfall	Systematisches Störungs-management	Klare Systematiken präsent haben und für Notfall jederzeit bereit sein
Eskalationsstufe III Krise	Entwicklungsorientiertes Krisenmanagement	Krise und Neuordnung sehen und nutzen, bewusst sterben lassen, Neues entstehen lassen

Tab. 16: Eskalationsniveaus kennen, Interventionspunkte gestalten, erforderliche Mindsets entwickeln

Eskalationsniveau I: Signale und Fehler im Routinebetrieb

Ein Chirurg erzählte bei einem Vortrag über die Entwicklung des Fehlerbewusstseins in Organisationen die folgende persönliche Geschichte: »Ich war ein junger Chirurg, absolut überzeugt von meinen Fähigkeiten, und habe eine Standard-OP durchgeführt. Mir ist dabei ein gravierender Fehler passiert, der mich meinen Job und meine Karriere gekostet und auch mein weiteres Leben massiv beeinträchtigt hätte. Zusätzlich hätte es den Ruf des Krankenhauses beschädigt. Mein Glück war eine engagierte, über den Tellerrand blickende OP-Fachpflegekraft, die eingegriffen hat, obwohl das damals ein absolutes No-Go war. Seit diesem Tag engagiere ich mich dafür, dass sich Krankenhäuser strukturiert und vorbehaltlos mit Fehlern und potenziellen Folgefehlern auseinandersetzen und klar definieren, dass es für jeden zu jeder Zeit einen klaren Prozess gibt, in den er oder sie hierarchieunabhängig Fehler einmelden kann, um Krisen zu vermeiden.«

Diese persönliche Erfahrung ist nur ein Beispiel dafür, wie eine Unachtsamkeit eine gravierende Krise auslösen kann. Im ersten Moment erleben wir Krisen, Rückschläge oder äußerst schwierige Situationen so, als ob sie aus dem Nichts auftauchen würden. Bei näherer Betrachtung fällt meist auf, dass es Vorboten gegeben hat: konkrete Signale, Fehler, Störungen, Warnungen der Kolleginnen und Kollegen oder Kundinnen und Kunden. Menschen sind unglaublich gut darin, Fakten zu relativieren, sie schönzufärben und so zu interpretieren, dass sie zu dem passen, was sie hören und sehen wollen. Das verstellt den Blick auf das, was wirklich passiert und verhindert damit ein achtsames und rechtzeitiges Handeln, um weitere Eskalationen zu vermeiden. Die Explosion des Space Shuttle »Challenger« im Jahr 1986, bei der sieben Astronautinnen und Astronauten gestorben sind, wurde im Nachhinein analysiert und es zeigte sich, dass der Erfolg der Vorjahre die Expertinnen und Experten der NASA blind für Signale und erste Fehler gemacht hat (Weick/Sutcliffe, 2007).

Gebraucht wird also eine strukturierte Vorgehensweise an folgenden **Interventionspunkten:**

- Fehler und Beinahe-Fehler werden besprochen; es gibt klare Prozesse für die Meldung von Fehlern und Signalen – auch durch Personen, die in anderen Abteilungen tätig sind. Diese Meldungen werden wertfrei beurteilt.
- Es wird an dem Bewusstsein gearbeitet, dass Beinahe-Fehler keine Erfolge sind. Beinahe-Fehler werden im Detail analysiert, um daraus Lehren zu ziehen.
- Kritische Prozesse werden permanent beobachtet und auf Fehleranfälligkeit untersucht.
- Die Rückmeldungen und Reklamationen von Kundinnen und Kunden werden dankend angenommen und strukturiert analysiert.
- Der Austausch und Lerneinheiten mit Mitarbeitern und Mitarbeiterinnen, die im direkten Kundenkontakt stehen, werden gezielt gefördert.
- Es gibt einen ständigen Dialog mit Expertinnen und Experten über die aktuelle Situation und potenzielle Risiken.

Diese Interventionspunkte sind wichtig, sie bilden jedoch nur die strukturelle Basis. Entscheidend ist, diese Interventionspunkte auch zu nutzen, und dazu sollte sich bei Mitarbeiterinnen und Mitarbeitern, vor allem aber auch bei den Führungskräften auf Dauer das folgende **Mindset** etablieren:

- Wir melden alle Fehler und Signale offen ein.
- Wir betrachten Reklamationen als hilfreiche Hinweise für unsere Weiterentwicklung.
- Expertinnen und Experten haben viel Wissen, das wir regelmäßig einholen.
- Wir haben das Ohr an der Basis.
- Wir feiern Beinahe-Fehler nicht als tollen Teamerfolg. Wir erkennen sie als Risiken und setzen uns damit strukturiert auseinander.
- Kleine Signale können erste Anzeichen für größere Krisen sein.

Eskalationsniveau II: Störungsmanagement und Umgang mit Notfällen

Auf diesem Eskalationsniveau wurden die betrieblichen Abläufe in den letzten Jahrzehnten stark professionalisiert. Fast jede Organisation hat für diverse Risiken einen Notfallplan und gezielte Prozesse für strukturiertes Störungsmanagement. Dennoch birgt die Digitalisierung für dieses Eskalationsniveau noch einige Potenziale, vor allem auch für die integrierte Bearbeitung von Fällen im Nachgang.

Folgende **Interventionspunkte** sind typisch:

- Identifikation und Dokumentation der Störung
- Bewertung der Störung

- Planung von Sofortmaßnahmen und einer strukturierten Lösung
- Umsetzung der Maßnahmen
- Evaluierung der Maßnahmen
- Anstoßen und Evaluierung von systematischer Verbesserung und strukturierter Lösungsbearbeitung

Die Gefahr im etablierten Störungsmanagement liegt darin, dass zu sehr auf die bestehenden Prozesse und Checklisten vertraut und zu wenig vernetzt gedacht wird. Durchdachte Prozesse können auch schlampig machen: Weil alles so sicher erscheint, werden Notfälle, die nicht auf einer Checkliste stehen, nicht als Notfälle wahrgenommen. Nach der Lösung eines akuten Problems tritt zu schnell wieder Entspannung ein oder man geht davon aus, dass auch in der Zukunft nur jene Art von Notfällen eintreten wird, die es in der Vergangenheit bereits gegeben hat. Funktionierende, etablierte Prozesse können also dazu verleiten, in eine selbst aufgestellte Falle der vermeintlichen Sicherheit zu tappen.

Damit die Prozesse so funktionieren, wie sie sollen, ist als Gegengewicht das richtige **Mindset** im Umgang damit ausschlaggebend:

- Störungen zeigen erst dann ihr wahres Ausmaß, wenn wir die Zusammenhänge erkennen.
- Wir müssen den Auslöser finden, um die Störung wirklich zu verstehen.
- Wir analysieren genau und entscheiden evidenzbasiert.
- Wir kultivieren das Denken in Worst-Case-Szenarien.
- Wir rechnen mit Zufällen und bisher noch nie da gewesenen Störungen.
- Wir betrachten entschärfte Störungen als Beinahe-Krisen und nutzen sie, um zu lernen.
- Wenn es uns nicht gelingt, Störungen oder Notfälle wirklich zu entschärfen, so entstehen in einem nächsten Eskalationsniveau die wahren Krisen.

Eskalationsniveau III: Krise

Wie zu Beginn des Kapitels beschrieben, geht es aus unserer Sicht in einer bereits eingetretenen Krise darum, zuerst die ernsthaft bedrohliche Phase zu meistern, sukzessive aber auch Ausschau nach den Folgerisiken zu halten und, wenn möglich, das »Window of Opportunity« für Innovation und Transformation zu nutzen. Abbildung 5.3 zeigt, welche stabilisierenden und dynamisierenden Faktoren dabei zur Anwendung kommen sollen.

Aus unserer Sicht hilft dabei das folgende **Mindset:**

- Wir akzeptieren die Krise und die Notwendigkeit zur Neuordnung.
- Wir fahren auf Sicht und trauen uns, im agilen Modus mutige Entscheidungen zu treffen.
- Intuition kombinieren wir mit dem Wissen von Expertinnen und Experten.
- Wir richten den Blick nach vorne, legen die Scheuklappen ab und öffnen uns für Neues.
- Das, was uns nicht mehr weiterbringt, lassen wir los oder wir lassen es sogar sterben.

Ein Blick auf den Umgang mit der COVID-19-Pandemie zeigt, dass sich manche Organisationen ohnmächtig mit Hilfen über Wasser halten mussten, während andere die Chance für Veränderung genutzt haben. Whiskeyhersteller stiegen auf die Produktion von Desinfektionsmitteln um, die Automobilindustrie produzierte Beatmungsgeräte, Arbeitslose wurden zu Erntehelferinnen und -helfern. Besonders auffallend waren in der ersten Phase der Pandemie und auch in weiterer Folge die zwei unterschiedlichen Geschwindigkeiten in der Krisenbewältigung:

- **Menschen die Leben retteten, indem sie operative Höchstleistungen erbrachten.** Das Gesundheitspersonal arbeitete bis zur Leistungsgrenze, hatte wenig Zeit für die eigene Familie und war permanent der Ansteckungsgefahr ausgesetzt. Resilienz bedeutete für diese Menschen, kurze Phasen der Entspannung zu finden und das bestmögliche Maß an Schutz zu sichern.
- **Menschen die Leben retteten, indem sie sich isolierten:** Stillstand – was tun? Von Privatpersonen, die nicht in strukturkritischen Berufen arbeiteten, war Resilienz der besonderen Art gefragt. Sie hatten Zeit für sich, für die Familie, aber auch Freiraum für Neues: Jetzt war wirklich Zeit da, um Gitarre spielen zu lernen. Ein Industrieunternehmen aus unserem Kundenkreis arbeitete mithilfe von Online-Workshops weiter an seiner Reorganisation und stellte sich in einer Zeit des vermeintlichen Stillstands neu für die Zukunft auf.

5.3 In der Krise Antworten finden

Was ist **jetzt** zu tun – das ist die zentrale Frage. Wer sich einen Überblick über das verschafft, was bewahrt und stabilisiert werden soll, kann dort zuerst gezielte Maßnahmen setzen. Gleichzeitig steht die Frage im Raum, wo es auch jetzt Ressourcen, Freude und Energie gibt, und was daher ganz neu gedacht werden kann und muss. Unser Resilienzmodell bietet Unterstützung dabei, diese entstehenden Fragen aus vier Perspektiven zu betrachten.

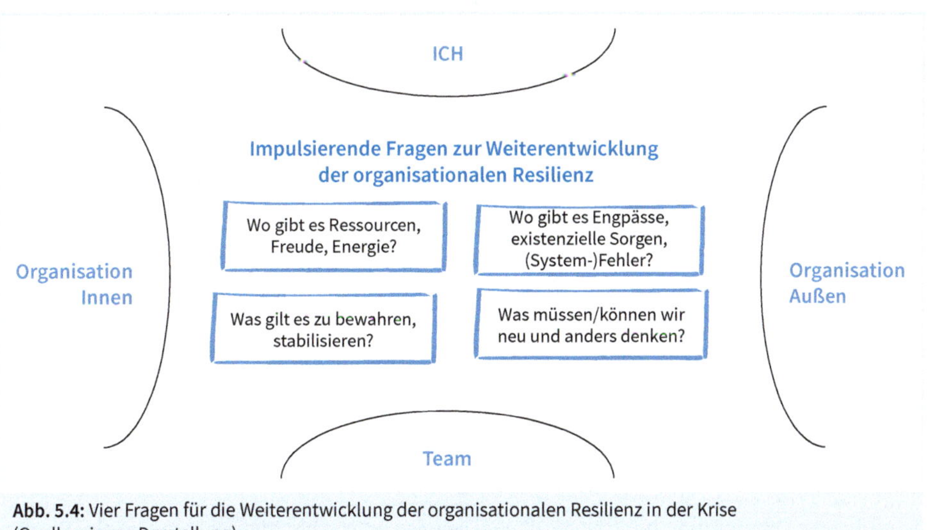

Abb. 5.4: Vier Fragen für die Weiterentwicklung der organisationalen Resilienz in der Krise (Quelle: eigene Darstellung)

Die vertikale Achse betrachtet die Beziehungsqualitäten: einerseits den Umgang mit sich selbst und andererseits die Ressourcen des Teams:

- **ICH-Perspektive**
  Wie geht es mir persönlich mit der aktuellen Situation? Kann ich sie akzeptieren? Wie kann ich meine emotionale Selbststeuerung so gestalten, dass ich stabilisiere, was möglich ist, und mich flexibel für Neues öffne? Inwieweit gelingt es mir, Spannungsfelder aus der Perspektive des Sowohl-als-auch zu betrachten und so zu Lösungen zu kommen? Wodurch kann ich Sinn und Balance finden?
- **TEAM-Perspektive**
  Ein wesentlicher, zum Teil noch immer unterschätzter Resilienzmotor sind divers zusammengesetzte Teams, die durch eine gute Dialogqualität zu raschen, tragfähigen Entscheidungen kommen. In Zeiten der Krise kann diese Kraft neu kultiviert und genutzt werden.

Die horizontale Achse betrachtet die Resilienzentwicklung in der Organisation selbst (INNEN) und in Interaktion mit dem Markt, der Gesellschaft und dem gesamten Umfeld (AUSSEN):

- **Organisation INNEN**: Innerhalb der Organisation geht es darum, dezentrale Handlungsfähigkeit herzustellen sowie Stabilität und Reserven an systemkritischen Stellen zu entwickeln. Das bedeutet auch, Dinge loszulassen und Blockaden abzubauen. Der konstruktive Umgang mit Fehlern, dem Lernen und Experimentieren öffnet den Blick für die Zukunft.
- **Organisation AUSSEN**: Intelligente Vernetzung und das Entwickeln von Szenarien helfen dabei, die Entwicklungen im Umfeld schneller und klarer wahrzunehmen. Schwache Signale werden nicht ignoriert, sondern analysiert, um schnell Vorsorge treffen oder Chancen wahrzunehmen zu können.

Der Blick in die Zukunft

Nach vorne zu schauen, fällt mitten in der Krise nicht immer leicht. Von mittelfristigen Strategien können wir uns wohl verabschieden. Krisen helfen uns, zu lernen, wie wir mit strategischen Stoßrichtungen und agiler Planung arbeiten und auch dem Zufall eine Chance geben können. Die COVID-19-Krise hat uns eine andere Zeitlichkeit gelehrt: Shutdown innerhalb einer Woche. Ein Krisenmodus eben, der unsere Resilienzkraft extrem fordert.

Wenn uns die nächste Krise begegnet, können uns zwei Perspektiven Energie geben:

- Der Fokus auf das Unmittelbare: »Was ist **jetzt** zu tun, also heute und in dieser Woche« – das ist die eine Perspektive.
- Die andere Perspektive ganz im Sinne von Matthias Horx, die Gegenwartsbewältigung durch einen Zukunftssprung (Horx, 2021). Wenn die akute Krise bewältigt ist (wann immer das ist): Was hat sich bewährt, was haben wir gelernt und wie haben wir die Situation genutzt, um etwas völlig Neues zu entwickeln?

Du und deine Organisation habt die Kraft, viel Neues und Nachhaltiges zu entwickeln. Da sind wir ganz sicher.

Literatur

Antonovsky, A. (1997): Salutogenese. Zur Entmystifizierung der Gesundheit. Tübingen.

Bartlett, Ch. A./Ghoshal, S. (1994): Changing the role of top management: Beyond strategy to purpose. In: Harvard Business Review, November-December 1994, S. 80 – 88.

Barton, D./Horváth, D./Kipping, M. (Hrsg. 2016): Re-imagining Capitalism. Oxford.

Belbin, R. M. (1981): Management Teams. Why They Succeed or Fail. London.

Belbin, R. M. (2010): Management Teams. Why they succeed or fail. 3rd ed. Oxford.

Cascio, J. (2020): Facing the Age of Chaos. https://medium.com/@cascio/facing-the-age-of-chaos-b00687b1f51d Abrufdatum: 29.09.2021.

Coles, N. A./Larsen, J. T./Lench, H. C. (2019): A meta-analysis of the facial feedback literature: Effects of facial feedback on emotional experience are small and variable. In: Psychological Bulletin, Vol 145(6), Jun 2019, S. 610 – 651.

Csikszentmihalyi, M. (1975). Beyond Boredom and Anxiety. San Francisco.

Deloitte (2020): 2020 Global Marketing Trends. Bringing authenticity to our digital age. Deloitte Insights.

Dixon, M./Toman, N./DeLisi, R. (2012): The Effortless Experience. Conquering the New Battleground for Customer Loyalty. New York.

Dweck, C. (2017): Mindset. Changing The Way You think To Fulfil Your Potential. New York.

Edmondson, A. C. (2020): Die angstfreie Organisation. Wie Sie psychologische Sicherheit am Arbeitsplatz für mehr Entwicklung, Lernen und Innovation schaffen. München.

Fink, F./Moeller, M. (2018): Purpose Driven Organizations, Sinn – Selbstorganisation – Agilität. Stuttgart.

Förster, A./Kreutz, P. (2020): Vergeude keine Krise! 28 rebellische Ideen für Führung, Selbstmanagement und die Zukunft der Arbeit. Heidelberg.

Frankl, V. (1977): … trotzdem Ja zum Leben sagen. Ein Psychologe erlebt das Konzentrationslager. München.

Frankl, V. (1987): Ärztliche Seelsorge. Grundlagen der Logotherapie und Existenzanalyse. 4. Aufl., Frankfurt/M.

Glasl, F. (2004): Konfliktmanagement. Ein Handbuch für Führungskräfte, Beraterinnen und Berater, 8. Auflage, Stuttgart.

Glasl, F./Kalcher, T/Piber, H. (Hrsg. 2014): Professionelle Prozessberatung. Das Trigon-Modell der sieben OE-Basisprozesse. 3. Auflage, Stuttgart.

Gründler, E. C. (2009): Erhöhte Unfallgefahr. Interview mit Bernd Lietaer. In: brandeins, Heft 1/2009, S. 154 – 161.

Gunderson, L. H./Holling, C. S. (2001): Resilience and Adaptive Cycles. In: Gunderson, L./ Holling, C. S. (Hrsg.): Panarchy. Understanding Transformations in Human and Natural Systems, Washington, S. 25 – 62.

Heuser, U. J./ Widmann, M. (2021): Michael Otto: Der grüne Kapitalist. https://www.zeit.de/2021/20/michael-otto-versandhandel-umweltschutz-nachhaltigkeit-amazon-jeff-bezos?utm_referrer=https%3A%2F%2Fwww.google.com%2F Abrufdatum: 24.09.2021.

Holling, C. S. (1996): Engineering resilience versus ecological resilience. In: Schulze, P. (Hrsg.): Engineering Within Ecological Constraints, Washington, S. 31 – 44.

Horx, M. (2021): Die Welt nach Corona. https://www.horx.com/48-die-welt-nach-corona/ Abrufdatum: 29.09.2021.

Huemer, B./Preissegger, I. (2015): Eine konstruktive Fehlerkultur als Grundpfeiler einer gesunden Organisation. In: Trigon Themen 1/2015, S. 9 – 10.

Hunt, V./Layton, D./Prince, S. (2015): Diversity Matters. McKinsey&Company. Als Download unter https://www.mckinsey.com/business-functions/organization/our-insights/why-diversity-matters Abrufdatum: 24.09.2021.

Hunt, V./Prince, S./ Dixon-Fyle, S./Dolan, K. (2020): Diversity Wins: How inclusion matters. McKinsey&Company. Als Download unter https://www.mckinsey.com/featured-insights/diversity-and-inclusion/diversity-wins-how-inclusion-matters Abrufdatum: 24.09.2021.

Hüther, G. (2001): Bedienungsanleitung für ein menschliches Gehirn. Göttingen.

Ikigaitribe (2019): Ikigai Misunderstood and the Origin of the Ikigai Venn Diagram. https://ikigaitribe.com/ikigai/ikigai-misunderstood/ Abrufdatum: 29.09.2021.

Institut DGB – Index Gute Arbeit (2020): Jahresbericht 2020. Ergebnisse der Beschäftigtenbefragung zum DGB-Index Gute Arbeit 2020. Schwerpunktthema Mobile Arbeit. Berlin.

Iyengar, S. S./Lepper, M. R. (2000): When Choice is Demotivating: Can One Desire Too Much of a Good Thing? In: Journal of Personality and Social Psychology, 2000, Vol 79, No 6, S. 995 – 1006.

Jobs, St. (2005): Stanford Commencement Address. https://news.stanford.edu/2005/06/14/jobs-061505/ Abrufdatum: 29.09.2021.

Kabat-Zinn, J. (2015): Im Alltag Ruhe finden. Meditationen für ein gelassenes Leben. München.

Kamiya, M. (1966): Ikigai ni tsuite. Tōkyō.

Karner, G. (2017): Auszeichnung für erfolgreiche Innovationskultur. https://www.trigon.at/newsbeitrag/innovations-und-forschungspreis/ Abrufdatum: 24.09.2021.

Kluge: Etymologisches Wörterbuch der deutschen Sprache. 25. Auflage, Berlin/Boston.

Konlechner, S./Güttel, W. (2019): Kontinuierlicher Wandel durch Ambidextrie: Formen, Einsatzbedingungen und Lernen. In: Güttel, W. (Hrsg.): Erfolgreich in turbulenten Zeiten. Impulse für Leadership, Change Management & Ambidexterity. München.

Kotler Ph./Kartajaya, H./Setiawan, I. (2010): Die neue Dimension des Marketings. Vom Kunden zum Menschen. Frankfurt/New York.

Laloux, F. (2014): Reinventing Organizations. A Guide to Creating Organizations Inspired by the Next Stage of Human Consciousness. Brüssel.

Lazarus, R. S. (2006). Stress and Emotion: A New Synthesis. New York.

McGregor, D. (1960): The Human Side of Enterprise. New York.

McGuire, J./Rhodes, G. (2009): Transforming Your Leadership Culture, San Francisco.

Meadows, D. (1999): Leverage Points: Places to Intervene in a System. https://donellameadows.org/archives/leverage-points-places-to-intervene-in-a-system/ Abrufdatum: 24.09.2021.

Nezik, A.-K./Coenenberg, N. (2021): Ein Stern verblasst. https://www.zeit.de/2021/17/apple-kritik-umsatz-app-store-produkte-tim-cook Abrufdatum: 24.09.2021.

Ota, Y. (2006): A Woman with Demons. The Life of Kamiya Mieko. Montreal & Kingston/London/Ithaca.

Payer, H. (2008): Netzwerk, Kooperation, Organisation – Gemeinsamkeiten und Unterschiede. In: Bauer-Wolf, S./Payer, H./Scheer, G. (Hrsg.): Erfolgreich durch Netzwerkkompetenz. Handbuch für Regionalentwicklung. Wien/New York, S. 5 – 22.

Preissegger, I. (2016): Co-Creation – Grenzen überwinden. In: Weiss, M. (2016): Handlungskompetenz Innovation. Zugänge und Methoden für radikale Sprünge und Innovations-Managementsysteme. Bern, S. 107 – 110.

Reilly, K. (2017): How LinkedIn's HR Chief is Changing the Diversity Conversation with «Belonging«. https://www.linkedin.com/business/talent/blog/talent-acquisition/how-linkedins-hr-chief-is-changing-diversity-conversation-with-belonging Abrufdatum: 24.09.2021.

Reivich, K./Shatté, A. (2003): The Resilience Factor. 7 Keys to Finding your Inner Strength and Overcoming Life's Hurdles. New York.

Re:work (2015): Google-Blog zur Aristoteles-Studie. https://rework.withgoogle.com/print/guides/5721312655835136/ Abrufdatum: 24.09.2021.

Robertson, B. J. (2015): Holacracy. Ein revolutionäres Management-System für eine volatile Welt. München.

Roth G./Herbst S. (2020): Warum es so schwierig ist, sich und andere zu ändern: Persönlichkeit, Entscheidung und Verhalten. 3. Auflage, Stuttgart.

Rüther, Ch. (2018): Soziokratie, S3, Holakratie, Frederic Laloux' »Reinventing Organizations« und »New Work«. Norderstedt.

Scharmer, C. O. (2001): Self-transcending knowledge: sensing and organizing around emerging opportunities. In: Journal of Knowledge Management, Vol. 5, Iss. 2, S. 137 – 151.

Scharmer, C. O. (2009): Theorie U – Von der Zukunft her führen. Presencing als soziale Technik. Heidelberg.

Scharmer, C. O./Senge, P./Jaworski, J./Flowers, B. S. (2005): Presence. Human Purpose and the Field of the Future. New York.

Röhrig P., Scheinecker M. (Hrsg.) (2019) Lösungsfokussiertes Konfliktmanagement in Organisationen. Methoden und Praxisbeispiele für Konfliktlösung zwischen Einzelnen, in Teams und Organisationseinheiten. Bonn

Schreyögg, G./ Sydow, J./ Koch, J. (2003): Organisationale Pfade – Von der Pfadabhängigkeit zur Pfadkreation? In: Schreyögg, G./ Sydow, J. (Hrsg.): Strategische Prozesse und Pfade. Managementforschung 13. Wiesbaden, S. 257 – 294.

Senge, P. M. (1990): The Fifth Discipline. The Art & Practice of the Learning Organization. New York.

Spieth, A./Ruf, S. (2021): Handout zum Seminar »Souveräner entscheiden in Teams und Gruppen«. Trigon Entwicklungsberatung.

Sprenger, R. K. (2012): Radikal führen. Frankfurt/New York.

Storch, M./Tschacher, W. (2014): Embodied Communication. Kommunikation beginnt im Körper, nicht im Kopf. Bern.

Taleb, N. (2012): Antifragile. Tings That Gain from Disorder. New York.

Tan, Ch.-M. (2015): Search Inside Yourself. Optimiere dein Leben durch Achtsamkeit. 8. Auflage, München.

Uebernickel, F./Brenner, W./Naef, T./Pukall, B./Schindlholzer, B. (2015): Design Thinking: Das Handbuch. 2. Auflage, Frankfurt am Main.

Varga von Kibéd, M. (2012): Der Wechsel zwischen Iter und Flux. Vortrag von Matthias Varga von Kibéd, bearbeitet von Elisabeth Ferrari. In: SyStemischer, Heft 1/2012, S. 18–24.

Weick, K. E./Sutcliffe, K. M. (2001): Managing the Unexpected. Sustained Performance in a Complex World. New Jersey.

Weick, K. E./Sutcliffe, K. M. (2007): Managing the Unexpected. Resilient Performance in an Age of Uncertainty. 2nd ed., San Francisco.

Weiss, M. (2011): Management in Skizzen. Die Kraft der Bilder im Change Management. Bern/Stuttgart/Wien.

Weiss, M. (Hrsg. 2016): Handlungskompetenz Innovation. Zugänge und Methoden für radikale Sprünge und Innovations-Managementsysteme. Bern.

Weiss, M. (2021): Management in Skizzen – internes Papier. Trigon Entwicklungsberatung.

Werner, E./Smith, R. S. (1992): Overcoming the Odds. High Risk Children from Birth to Adulthood. Ithaca, New York.

Wüthrich, H. A. (2020): Capriccio. Ein Plädoyer für die ver-rückte und experimentelle Führung. München.

Zuzunaga, A. (2021): Propósito-Modell (Purpose Venn Diagram). https://www.cosmograma.com/proposito.php Abrufdatum: 24.09.2021.

Danksagung

Wir möchten uns bei unseren Kolleginnen und Kollegen der Trigon Entwicklungsberatung bedanken, die uns immer wieder mit Ideen und Anregungen unterstützt haben. Weiters gilt unser Dank unserer Lektorin Dolores Omann, die unseren Texten den letzten Schliff gegeben hat sowie Christina Lercher, die uns bei der Erstellung der Grafiken und der Konsolidierung der Texte unterstützt hat. Wir danken auch Herrn Baumgärtner vom Schäffer-Poeschel Verlag und dem Team, die unsere Buchidee von Anfang an unterstützt haben.

Und nicht zuletzt möchten wir uns bei unseren Familien bedanken, die uns das eine oder andere Wochenende vor dem Laptop verziehen haben.

Die Autorinnen und der Autor

Wir sind seit vielen Jahren Partnerinnen und Partner bei der Trigon-Entwicklungsberatung und begleiten Organisationen und Teams unterschiedlicher Branchen und Größen.

MMag. Oliver Haas, lebt in Salzburg. Unternehmensberater, zertifizierter Coach und Trainer, Arbeitspsychologe. Studium der Betriebswirtschaftslehre und Psychologie in Wien und Wellington (NZ), mehrjährige Erfahrung als Managementberater, Weiterbildung im Bereich Organisationsentwicklung und digitale Transformation. Seit 2013 Berater bei der Trigon-Entwicklungsberatung, Senior Partner.

Beratungsschwerpunkte: Strategieentwicklung und Changemanagement, Organisations- und Abteilungsentwicklung, Führungskräfteentwicklung und Coaching, Entwicklung und Implementierung von PE-Konzepten.

Ausführliches Beraterprofil unter: www.oliver.haas.trigon.at
Kontakt: oliver.haas@trigon.at, Tel: +43 (676) 96 171 93

Mag. Brigitte Huemer, lebt in SalzburgUnternehmensberaterin, eingetragene Mediatorin, Studium der Wirtschaftspsychologie, Weiterbildungen in Organisationsentwicklung und Coaching. Managementerfahrung im Bereich HR. Seit 2001 Trigon-Entwicklungsberatung; Trigon-Partnerin.

Beratungsschwerpunkte: Organisationsentwicklung und Transformation, Strategieentwicklung, Resilienzentwicklung, Führungskräfte- und Teamentwicklung, Coaching, Mediation.

Ausführliches Beraterprofil unter: www.brigitte.huemer.trigon.at
Kontakt: brigitte.huemer@trigon.at, Tel: +43 (664) 11 44 180

Mag. Ingrid Preissegger, lebt in Klagenfurt und Wien-Unternehmensberaterin, Mediatorin, Coach. Tourismuskolleg, Studium der Wirtschafts- und Sozialwissenschaften in Graz, Forschungs- und Studienaufenthalte in den USA, Managementerfahrung im Bereich Marketing und Vertrieb; Weiterentwicklung in Organisationsentwicklung, Coaching und Mediation. Seit 2009 Trigon-Entwicklungsberatung; Trigon-Partnerin.

Beratungsschwerpunkte: Reorganisation und Transformation, Strategieentwicklung und Gestaltung von wirksamen Umsetzungsprozessen, Innovation, Resilienzentwicklung in Organisationen, Leadership Development & Teamentwicklung, Coaching, Mediation.

Ausführliches Beraterprofil unter: www.ingrid.preissegger.trigon.at
Kontakt: ingrid.preissegger@trigon.at, Tel: +43 (699) 14 400 700

Stichwortverzeichnis